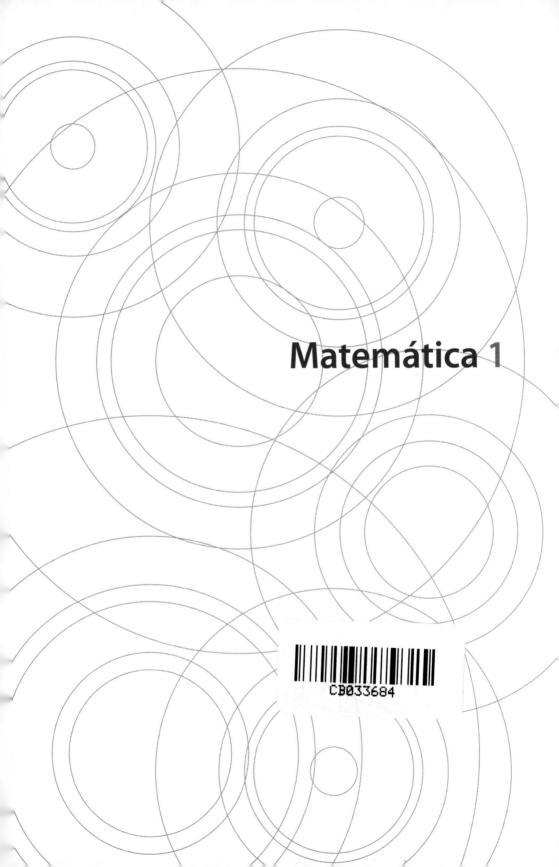

Matemática 1

Matemática

COLEÇÃO **FGV** UNIVERSITÁRIA

Matemática 1

EDUARDO WAGNER

EDITORA
EMAP
IDE

Copyright © 2011 Eduardo Wagner

Direitos desta edição reservados à
EDITORA FGV
Rua Jornalista Orlando Dantas, 37
22231-010 | Rio de Janeiro, RJ | Brasil
Tels.: 0800-021-7777 | 21-3799-4427
Fax: 21-3799-4430
editora@fgv.br | pedidoseditora@fgv.br
www.fgv.br/editora

Impresso no Brasil | *Printed in Brazil*

Todos os direitos reservados. A reprodução não autorizada desta publicação, no todo ou em parte, constitui violação do copyright (Lei nº 9.610/98).

Os conceitos emitidos neste livro são de inteira responsabilidade do autor.

1ª edição — 2011

Revisão técnica: Antonio Carlos Saraiva Branco
Preparação de originais: Daniel Seidl de Moura
Editoração eletrônica: FA Editoração Eletrônica
Revisão: Fatima Caroni
Capa: aspecto:design

Ficha catalográfica elaborada pela
Biblioteca Mario Henrique Simonsen

Wagner, Eduardo
    Matemática 1 / Eduardo Wagner. — Rio de Janeiro: Editora
FGV, 2011.
    340 p. — (FGV Universitária)

    Inclui CD com exercícios.
    ISBN: 978-85-225-0855-6

    1. Matemática. 2. Matemática — estudo e ensino. I. Fundação
Getulio Vargas. II. Título. III. Série.

CDD — 510

Sumário

Prefácio. *Gerson Lachtermacher* — 7

Apresentação. *Eduardo Wagner* — 9

1. Conjuntos — 11

2. Potências, raízes e produtos notáveis — 35

3. Polinômios e equações — 53

4. Funções — 81

5. Funções algébricas e inequações — 105

6. Funções exponenciais e logarítmicas — 135

7. Progressões e matemática financeira — 169

8. Funções trigonométricas — 195

9. Plano cartesiano — 237

10. Matrizes e sistemas lineares — 267

11. Combinatória — 311

Prefácio

Durante toda a minha vida acadêmica, como aluno do curso de engenharia e professor dos cursos de administração, economia e ciências contábeis, sempre que deparava com um novo livro de cálculo ou de matemática avançada, verificava que ele era feito com o olhar dos profissionais da área de matemática, ou seja, com muitas demonstrações de teoremas, um linguajar próprio e pouco preocupado com o leitor.

Por outro lado, nestes quase 20 anos em que leciono cursos ligados à área quantitativa tenho verificado que a expressão "não sei quem é o professor de matemática, mas eu não gosto dele" é cada vez mais verdadeira no corpo discente das instituições de ensino superior do país. Parte dessa constatação está ligada a traumas cada vez mais frequentes de nossos alunos nos ensinos fundamental e médio, conjugados à baixa atratividade dos livros didáticos ao público de outras áreas.

Por fim, devemos constatar a valorização, pelo mercado de trabalho, de profissionais com aptidões quantitativas. Muitas vezes há vagas de empregos sem que existam profissionais qualificados para preenchê-las. Por incrível que pareça, profissionais com formação na área de física chegam a ser disputados por instituições financeiras por causa de sua bagagem quantitativa.

Nesse contexto é que, com grande prazer, vejo a publicação do livro do professor Eduardo Wagner. Com larga experiência em disciplinas de matemática e cálculo, ele conseguiu despir-se do linguajar matemático, aproximando-se do leitor, explicando passo a passo os diversos conteúdos.

Cada capítulo é iniciado com a descrição de um problema real, com o qual o leitor se identifica. A seguir, são mostradas as ferramentas conceituais que ajudarão o leitor a resolvê-lo. Esta edição, portanto, preenche uma lacuna na bibliografia da matemática: leva o ensino da matéria a outro nível, ligando a realidade a uma solução, o que cativa o leitor a aprender. Certamente, este livro passará a ser um marco no estudo de cadeiras quantitativas nas áreas de administração, economia e ciências contábeis.

Gerson Lachtermacher
Superintendente do Programa de Certificação de Qualidade (IDE/FGV)
Professor associado (UFRJ); professor adjunto (Uerj)

Apresentação

Este livro contém a maior parte da matemática do ensino médio e tem a finalidade de propiciar uma revisão eficiente dos pontos mais importantes da matéria. Foi escrito em linguagem informal, quase em tom de conversa com o leitor, tentando tornar a leitura mais agradável do que a de um livro didático.

A característica mais expressiva do livro é a objetividade. Cada capítulo apresenta os principais conceitos e conteúdos, enriquecidos com exemplos solucionados, o que permite um aprendizado adequado no menor tempo possível. Os exercícios resolvidos no final de cada capítulo fazem parte do texto e precisam ser lidos e estudados para que esse aprendizado fique completo. Neles são abordados os tipos fundamentais de problemas, e as soluções detalhadas sempre procuram mostrar a forma mais prática e eficiente de abordar e resolver cada um.

É preciso enfatizar que apenas se fixa o que se aprendeu fazendo exercícios. Só a prática e o trabalho dedicado tornam o conhecimento permanente; para isso, este livro é acompanhado de um CD contendo uma grande coleção de exercícios cobrindo todos os capítulos. Os exercícios estão separados em dois níveis de dificuldade, propiciando o desenvolvimento do leitor de forma gradual e segura.

Quero registrar ainda meus agradecimentos a Antonio Carlos Saraiva Branco pela cuidadosa revisão técnica dos originais e a Daniel Seidl de Moura pelo zeloso trabalho de produção editorial.

Eduardo Wagner

1 Conjuntos

Situação

Conversando com os 50 alunos da primeira série de um colégio, o professor de educação física verificou que 32 alunos jogam futebol e 20 jogam vôlei, sendo que oito jogam ambos. Você sabe dizer quantos alunos não jogam nem futebol nem vôlei?

Esta situação, que pode parecer difícil, fica muito fácil de compreender se os dados são organizados em termos de conjuntos. Hoje em dia, toda a matemática é organizada assim, com conjuntos. Todos nós temos uma ideia do que seja um conjunto, mesmo que não possamos dar uma definição precisa dessa palavra. Um conjunto é algo que possui objetos dentro. Esses objetos são os *elementos* do conjunto.

Representação dos conjuntos

Uma primeira forma de representar um conjunto é exibir seus elementos. O nome do conjunto é uma letra maiúscula e seus elementos estão dentro de chaves. Por exemplo,

$$A = \{x, 3, \$, \heartsuit\}$$

é um conjunto chamado A que possui quatro elementos. Não há ordem alguma entre os elementos de um conjunto. Assim, $\{\heartsuit, 3, x, \$\}$ é o mesmo conjunto A do exemplo anterior. Ainda, é preciso dizer que cada elemento de um conjunto é um objeto distinto de todos os outros elementos desse conjunto. Portanto, $\{1, 2, 2, 2, 2, 2, 3, 3\}$ significa exatamente a mesma coisa que $\{1, 2, 3\}$, ou seja, um conjunto cujos elementos são os algarismos 1, 2 e 3.

Algumas vezes, os elementos de um conjunto possuem alguma relação entre si ou possuem uma regra que permite sua identificação. Imagine, por exemplo, o conjunto das vogais de nosso alfabeto. Esse conjunto é $V = \{a, e, i, o, u\}$. Outra forma de apresentar esse conjunto é dar a regra que define seus elementos. Isso é feito assim:

$$V = \{x \mid x \text{ é vogal}\}$$

que se lê "V é o conjunto dos elementos x tais que x é uma vogal".

Frequentemente nossos conjuntos terão muitos elementos, mas se os elementos formam uma sequência para a qual há uma regra que os define, então podemos usar as duas formas principais de representação. Por exemplo, imagine o conjunto I dos números ímpares de dois algarismos. Como se trata de uma sequência conhecida, uma forma de representar esse conjunto é escrever alguns elementos para que a regra de construção dos demais fique implícita, colocar reticências para informar que o processo continua e mostrar onde termina:

$$I = \{11, 13, 15, 17, ..., 99\}$$

Outra forma é descrever os elementos do conjunto:

$$I = \{x \mid x \text{ é ímpar e } 11 \leq x \leq 99\}$$

Pertinência

Dado um conjunto A e um objeto x qualquer, a única pergunta que interessa fazer a respeito dele é: "x é ou não um elemento do conjunto A?". No caso afirmativo, diz-se que x *pertence* ao conjunto A e escreve-se $x \in A$.

Caso x não seja elemento de A, dizemos que x *não pertence* ao conjunto A e escrevemos $x \notin A$. Por exemplo, se M é o conjunto dos números positivos múltiplos de 3, então $15 \in M$ e $26 \notin M$.

O conjunto vazio

Existe um conjunto intrigante: o conjunto vazio, designado pelo símbolo ϕ. Apesar de não possuir elementos, ele é aceito como conjunto e é muito útil no caso em que não há nenhum objeto que satisfaça a uma condição dada. Por exemplo, existe um número múltiplo de 9 entre 15 e 20. Esse número é o 18. Entretanto, não existe múltiplo de 9 entre 20 e 25. Temos então:

$$\{x \mid x \text{ é múltiplo de 9 e } 15 \leq x \leq 20\} = \{18\}$$
$$\{x \mid x \text{ é múltiplo de 9 e } 20 \leq x \leq 25\} = \{\ \ \} = \phi$$

A relação de inclusão

Imagine dois conjuntos A e B. Se todo elemento de A for também elemento de B, dizemos que A é um *subconjunto* de B. Indicamos esse fato por $A \subset B$.

Por exemplo, considere os conjuntos $A = \{2, 3, 5\}$ e $B = \{1, 2, 3, 4, 5, 6, 7\}$. Todo elemento de A é também elemento de B, ou seja, $2 \in B$, $3 \in B$ e $5 \in B$. Portanto o conjunto A é subconjunto de B.

Quando $A \subset B$, também dizemos que A *está contido* em B, ou ainda, que A é *parte* de B. A relação $A \subset B$ chama-se *relação de inclusão*. Um conjunto A não está contido no conjunto B quando existe pelo menos um elemento de A que não pertence a B e escrevemos, nesse caso, $A \not\subset B$. Por exemplo, se $A = \{0, 2, 3\}$ e $B = \{1, 2, 3, 4, 5\}$, então o conjunto A não está contido em B uma vez que $0 \in A$ e $0 \notin B$, ou seja, o *zero* é um elemento de A, mas não é de B. Portanto, neste último exemplo, $A \not\subset B$.

Há duas afirmações um pouco esquisitas sobre inclusões. A primeira é que para todo conjunto A é correto escrever $A \subset A$ (uma vez que todo elemento de A é também elemento de A). A segunda é que para todo conjunto A o conjunto vazio é um subconjunto de A, ou seja, tem-se $\phi \subset A$, qualquer que seja A. De fato, para que essa afirmação fosse falsa, deveríamos mostrar um elemento que pertence a ϕ, mas não pertence a A. Mas isso é impossível, pois o conjunto vazio não possui elementos. Logo, se nossa afirmação não pode ser falsa, então é verdadeira.

Dois conjuntos A e B são iguais quando possuem os mesmos elementos. Portanto, se $A \subset B$ (todo elemento de A é elemento de B) e $B \subset A$ (todo elemento de B é elemento de A), concluímos que $A = B$.

Para finalizar este item, é bom deixar claro que, quando o objeto x é elemento do conjunto A, escrevemos naturalmente $x \in A$, mas essa relação tem exatamente o mesmo significado que $\{x\} \subset A$, ou seja, o conjunto cujo único elemento é x está contido em A.

A inclusão e a lógica

Suponha que o conjunto A seja definido pela propriedade p e que o conjunto B seja definido pela propriedade q. Dizer que p *implica* q $(p \Rightarrow q)$ tem o mesmo significado de $A \subset B$.

Por exemplo, considere os conjuntos $A = \{x \mid x$ é múltiplo de 4$\}$ e $B = \{x \mid x$ é par$\}$. Pensando apenas nos valores de x maiores que zero, temos

$$A = \{4, 8, 12, ... \} \text{ e } B = \{2, 4, 6, 8, ... \}.$$

É claro que $A \subset B$. Por isso, podemos escrever que

$$(x \text{ é múltiplo de 4}) \Rightarrow (x \text{ é par})$$

que se lê: "se x é múltiplo de 4, então x é par".

Na implicação $p \Rightarrow q$ dizemos ainda que q é condição *necessária* para p e que p é condição *suficiente* para q. De fato, voltando ao exemplo anterior, é preciso que x seja par para que seja múltiplo de 4. Realmente, se x não for par, jamais poderá ser múltiplo de 4. Por isso, essa é uma condição necessária. Por outro lado, basta dizer que x é múltiplo de 4 para que se conclua que ele é par e, por isso, essa é uma condição suficiente.

Representações gráficas

É conveniente representar os elementos de um conjunto por pontos e o próprio conjunto por uma linha que cerca esses pontos. Observe os exemplos abaixo:

$C = \{1, 2, 4\}$
$3 \notin C$

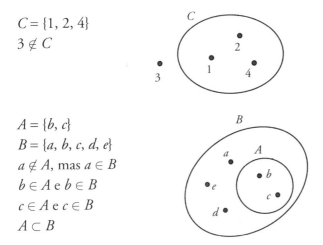

$A = \{b, c\}$
$B = \{a, b, c, d, e\}$
$a \notin A$, mas $a \in B$
$b \in A$ e $b \in B$
$c \in A$ e $c \in B$
$A \subset B$

O complementar de um conjunto

Em cada situação, podemos definir um conjunto U chamado de *conjunto universo*. Fica então combinado que, na situação apresentada, só falaremos dos elementos de U e todos os conjuntos que serão utilizados serão subconjuntos de U. Por exemplo, em um problema que envolve a produção de lâmpadas de uma fábrica só trataremos de números inteiros e positivos; se estamos trabalhando com saldos bancários de uma empresa, então devemos usar números racionais.

Dado um conjunto A (isto é, um subconjunto de U), chama-se conjunto *complementar* de A o conjunto $\overline{A}$ formado pelos elementos de U que não estão em A. Portanto, para cada elemento x em U, se $x \notin A$ então $x \in \overline{A}$.

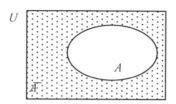

Por exemplo, se $U = \{0, 1, 2, ..., 9\}$ e $A = \{0, 2, 4, 6, 8\}$, então $\overline{A} = \{1, 3, 5, 7, 9\}$.

O complementar e a lógica

Se um conjunto A é definido pela propriedade p, então o conjunto $\overline{A}$ é formado pelos elementos que não têm essa propriedade, ou seja, o complementar de A é definido pela negação da propriedade p, representada por $\sim p$. Por exemplo, se o universo é o conjunto das 26 letras do alfabeto e se A é o conjunto das vogais, então $\overline{A}$ é o conjunto das letras que não são vogais, ou seja, o conjunto das consoantes.

União e interseção

Dados dois conjuntos A e B, a *união* desses conjuntos é o conjunto representado por $A \cup B$, formado pelos elementos de A mais os elementos de B. Dizemos também que a *união* de dois conjuntos é o conjunto formado pelos elementos que pertencem a A *ou* pertencem a B (ou a ambos).

A *interseção* dos conjuntos A e B é o conjunto representado por $A \cap B$, formado por elementos que pertencem ao mesmo tempo a A e a B. Em resumo,

$$x \in A \cup B \text{ significa } x \in A \text{ ou } x \in B$$
$$x \in A \cap B \text{ significa } x \in A \text{ e } x \in B$$

Por exemplo, se $A = \{0, 1, 2, 3\}$ e $B = \{1, 3, 4, 5\}$, a união (ou *reunião*) desses conjuntos é $A \cup B = \{0, 1, 2, 3, 4, 5\}$, enquanto $A \cap B = \{1, 3\}$.

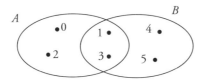

É importante dizer que a palavra *ou* em matemática tem significado diferente do que utilizamos em nossa linguagem. Normalmente, *ou* liga quase sempre duas coisas incompatíveis, como a promessa do jovem que diz para sua mãe que vai arrumar o quarto no sábado ou no domingo. Em matemática, quando duas alternativas são ligadas pelo conectivo *ou* pode ocorrer perfeitamente que ambas sejam cumpridas. Por exemplo: se a solução de um problema é um número múltiplo de 2 ou de 3, pode ser que as duas condições sejam satisfeitas, ou seja, a solução pode ser um número múltiplo de 6.

Como caso particular podemos lembrar que, se tivermos $A \subset B$, então $A \cup B = B$ e $A \cap B = A$. Ainda, se dois conjuntos não têm elementos em comum, são chamados *disjuntos* e, nesse caso, a interseção deles é o conjunto vazio.

A diferença entre conjuntos

Dados dois conjuntos A e B, a *diferença* $A - B$ é o conjunto formado pelos elementos de A que não são elementos de B. Em outras palavras, esse conjunto é formado pelos elementos que pertencem *somente* a A. Por exemplo, se A é o conjunto dos números positivos múltiplos de 2 e se B é o conjunto dos números positivos múltiplos de 3, observe abaixo os conjuntos que representam as diferenças $A - B$ e $B - A$.

$$A = \{2, 4, 6, 8, 10, 12, 14, 16, 18, 20, ...\}$$
$$B = \{3, 6, 9, 12, 15, 18, 21, ...\}$$

$$A - B = \{2, 4, 8, 10, 14, 16, 20, ...\}$$
$$B - A = \{3, 9, 15, 21, ...\}$$

Nos diagramas abaixo você pode visualizar as regiões que representam as diferenças entre os conjuntos A e B.

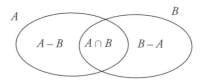

Observando o desenho, vemos que $A \cup B = (A - B) \cup (A \cap B) \cup (B - A)$.

Conjuntos numéricos

Números naturais

Os números foram criados e desenvolvidos pelo homem com a finalidade de contar e medir. A evolução foi muito lenta e, no início, as tribos rudimentares contavam assim: *um, dois, muitos*. Quando sistemas de numeração foram inventados, o homem pôde contar até tão longe quanto quisesse. Estava criado o conjunto dos números naturais.

O zero, como conhecemos hoje, veio bem depois, há cerca de 1000 anos e, recentemente, poucas décadas atrás, alguns autores resolveram incluí-lo no conjunto dos naturais. Trata-se, portanto, de uma opção pessoal, e é o que faremos aqui. Nosso conjunto dos números *naturais* será:

$$\mathbb{N} = \{0, 1, 2, 3, ...\}$$

As reticências indicam que a lista dos elementos de $\mathbb{N}$ não acaba nunca. Não existe, portanto, um elemento maior do que todos no conjunto dos naturais. Os elementos do conjunto $\mathbb{N}$ formam uma sequência, e é isso o que nos permite contar. As regras que valem nesse conjunto, e são exclusivas dele, utilizam a palavra *sucessor*, cujo significado conhecemos intuitivamente. Sucessor de um objeto em uma sequência é o que vem logo depois dele. Veja quais são essas regras:

a) Todo número natural tem um único sucessor.

b) Números naturais diferentes têm sucessores diferentes.

c) Existe um único número natural chamado *zero*, que não é sucessor de nenhum outro.

Números inteiros

Depois dos números naturais, dois outros conjuntos surgem naturalmente. Imagine que para cada número natural $n \neq 0$ seja inventado o número $- n$ com a propriedade: $- n + n = 0$. Reúna esses novos números com os naturais e está criado o conjunto dos números *inteiros*:

$$\mathbb{Z} = \{..., -3, -2, -1, 0, 1, 2, 3, ...\}$$

Números racionais

O próximo conjunto é o formado por todas as frações em que numerador e denominador são números inteiros. Este é o conjunto dos números *racionais*:

$$\mathbb{Q} = \left\{ \frac{a}{b} \mid a, b \in \mathbb{Z}, b \neq 0 \right\}$$

Não adianta tentar fazer uma lista dos números racionais, uma vez que, dado um racional, não existe seu sucessor. Assim como nos naturais e inteiros, existe nos racionais a relação de ordem; ou seja, dados dois números racionais, sempre podemos dizer qual deles é o menor (ou o maior). Ocorre que, dados dois racionais, existem sempre *muitos* números racionais entre eles. Por exemplo, se x e y são dois números racionais, o número $\frac{x+y}{2}$ é racional e está entre eles.

Quando escrevemos uma fração na forma decimal, duas coisas podem ocorrer. Ou a divisão acaba em algum momento, ou as casas decimais começam a se repetir infinitamente. Veja um exemplo de cada caso:

a) $\dfrac{11}{8} = 1,375$
b) $\dfrac{23}{15} = 1,53333...$

O exemplo (b) é chamado de *dízima periódica*.

Dízima periódica é um número cuja parte decimal, a partir de certo ponto, é formada unicamente por um algarismo ou um grupo de algarismos que se repetem indefinidamente sempre na mesma ordem. O algarismo ou o grupo de algarismos que se repetem é chamado de *período*. Veja algumas dízimas periódicas:

0,6666...	tem período 6
1,272727...	tem período 27
2,588588588588...	tem período 588
0,2345555...	tem parte não periódica 234 e período 5
1,07949494...	tem parte não periódica 7 e período 94

Nos exercícios resolvidos ao final do capítulo você verá que toda dízima periódica é uma fração e, portanto, um número racional.

Números irracionais

Se a parte decimal de um número for infinita (não acaba nunca) e não for periódica (ou seja, nunca haverá repetição para sempre do mesmo grupo de dígitos), esse número é chamado de *irracional*. O conjunto dos números *irracionais* é formado por todos os números cuja expansão decimal não é finita nem periódica, e seu símbolo é $\mathbb{I}$. Por exemplo, se buscarmos um número cujo quadrado é 2, estaremos procurando um número irracional. Esse número, que representamos por $\sqrt{2}$, é igual a 1,41421356237..., com infinitos dígitos em sua parte decimal, sem jamais ocorrer a repetição de um grupo para sempre.

Números reais

A união do conjunto dos números racionais com o conjunto dos números irracionais é o conjunto dos números *reais*, que representamos por $\mathbb{R}$.

Assim, $\mathbb{R} = \mathbb{Q} \cup \mathbb{I}$ e cada um de seus elementos pode ser associado a um ponto de um *eixo*. Um eixo é uma reta onde assinalamos dois pontos:

um para representar o *zero* e o outro para representar o *um*. Dessa forma, qualquer outro número real terá seu lugar nessa reta.

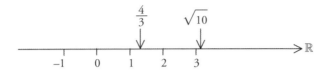

O cardinal de um conjunto

Frequentemente precisamos saber quantos elementos possui um conjunto *A*. Para fazer isso, colocamos os elementos de *A* em uma fila e contamos: 1, 2, 3, ..., *n*. Se o último elemento da fila foi associado ao natural *n*, dizemos que *A* é um conjunto *finito* e que possui *n* elementos. Também se diz que o *cardinal* do conjunto *A* é *n*, e representaremos esse fato por: n(*A*) = *n*.

Se a contagem dos elementos de *A* não terminar nunca, dizemos que *A* é um conjunto *infinito*.

Quando estamos tratando com conjuntos finitos, a relação a seguir é bastante útil:

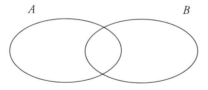

$$n(A \cup B) = n(A) + n(B) - n(A \cap B)$$

É fácil compreender essa relação. Ela diz que, simplesmente, se somarmos os números de elementos dos dois conjuntos, os elementos da interseção serão contados duas vezes. Assim, descontando o número de elementos da interseção, obteremos o resultado correto para o número de elementos da união dos dois conjuntos.

Se $A \cap B = \phi$, os conjuntos são chamados *disjuntos* e, nesse caso,

$$n(A \cup B) = n(A) + n(B)$$

Se tivermos três conjuntos, a fórmula para encontrar o número de elementos da união deles é obtida de modo semelhante:

$$n(A \cup B \cup C) = n(A) + n(B) + n(C) - n(A \cap B) - n(A \cap C) - n(B \cap C) + n(A \cap B \cap C)$$

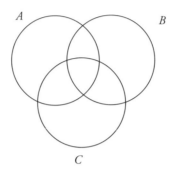

Observe que, descontando as interseções duas a duas, os elementos da região central do trevo acabaram desaparecendo, pois foram incluídos três vezes e descontados também três vezes. Daí a necessidade de incluirmos esses elementos uma vez no final.

Intervalos

São importantes os conjuntos de números reais denominados *intervalos*. Eles são os seguintes:

Intervalo fechado: $[a, b] = \{x \in \mathbb{R} \mid a \leq x \leq b\}$

Intervalo aberto $(a, b) = \{x \in \mathbb{R} \mid a < x < b\}$

Intervalo fechado à esquerda e aberto à direita: $[a, b) = \{x \in \mathbb{R} \mid a \leq x < b\}$

Intervalo aberto à esquerda e fechado à direita: $(a, b] = \{x \in \mathbb{R} \mid a < x \leq b\}$

Existem ainda os intervalos infinitos, ou seja, as semirretas:

$[a, +\infty) = \{x \in \mathbb{R} \mid x \geq a\}$

$(a, +\infty) = \{x \in \mathbb{R} \mid x > a\}$

$(-\infty, a] = \{x \in \mathbb{R} \mid x \leq a\}$

$(-\infty, a) = \{x \in \mathbb{R} \mid x < a\}$

Exercícios resolvidos

1) Dados os números racionais $a = \dfrac{5}{7}$ e $a = \dfrac{5}{10}$, encontre um número racional x que esteja entre eles.

Solução:
Existe uma infinidade de números racionais entre dois números dados. O exercício pede que você escolha apenas um. Portanto, podemos calcular:

$$x = \frac{a+b}{2} = \frac{1}{2}(a+b) = \frac{1}{2}\left(\frac{5}{7} + \frac{7}{10}\right) = \frac{1}{2}\left(\frac{50}{70} + \frac{49}{70}\right) = \frac{1}{2} \cdot \frac{99}{70} = \frac{99}{140}$$

Resposta:

$x = \dfrac{9}{140}$. Esse número é tal que $\dfrac{7}{10} < \dfrac{9}{140} < \dfrac{5}{7}$.

Observação:
Podemos fazer isso pensando na forma decimal desses racionais. Fazendo a divisão do numerador pelo denominador de cada fração, encontramos $b = 0,7$ e $a = 0,714...$ Então fica fácil dar diversos números escritos na forma decimal que estão entre b e a. Por exemplo: 0,705, 0,71 e 0,712 são números entre os dois números dados.

2) Escreva todos os subconjuntos de $A = \{1, 2, 3\}$.

Solução:
Não devemos esquecer que o conjunto vazio está contido em qualquer conjunto e que qualquer conjunto está contido nele mesmo. Teremos então um conjunto sem elementos, conjuntos com um elemento, conjuntos com dois elementos e o próprio conjunto dado com três elementos. Assim, todos os subconjuntos de A estão listados abaixo:

Resposta:

$\phi, \{1\}, \{2\}, \{3\}, \{1, 2\}, \{1, 3\}, \{2, 3\}, \{1, 2, 3\}$

Observação:
O conjunto de todos os subconjuntos de um conjunto A chama-se *conjunto das partes de A* e é representado por $P(A)$. Portanto, neste exercício, podemos escrever:
$P(A) = \{\phi, \{1\}, \{2\}, \{3\}, \{1, 2\}, \{1, 3\}, \{2, 3\}, \{1, 2, 3\}\}$
Um interessante resultado é que, se A tem n elementos, então $P(A)$ tem 2^n elementos.

3) São dados os conjuntos $A = \{1, 2, 5, 8, 9\}$, $B = \{2, 3, 5, 6, 9\}$ e $C = \{3, 4, 5, 7, 9\}$. Faça um diagrama e determine os conjuntos: $A \cup B$, $A \cup B \cup C$, $A \cap B$, $B \cap C$, $A \cap B \cap C$, $B - C$, $C - A$, $A - (B \cup C)$, $B - (A \cup C)$, $C - (A \cap B)$, $(A \cup C) - B$, $(A \cap C) - B$ e $(A \cap B) \cup (B \cap C)$.

Solução:
Façamos o desenho de um trevo para representar os três conjuntos. Observe os conjuntos dados, procurando elementos que pertençam aos três. Verificamos que o 5 e o 9 pertencem aos três conjuntos e, portanto, ficam na região central. Procure em seguida os elementos que pertencem a dois dos três conjuntos. Vemos que o 2 pertence a *A* e a *B*, e que o 3 pertence a *B* e a *C*. Colocando esses elementos nos lugares apropriados, finalmente completamos o diagrama com os elementos que pertencem a apenas um dos conjuntos. O resultado é o que vemos a seguir.

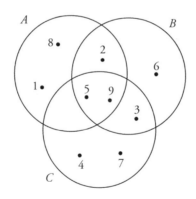

Respostas:
$A \cup B = \{1, 2, 3, 5, 6, 8, 9\}$
$A \cup B \cup C = \{1, 2, 3, 4, 5, 6, 7, 8, 9\}$
$A \cap B = \{2, 5, 9\}$
$B \cap C = \{3, 5, 9\}$
$A \cap B \cap C = \{5, 9\}$
$B - C = \{2, 6\}$
$C - A = \{3, 4, 7\}$
$A - (B \cup C) = \{1, 8\}$
$B - (A \cup C) = \{6\}$

$C - (A \cap B) = \{3, 4, 7\}$

$(A \cup C) - B = \{1, 4, 7, 8\}$

$(A \cap C) - B = \phi$

$(A \cap B) \cup (B \cap C) = \{2, 3, 5, 9\}$

4) Considere os conjuntos: $A = \{2n \mid n \in \mathbb{N}\}$ e $B = \{3n \mid n \in \mathbb{N}\}$.

a) Explique (com palavras) como são os elementos desses dois conjuntos e também dos conjuntos $A \cup B$, $A \cap B$, $A - B$ e $B - A$.

b) Complete o quadro abaixo usando os símbolos $\in$ ou $\notin$.

	2	3	4	5	6	7	8	12
$A - B$								
$A \cap B$								
$B - A$								

Solução:

a) Todos os elementos dos conjuntos A e B são números naturais.

A é o conjunto dos múltiplos de 2, ou seja, $A = \{0, 2, 4, 6, ...\}$.

B é o conjunto dos múltiplos de 3, ou seja, $B = \{0, 3, 6, 9, ...\}$.

$A \cup B$ é o conjunto dos números que são múltiplos de 2 *ou* de 3, ou seja, $A \cup B = \{0, 2, 3, 4, 6, 8, ...\}$.

$A \cap B$ é o conjunto dos números que são múltiplos de 2 *e* de 3, ou seja, $A \cap B = \{0, 6, 12\}$.

$A - B$ é o conjunto dos números que são múltiplos de 2 mas não são de 3, ou seja, $A - B = \{2, 4, 8, 10, ...\}$.

$B - A$ é o conjunto dos números que são múltiplos de 3 mas não são de 2, ou seja, $B - A = \{3, 9, 15, ...\}$.

b)

	2	3	4	5	6	7	8	12
$A - B$	$\in$	$\notin$	$\in$	$\notin$	$\notin$	$\notin$	$\in$	$\notin$
$A \cap B$	$\notin$	$\notin$	$\notin$	$\notin$	$\in$	$\notin$	$\notin$	$\in$
$B - A$	$\notin$	$\in$	$\notin$	$\notin$	$\notin$	$\notin$	$\notin$	$\notin$

5) Sejam $U = \{0, 1, 2, 3, ..., 9\}$ e seus subconjuntos $A = \{0, 3, 5, 7, 8\}$ e $B = \{1, 4, 5, 7, 8, 9\}$. Faça um diagrama para representar essa situação e determine os conjuntos $\overline{A}$, $\overline{B}$, $\overline{A \cup B}$ e $\overline{A \cap B}$.

Solução:
Como A e B estão contidos em U, o diagrama da situação é o seguinte:

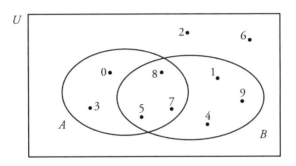

Respostas:
$\overline{A} = \{1, 2, 4, 6, 9\}$
$\overline{B} = \{0, 2, 3, 4, 6, 9\}$
$\overline{A \cup B} = \{2, 6\}$
$\overline{A \cap B} = \{0, 1, 2, 3, 4, 6, 9\}$

6) Determine a fração equivalente a cada uma das dízimas periódicas abaixo:
a) 0,6666...
b) 3,454545...
c) 1,201201201...

Solução:
a) Seja $x = 0,666...$ Dizemos que o período de x é 6, pois esse é o algarismo que se repete. Multiplicando x por 10, a vírgula avançará uma casa para a direita e ficaremos com $10x = 6,666...$ Façamos agora a diferença:
$$10x = 6,666...$$
$$(-) \quad x = 0,666...$$
Obtemos $9x = 6$.

Portanto, $x = \dfrac{6}{9} = \dfrac{2}{3}$.

b) Seja $x = 3,454545...$ O período de x é 45, pois esse é o grupo de algarismos que se repete. Multiplicamos agora x por 100, para que a vírgula avance um período (dois algarismos) para a direita. Ficamos com $100x = 345,454545...$ Façamos agora a diferença:

$$100x = 345,454545...$$
$$(-) \quad x = 3,454545...$$

Obtemos $99x = 342$.

Portanto, $x = \dfrac{342}{99} = \dfrac{38}{11}$.

c) Seja $x = 1,201201201...$ O período de x é 201, pois esse é o grupo de algarismos que se repete. Multiplicamos agora x por 1000, para que a vírgula avance um período (três algarismos) para a direita. Ficamos com $1000x = 1201,201201201...$ Façamos agora a diferença:

$$1000x = 1201,201201201...$$
$$(-) \quad x = 1,201201201...$$

Obtemos $999x = 1200$.

Portanto, $x = \dfrac{1200}{999} = \dfrac{400}{333}$.

Respostas:

a) $0,666... = \dfrac{2}{3}$ 　　 b) $3,454545... = \dfrac{38}{11}$ 　 c) $1,201201201... = \dfrac{400}{333}$

7) Escreva como uma fração irredutível cada um dos números racionais abaixo.

a) $0,6424242...$ 　　　　　　　b) $1,23555...$

Solução:

a) Seja $x = 0,6424242...$ Observe que o período (os algarismos que se repetem) não começa após a vírgula. Entre a vírgula e a parte que se repete existe um algarismo: 6. Ele é chamado de *parte não periódica* da dízima x.

Para encontrar uma fração equivalente, multiplicamos x por uma potência de 10 suficiente para a vírgula ultrapassar essa parte não periódica: $10x = 6,424242...$ Em seguida, multiplicamos o resultado anterior por uma nova potência de 10, suficiente para a vírgula pular um período. Nesse caso, devemos multiplicar o resultado anterior por 100 e obtemos: $1000x = 642,424242...$ Façamos agora a diferença:

$$1000x = 642,424242...$$
$$(-) \quad 10x = 6,424242...$$

Encontramos $990x = 636$.

Portanto, $x = \dfrac{636}{990} = \dfrac{106}{165}$.

b) Seja $x = 1,23555...$ Seguindo os passos descritos no item anterior, temos: $100x = 123,555...$ e $1000x = 1235,555...$ A diferença é:

$$1000x = 1235,555...$$
$$(-) \quad 100x = 123,555...$$

Encontramos $900x = 1112$.

Portanto, $x = \dfrac{1112}{900} = \dfrac{278}{225}$.

Respostas:

a) $0,6424242... = \dfrac{106}{165}$ 	b) $1,23555... = \dfrac{278}{225}$

8) O número natural n é tal que $\dfrac{n}{5}$ pertence ao intervalo $[4, 13]$. Quantos valores n pode assumir?

Solução:

Se $4 \leq \dfrac{n}{5} \leq 13$, então, multiplicando tudo por 5, temos $20 \leq n \leq 65$. Os valores que n pode assumir são: 20, 21, 22, ..., 65. O número de valores que n pode assumir é (preste atenção): $65 - 20 + 1 = 46$.

Resposta:
O natural *n* pode assumir 46 valores.

Vamos agora resolver a situação apresentada no início deste capítulo.

9) Conversando com os 50 alunos da primeira série de um colégio, o professor de educação física verificou que 32 alunos jogam futebol e 20 jogam vôlei, sendo que oito jogam ambos. Você sabe dizer quantos alunos não jogam nem futebol nem vôlei?

Primeira solução:
Façamos um diagrama da situação.

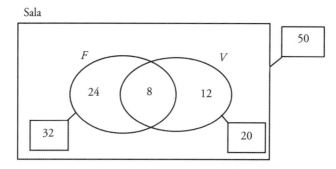

Se oito alunos estão na região central do diagrama, então $32 - 8 = 24$ alunos jogam apenas futebol e $20 - 8 = 12$ alunos jogam apenas vôlei. Assim, vemos que 44 alunos jogam alguma coisa e, como a turma tem 50 alunos, concluímos que seis alunos não jogam nem futebol nem vôlei.

Segunda solução:
Para saber quantos alunos jogam pelo menos um dos dois jogos, podemos usar a fórmula $n(F \cup V) = n(F) + n(V) - n(F \cap V)$. Ficamos com:

$$n(F \cup V) = 32 + 20 - 8 = 44$$

Logo, seis alunos não jogam nem futebol nem vôlei.

Resposta:
Seis alunos não jogam nem futebol nem vôlei.

10) Na sala de espera do aeroporto de Guarulhos, esperavam para embarcar em um voo 92 pessoas: 61 brasileiros, 59 homens e nove pessoas idosas. Sabe-se que, dos homens, 32 eram brasileiros e dois eram idosos. Sabe-se ainda que os brasileiros idosos eram cinco.
Determine:
a) O número de mulheres brasileiras jovens (não idosas).
b) O número de homens estrangeiros idosos.

Solução:
Sejam: B o conjunto dos brasileiros, H o dos homens e I o das pessoas idosas. Esses conjuntos sugerem o diagrama abaixo.

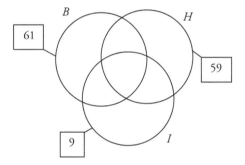

Sabe-se ainda que n($B \cap H$) = 32, n ($H \cap I$) = 2 e n($B \cap I$) = 5.

Primeira solução:
Vamos então utilizar a fórmula:
n($B \cup H \cup I$) = n(B) + n(H) + n(I) − n($B \cap H$) − n($B \cap I$) − n ($H \cap I$) +
    + n($B \cap H \cap I$)
Substituindo os valores conhecidos, temos:
    92 = 61 + 59 + 9 − 32 − 2 − 5 + n($B \cap H \cap I$)
ou seja, n($B \cap H \cap I$) = 2. Colocando esse número na região central do diagrama, fica fácil deduzir os números de pessoas das outras regiões:

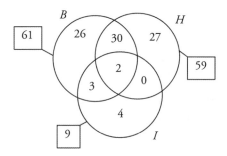

Portanto, o número de brasileiras jovens é 26 e não há homens estrangeiros idosos.

Segunda solução:

Seja x o número de elementos da interseção. Observando os dados, as regiões adjacentes à interseção possuem número de elementos: $32 - x$ (em cima), $5 - x$ (à esquerda) e $2 - x$ (à direita). Não é difícil completar os números de elementos das regiões restantes levando em conta que $n(B) = 61$, $n(H) = 59$ e $n(I) = 9$. O resultado é o que se vê no diagrama abaixo:

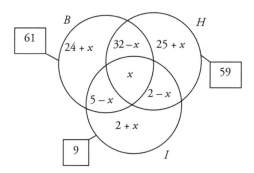

Para terminar, somamos os números de todas as regiões, o que deve dar 92. O resultado é $x = 2$. Dessa forma, todos os números do diagrama estão determinados.

Respostas:

a) 26   b) 0

11) São dados os intervalos de números reais: $A = [1, 8)$ e $B = [5, 13]$. Determine os conjuntos: $A \cup B$, $A \cap B$, $A - B$ e $B - A$.

Solução:
É bastante prático fazer o desenho dos intervalos. Os resultados estão abaixo do eixo.

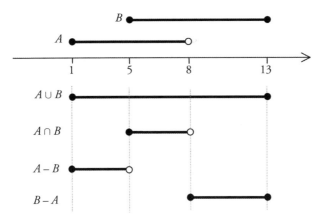

Respostas:
$A \cup B = [1, 13]$
$A \cap B = [5, 8)$
$A - B = [1, 5)$
$B - A = [8, 13]$

2 Potências, raízes e produtos notáveis

Situação 1

Qual é o resultado de $y = \dfrac{2^{38} - 2^{36}}{3 \cdot 2^{33}}$?

Com uma calculadora comum não conseguiremos fazer essa conta. Com uma científica talvez, mas utilizando as propriedades das potências conseguiremos fazer facilmente.

Situação 2

Você sabe que a soma de dois números reais é 9 e que a soma de seus quadrados é 47. Qual é o valor da soma dos cubos desses números?

Como você verá neste capítulo, essa é uma situação cuja resposta poderemos encontrar sem determinar os dois números e sem ter também muito trabalho. Sua solução envolve potências e produtos notáveis, que vamos estudar aqui.

Potência de expoente natural

Seja a um número diferente de zero. Para todo n natural (não nulo), definimos:

$$a^n = \underbrace{a \cdot a \cdot a \ldots a}_{n \text{ fatores}}$$

Exemplos
a) $2^5 = 2 \cdot 2 \cdot 2 \cdot 2 \cdot 2 = 32$
b) $7^4 = 7 \cdot 7 \cdot 7 \cdot 7 = 2401$
c) $1^7 = 1 \cdot 1 \cdot 1 \cdot 1 \cdot 1 \cdot 1 \cdot 1 = 1$
d) $(-3)^3 = (-3)(-3)(-3) = -27$
e) $(-5)^6 = (-5)(-5)(-5)(-5)(-5)(-5) = 390625$

Observe que, quando a base é negativa, se o expoente for ímpar, o resultado será negativo; se o expoente for par, o resultado será positivo. Portanto,

i) Para todo número real a, tem-se $a^2 \geq 0$.
ii) Se $a < 0$, tem-se $a^n > 0$ se n for par e $a^n < 0$ se n for ímpar.

Quando o expoente é zero, definimos: $a^0 = 1$.
Quando a base é zero e o expoente positivo ($n > 0$) tem-se $0^n = 0$.
Cuidado. Não se define 0^0.

Propriedades

Para operar com essas potências, é necessário conhecer as seguintes propriedades:

a) Para multiplicar potências de mesma base, conserva-se a base e somam-se os expoentes.

$$a^m \cdot a^n = a^{m+n}$$

b) Para dividir potências de mesma base, conserva-se a base e subtraem-se os expoentes.

$$\frac{a^m}{a^n} = a^{m-n}$$

c) Para elevar uma potência a outra potência, conserva-se a base e multiplicam-se os expoentes.

$$\left(a^m\right)^n = a^{mn}$$

d) Para elevar um produto a uma potência, elevam-se todos os fatores à mesma potência.

$$(a \cdot b)^n = a^n \cdot b^n$$

e) Para elevar uma fração a uma potência, elevam-se numerador e denominador à mesma potência.

$$\left(\frac{a}{b}\right)^n = \frac{a^n}{b^n}$$

Exemplos

Observe cuidadosamente os exemplos abaixo. Eles traduzem exatamente o uso das propriedades.

a) $5^4 \cdot 5^3 = 5^{4+3} = 5^7 = 78125$

b) $\dfrac{3^{12}}{(-3)^{10}} = \dfrac{3^{12}}{3^{10}} = 3^{12-10} = 3^2 = 9$

c) $(2^5)^3 = 2^{5.3} = 2^{15} = 32768$

d) $(2 \cdot 3)^4 = 2^4 \cdot 3^4 = 16 \cdot 81 = 1296$

e) $\left(\dfrac{-6}{5}\right)^3 = \dfrac{(-6)^3}{5^3} = \dfrac{-216}{125} = -1,728$

Potência de expoente inteiro

Vamos agora definir o significado de uma potência de expoente inteiro negativo. Adotaremos o seguinte: para quaisquer $a \neq 0$ e n natural,

$$a^{-n} = \left(\frac{1}{a}\right)^n = \frac{1}{a^n}$$

Exemplos

a) $2^{-5} = \dfrac{1}{2^5} = \dfrac{1}{32}$

b) $\left(\dfrac{5}{3}\right)^{-2} = \left(\dfrac{3}{5}\right)^2 = \dfrac{3^2}{5^2} = \dfrac{9}{25} = 0,36$

c) $\left(\dfrac{1}{10}\right)^{-1} = 10^1 = 10$

As regras anteriores que enunciamos para expoente natural valem para expoente inteiro. Acompanhe, com atenção, as duas aplicações a seguir:

d) $3^5 \cdot 9^{-3} = 3^5 \cdot (3^2)^{-3} = 3^5 \cdot 3^{2 \cdot (-3)} = 3^5 \cdot 3^{-6} = 3^{5-6} = 3^{-1} = \dfrac{1}{3}$

e) $\dfrac{4^{11}}{8^{-6}} = \dfrac{(2^2)^{11}}{(2^3)^{-6}} = \dfrac{2^{2 \cdot 11}}{2^{3 \cdot (-6)}} = \dfrac{2^{22}}{2^{-18}} = 2^{22-(-18)} = 2^{40}$

Raiz quadrada

Qual é o número que elevado ao quadrado dá 144? Sabemos que a resposta é 12. Dizemos que 12 é a raiz quadrada de 144. De forma geral, se $a \geq 0$, a raiz quadrada de a é o número positivo b tal que $b^2 = a$. Escrevemos:

$$\sqrt{a} = b$$

Devemos aqui tomar bastante cuidado. Sabemos que $3^2 = 9$ e também que $(-3)^2 = 9$. Porém, o correto é escrever $\sqrt{9} = 3$, e não ± 3.

Por outro lado, na equação $x^2 = 25$ devemos ter em mente que x é qualquer número cujo quadrado é 25. Há, portanto, dois valores possíveis para x, e a escrita correta é:

$$x^2 = 25 \quad \Rightarrow \quad x = \pm\sqrt{25} \quad \Rightarrow \quad x = \pm 5$$

Assim, os dois valores que satisfazem a equação dada são $x = 5$ e $x = -5$.

Propriedades

As raízes quadradas possuem as seguintes propriedades:

a) Se a é um número positivo, então:

$$\sqrt{a^2} = a$$

$$\sqrt{a^4} = a^2$$
$$\sqrt{a^6} = a^3$$

etc.

b) Se a e b são positivos, então $\sqrt{a} \cdot \sqrt{b} = \sqrt{ab}$

c) Se a e b são positivos, então $\dfrac{\sqrt{a}}{\sqrt{b}} = \sqrt{\dfrac{a}{b}}$

Repare que, em particular, a partir das propriedades podemos concluir que $\sqrt{a} \cdot \sqrt{a} = \sqrt{a^2} = a$.

Usando essas propriedades, podemos simplificar a escrita de algumas raízes quadradas. Por exemplo, se desejamos simplificar a escrita de $x = \sqrt{432}$, procedemos assim: fatorando o número que está dentro da raiz, obtemos $432 = 2^4 \cdot 3^3$. Então:

$$x = \sqrt{432} = \sqrt{2^4 \cdot 3^3} = \sqrt{2^4 \cdot 3^2 \cdot 3} = \sqrt{2^4} \cdot \sqrt{3^2} \cdot \sqrt{3} = 2^2 \cdot 3 \cdot \sqrt{3} = 12\sqrt{3}$$

que é uma forma mais agradável de representar o número x.

Nas situações contextualizadas, devemos dar como resultado um número decimal aproximado do valor correto. Por exemplo, não tem sentido dizer que a largura de uma rua é de $\sqrt{170}$ metros. Ninguém entende isso. O correto, nesse caso, é dizer que a largura da rua é de, aproximadamente, 13 metros. Isso dá uma ideia concreta da medida da largura da rua, ao passo que o valor exato é abstrato e não nos dá imediatamente a compreensão de seu valor.

Essas situações são tão frequentes que é conveniente conhecer os valores aproximados (só com duas decimais) de três raízes quadradas:

$$\sqrt{2} \cong 1,41$$
$$\sqrt{3} \cong 1,73$$
$$\sqrt{5} \cong 2,24$$

Imagine agora a seguinte situação. O salão de um restaurante é quadrado e tem área de 432 m². Qual é o valor do lado desse quadrado?

Para responder, pensamos que, como a área de um quadrado de lado x é x^2, então $x^2 = 432$ e, como x é obviamente positivo, pois representa um comprimento: $x = \sqrt{432}$ metros. Repare agora que essa informação é inútil para a maioria das pessoas. Elas não sabem quanto vale esse número. Entretanto, pelo que já conhecemos, é fácil ver que:

$$x = \sqrt{432} = 12\sqrt{3} \cong 12 \cdot 1,73 = 20,76$$

Portanto, a informação que interessa é que o lado do quadrado é de, aproximadamente, 20 metros e 80 centímetros.

Não esqueça que, em situações contextualizadas, um valor aproximado dá uma informação em geral mais interessante do que o valor exato.

As outras raízes

Existem raízes cujo *índice* é um número natural qualquer diferente de zero. A raiz de índice n de um número real a é representada por $\sqrt[n]{a}$ e definida assim:

i) Se n é par, e se a é positivo, $\sqrt[n]{a}$ é o número positivo b tal que $b^n = a$.

Nesse caso, se a é negativo, a raiz de índice par não está definida.

ii) Se n é ímpar, $\sqrt[n]{a}$ é o número b tal que $b^n = a$.

Nesse caso, se a é positivo então b também é positivo e, se a é negativo, b também é negativo.

Para entender bem o que dissemos, observe atentamente os exemplos:

a) $\sqrt[3]{125} = 5$, porque $5^3 = 125$.

b) $\sqrt[3]{-125} = -5$, porque $(-5)^3 = (-5)(-5)(-5) = -125$.

c) $\sqrt[4]{81} = 3$, porque $3^4 = 81$.

d) $\sqrt[4]{-81}$ não existe, porque um número elevado ao expoente 4 não pode ser negativo.

Propriedades

Para a e b positivos e n natural não nulo, valem as propriedades:

a) $\sqrt[n]{a} \cdot \sqrt[n]{b} = \sqrt[n]{ab}$

Potências, raízes e produtos notáveis

b) $\dfrac{\sqrt[n]{a}}{\sqrt[n]{b}} = \sqrt[n]{\dfrac{a}{b}}$

c) $\sqrt[n]{a^m} = \left(\sqrt[n]{a}\right)^m$

d) $\sqrt[n]{\sqrt[m]{a}} = \sqrt[nm]{a}$

e) $\sqrt[kn]{a^{km}} = \sqrt[n]{a^m}$ (k natural não nulo)

Os exemplos a seguir ilustram a utilização dessas propriedades:

Exemplos

a) $\sqrt[4]{2} \cdot \sqrt[4]{8} = \sqrt[4]{16} = \sqrt[4]{2^4} = 2$

b) $\dfrac{\sqrt[3]{400}}{\sqrt[3]{10}} = \sqrt[3]{\dfrac{400}{10}} = \sqrt[3]{40} = \sqrt[3]{8 \cdot 5} = \sqrt[3]{8} \cdot \sqrt[3]{5} = 2 \cdot \sqrt[3]{5}$

c) $\sqrt{2^3} = \left(\sqrt{2}\right)^3 = \sqrt{2} \cdot \sqrt{2} \cdot \sqrt{2} = 2\sqrt{2}$

d) $\sqrt[3]{\sqrt[4]{5^{24}}} = \sqrt[12]{5^{24}} = 5^2 = 25$

Racionalização (primeiro caso)

Chamamos de *racionalizante* de uma expressão que contém radicais outra expressão que, multiplicada por ela, dá um resultado sem radicais. Por exemplo, a racionalizante de $\sqrt{3}$ é também $\sqrt{3}$, pois $\sqrt{3} \cdot \sqrt{3} = 3$. Veja também que a racionalizante de $\sqrt[3]{2}$ é $\sqrt[3]{4}$, pois $\sqrt[3]{2} \cdot \sqrt[3]{4} = \sqrt[3]{8} = 2$.

Veja a seguir alguns exemplos de expressões com suas racionalizantes. Faça mentalmente o produto delas para constatar que o resultado não possui radicais.

$\sqrt{a}$	$\sqrt{a}$
$\sqrt[3]{a}$	$\sqrt[3]{a^2}$
$\sqrt[5]{a^2}$	$\sqrt[5]{a^3}$
$\sqrt{a^3 bc^4}$	$\sqrt{ab}$
$\sqrt[7]{a^2 bc^4}$	$\sqrt[7]{a^5 b^6 c^3}$

A racionalização é utilizada para retirar incômodos radicais dos denominadores das frações. Assim, por exemplo, a expressão $\dfrac{10}{\sqrt{5}}$ pode ter seu denominador racionalizado, bastando multiplicar numerador e denominador da fração pela expressão racionalizante:

$$\frac{10}{\sqrt{5}} = \frac{10 \cdot \sqrt{5}}{\sqrt{5} \cdot \sqrt{5}} = \frac{10 \cdot \sqrt{5}}{5} = 2\sqrt{5}$$

Esse é um resultado mais agradável do que a expressão original. Os dois exemplos a seguir mostram a racionalização de denominadores.

Exemplos

a) $\dfrac{6}{\sqrt[5]{16}} = \dfrac{6}{\sqrt[5]{2^4}} = \dfrac{6 \cdot \sqrt[5]{2}}{\sqrt[5]{2^4} \cdot \sqrt[5]{2}} = \dfrac{6 \cdot \sqrt[5]{2}}{\sqrt[5]{2^5}} = \dfrac{6 \cdot \sqrt[5]{2}}{2} = 3 \cdot \sqrt[5]{2}$

b) $\dfrac{a^2 b}{\sqrt[3]{ab^2}} = \dfrac{a^2 b \cdot \sqrt[3]{a^2 b}}{\sqrt[3]{ab^2} \cdot \sqrt[3]{a^2 b}} = \dfrac{a^2 b \cdot \sqrt[3]{a^2 b}}{\sqrt[3]{a^3 b^3}} = \dfrac{a^2 b \cdot \sqrt[3]{a^2 b}}{ab} = a \cdot \sqrt[3]{a^2 b}$

Expoente racional

Começamos aqui com uma pergunta. Você sabe o resultado de $16^{1,25}$? Estamos vendo um caso de *expoente racional*, ou seja, o número natural 16 está elevado ao expoente 1,25, que é um número racional. Para resolver isso, vamos dar uma definição que não só esclarecerá esse exemplo inicial, como também permitirá substituir as raízes do item anterior por frações, o que é evidentemente muito mais agradável.

Seja a um número positivo. Vamos definir a potência de expoente racional. Sendo m e n números naturais, a potência de expoente $\dfrac{m}{n}$ é definida por:

$$a^{\frac{m}{n}} = \sqrt[n]{a^m}$$

Essa forma de escrever substitui as raízes e mantém todas as propriedades que foram enunciadas antes. Para entender melhor, observe atentamente os exemplos a seguir.

a) $\sqrt{5} = 5^{\frac{1}{2}}$

b) $\sqrt[3]{9} = \sqrt[3]{3^2} = 3^{\frac{2}{3}}$

c) $\left(\sqrt{6}\right)^8 = \left(6^{\frac{1}{2}}\right)^8 = 6^{\frac{1}{2} \cdot 8} = 6^4 = 1296$

d) $\sqrt{3} \cdot \sqrt[6]{81} = \sqrt{3} \cdot \sqrt[6]{3^4} = 3^{\frac{1}{2}} \cdot 3^{\frac{4}{6}} = 3^{\frac{1}{2}} \cdot 3^{\frac{2}{3}} = 3^{\frac{1}{2}+\frac{2}{3}} = 3^{\frac{7}{6}}$

Observação: se você desejar voltar para a notação de raízes, o resultado anterior pode ainda ser apresentado assim:

e) $3^{\frac{7}{6}} = 3^{1+\frac{1}{6}} = 3^1 \cdot 3^{\frac{1}{6}} = 3 \cdot \sqrt[6]{3}$

f) $\sqrt{\sqrt[4]{1000}} = \left(\left(10^3\right)^{\frac{1}{4}}\right)^{\frac{1}{2}} = 10^{3 \cdot \frac{1}{4} \cdot \frac{1}{2}} = 10^{\frac{3}{8}} = \sqrt[8]{1000}$

g) $\sqrt{8 \cdot \sqrt[3]{4}} = \sqrt{2^3 \cdot \sqrt[3]{2^2}} = \sqrt{2^3 \cdot 2^{\frac{2}{3}}} = \left(2^3 \cdot 2^{\frac{2}{3}}\right)^{\frac{1}{2}} = \left(2^{3+\frac{2}{3}}\right)^{\frac{1}{2}} = \left(2^{\frac{11}{3}}\right)^{\frac{1}{2}} =$

$$= 2^{\frac{11}{3} \cdot \frac{1}{2}} = 2^{\frac{11}{6}}$$

Observação: se você desejar voltar para a notação de raízes, o resultado anterior pode ainda ser apresentado assim:

$$2^{\frac{11}{6}} = 2^{1+\frac{5}{6}} = 2^1 \cdot 2^{\frac{5}{6}} = 2 \cdot \sqrt[6]{2^5} = 2 \cdot \sqrt[6]{32}$$

h) $\left(\dfrac{\sqrt[3]{16}}{\sqrt{8}}\right)^{-6} = \left(\dfrac{\sqrt[3]{2^4}}{\sqrt{2^3}}\right)^{-6} = \left(\dfrac{2^{\frac{4}{3}}}{2^{\frac{3}{2}}}\right)^{-6} = \left(2^{\frac{4}{3}-\frac{3}{2}}\right)^{-6} = \left(2^{-\frac{1}{6}}\right)^{-6} = 2^{-\frac{1}{6} \cdot (-6)} = 2^1 = 2$

Para terminar, podemos agora resolver a pergunta inicial deste item: qual é o resultado de $16^{1,25}$?

Veja que $16 = 2^4$ e que $1,25 = 1 + \dfrac{25}{100} = 1 + \dfrac{1}{4} = \dfrac{5}{4}$. Temos, portanto:

$$16^{1,25} = \left(2^4\right)^{\frac{5}{4}} = 2^{4 \cdot \frac{5}{4}} = 2^5 = 32$$

A propriedade distributiva

A propriedade distributiva do produto em relação à soma é a seguinte. Para quaisquer reais a, b e c, tem-se:

$$a(b+c) = ab + ac$$

Isso significa que o número a foi distribuído pelas parcelas da soma.

A operação inversa chama-se *colocar em evidência* um fator comum. Assim, na soma $ab + ac$, como cada parcela possui o fator a, podemos colocar esse fator em evidência e escrever:

$$ab + ac = a(b+c)$$

Colocar um termo em evidência é útil para simplificar expressões, como você pode ver a seguir.

a) $\dfrac{4a+6b}{2c} = \dfrac{2(2a+3b)}{2c} = \dfrac{2a+3b}{c}$

b) $\dfrac{x^3+2x^4}{x^2} = \dfrac{x^3+2x\cdot x^3}{x^2} = \dfrac{x^3(1+2x)}{x^2} = x(1+2x)$

c) $\dfrac{a^2bc-ab^2c+abc^2}{abc} = \dfrac{abc(a-b+c)}{abc} = a-b+c$

Para desenvolver um produto de dois fatores com várias parcelas dentro de cada um, multiplicamos cada parcela do primeiro fator por todas as parcelas do segundo fator.

$$(a+b)(x+y+z) = ax+ay+az+bx+by+bz$$

Veja:

d) $(x-2)(x^2+3x+1) = x^3+3x^2+x-2x^2-6x-2 = x^3+x^2-5x-2$

e) $(a^2+ab+b^2)(a-b) = a^3-a^2b+a^2b-ab^2+b^2a-b^3 = a^3-b^3$

Produtos notáveis

Em álgebra, alguns produtos são tão frequentes que se tornaram famosos. São os *produtos notáveis*.

O primeiro deles é o desenvolvimento do quadrado do binômio: $(a+b)^2$. Para desenvolver, expressamos o quadrado como produto de dois fatores iguais e aplicamos a propriedade distributiva.

$$(a+b)^2 = (a+b)(a+b) = a^2 + ab + ba + b^2 = a^2 + 2ab + b^2$$

Portanto,

$$(a+b)^2 = a^2 + 2ab + b^2$$

Dizemos que o quadrado da soma de dois números é igual ao quadrado do primeiro mais o dobro do produto deles mais o quadrado do segundo.

Para o quadrado da diferença, procedemos da mesma forma e encontramos:

$$(a-b)^2 = a^2 - 2ab + b^2$$

Um produto que também aparece com muita frequência é o da soma pela diferença de dois números: $(a+b)(a-b) = a^2 - ab + ba - b^2 = a^2 - b^2$.

Portanto,

$$(a+b)(a-b) = a^2 - b^2$$

Dizemos que o produto da soma pela diferença de dois números é igual ao quadrado do primeiro menos o quadrado do segundo.

Para desenvolver $(a + b + c)^2$, o truque é reunir a soma de dois desses números em um novo número. Seja, portanto, $x = b + c$. Então,

$$(a+b+c)^2 = (a+x)^2 = a^2 + 2ax + x^2 = a^2 + 2a(b+c) + (b+c)^2 =$$
$$= a^2 + 2ab + 2ac + b^2 + 2bc + c^2 = a^2 + b^2 + c^2 + 2ab + 2bc + 2ac$$

Portanto,

$$(a + b + c)^2 = a^2 + b^2 + c^2 + 2ab + 2bc + 2ac$$

Vejamos agora como se desenvolve o cubo da soma de dois números.

$$(a+b)^3 = (a+b)(a+b)^2 = (a+b)(a^2 + 2ab + b^2) =$$
$$= a^3 + 2a^2b + ab^2 + a^2b + 2ab^2 + b^3 = a^3 + 3a^2b + 3ab^2 + b^3$$

Portanto:

$$(a+b)^3 = a^3 + 3a^2b + 3ab^2 + b^3$$

Para o cubo da diferença, fazemos $(a-b)^3 = \left(a+(-b)\right)^3$ e desenvolvemos como no caso anterior:

$$(a-b)^3 = a^3 - 3a^2b + 3ab^2 - b^3$$

Finalmente, são também interessantes as fatorações de $a^3 + b^3$ e $a^3 - b^3$:

$$a^3 + b^3 = (a+b)(a^2 - ab + b^2)$$
$$a^3 - b^3 = (a-b)(a^2 + ab + b^2)$$

A verificação é imediata. Basta desenvolver o lado direito de cada uma delas.

O caso geral, o desenvolvimento do binômio $(a + b)^n$, será estudado no capítulo 11.

Racionalização (segundo caso)

O racionalizante da expressão $a\sqrt{A} + b\sqrt{B}$ é sua expressão *conjugada*, ou seja, $a\sqrt{A} - b\sqrt{B}$. De fato, o produto delas é:

$$(a\sqrt{A} + b\sqrt{B})(a\sqrt{A} - b\sqrt{B}) = \left(a\sqrt{A}\right)^2 - \left(b\sqrt{B}\right)^2 = a^2 A - b^2 B$$

que não possui radicais. Por exemplo, para racionalizar o denominador de $\dfrac{3+\sqrt{3}}{\sqrt{3}-1}$, multiplicamos o numerador e o denominador dessa fração pela expressão conjugada do denominador. Observe:

$$\frac{3+\sqrt{3}}{\sqrt{3}-1} = \frac{(3+\sqrt{3})(\sqrt{3}+1)}{(\sqrt{3}-1)(\sqrt{3}+1)} = \frac{3\sqrt{3}+3+\sqrt{3}\cdot\sqrt{3}+\sqrt{3}}{\left(\sqrt{3}\right)^2 - 1^2} = \frac{6+4\sqrt{3}}{2} =$$

$$= \frac{2(3+2\sqrt{3})}{2} = 3 + 2\sqrt{3}$$

Exercícios resolvidos

Vamos resolver inicialmente a questão proposta na situação 1 do início deste capítulo. A questão da situação 2 é o exercício 7.

1) Qual é o resultado de $y = \dfrac{2^{38} - 2^{36}}{3 \cdot 2^{33}}$?

Solução:

$$y = \frac{2^{38} - 2^{36}}{3 \cdot 2^{33}} = \frac{2^{36} \cdot 2^2 - 2^{36}}{3 \cdot 2^{33}} = \frac{2^{36}(2^2 - 1)}{3 \cdot 2^{33}} = \frac{2^{36} \cdot 3}{3 \cdot 2^{33}} = 2^{36-33} = 2^3 = 8$$

Resposta:

$y = 8$

2) Calcular o resultado de $y = \sqrt{27} + 2\sqrt{48} - 3\sqrt{108}$.

Solução:

Para simplificar esse número, devemos fatorar cada número dentro da raiz. Assim, ficamos com:

$$y = \sqrt{3^3} + 2\sqrt{2^4 \cdot 3} - 3\sqrt{2^2 \cdot 3^3}$$

Em seguida, preparamos as potências com expoente par e tratamos de retirá-las das raízes quadradas. Depois é só arrumar o resultado. Veja:

$$y = \sqrt{3^3} + 2\sqrt{2^4 \cdot 3} - 3\sqrt{2^2 \cdot 3^3} = \sqrt{3^2 \cdot 3} + 2\sqrt{2^4 \cdot 3} - 3\sqrt{2^2 \cdot 3^2 \cdot 3} =$$

$$= 3\sqrt{3} + 2 \cdot 2^2 \sqrt{3} - 3 \cdot 2 \cdot 3\sqrt{3} = 3\sqrt{3} + 8\sqrt{3} - 18\sqrt{3} = -7\sqrt{3}$$

Resposta:

$y = -7\sqrt{3}$

3) Calcule $y = 2^{3^2} - \left(2^3\right)^2$.

Solução:

Essa é uma questão curiosa, pois os dois números da operação são bem diferentes. No caso de 2^{3^2}, a operação é feita de cima para baixo, ou seja, primeiro devemos calcular 3^2 (e não 2^3). Assim:

$$2^{3^2} = 2^9 = 512$$
$$\left(2^3\right)^2 = 2^{3 \cdot 2} = 2^6 = 64$$

Portanto, $y = 512 - 64 = 448$.

Resposta:

$y = 448$

4) Calcular $y = 3358^2 - 3357^2$.

Solução:

Esse é um caso em que, apesar de podermos realizar o cálculo diretamente, naturalmente com certo esforço, a aplicação de um produto notável reduz de modo considerável nosso trabalho. Veja:

$$y = 3358^2 - 3357^2 = (3358 + 3357)(3358 - 3357) = 6715 \cdot 1 = 6715$$

Resposta:

$y = 6715$

5) Calcule $y = \left(\dfrac{-1}{125}\right)^{-\frac{2}{3}}$.

Solução:

Essa questão caiu em um vestibular no Rio de Janeiro e teve índice de acertos bastante baixo. Ela é delicada, pois necessita que utilizemos as propriedades das potências com muito cuidado.

Em primeiro lugar, vamos eliminar o expoente negativo, invertendo a base:

$$y = \left(\frac{-1}{125}\right)^{-\frac{2}{3}} = (-125)^{\frac{2}{3}}$$

Repare agora que, como $125 = 5^3$, então $-125 = (-5)^3$. Podemos terminar o cálculo aplicando a propriedade de potência de uma potência:

$$y = \left(\frac{-1}{125}\right)^{-\frac{2}{3}} = (-125)^{\frac{2}{3}} = \left((-5)^3\right)^{\frac{2}{3}} = (-5)^{3 \cdot \frac{2}{3}} = (-5)^2 = 25$$

POTÊNCIAS, RAÍZES E PRODUTOS NOTÁVEIS

Resposta:

$y = 25$

6) Simplifique a expressão $y = \dfrac{12}{\sqrt{6}} + \dfrac{4}{3+\sqrt{7}} + \dfrac{2}{\sqrt{7}+\sqrt{6}}$.

Solução:

Vamos racionalizar os denominadores das três frações. Depois é só fazer as contas.

$$y = \frac{12}{\sqrt{6}} + \frac{4}{3+\sqrt{7}} + \frac{2}{\sqrt{7}+\sqrt{6}} = \frac{12\sqrt{6}}{\sqrt{6}\cdot\sqrt{6}} + \frac{4(3-\sqrt{7})}{(3+\sqrt{7})(3-\sqrt{7})} + \frac{2(\sqrt{7}-\sqrt{6})}{(\sqrt{7}+\sqrt{6})(\sqrt{7}-\sqrt{6})} =$$

$$= \frac{12\sqrt{6}}{6} + \frac{4(3-\sqrt{7})}{3^2-\left(\sqrt{7}\right)^2} + \frac{2(\sqrt{7}-\sqrt{6})}{\left(\sqrt{7}\right)^2-\left(\sqrt{6}\right)^2} = 2\sqrt{6} + \frac{4(3-\sqrt{7})}{2} + \frac{2(\sqrt{7}-\sqrt{6})}{1} =$$

$$= 2\sqrt{6} + 6 - 2\sqrt{7} + 2\sqrt{7} - 2\sqrt{6} = 6$$

Resposta:

$y = 6$

Resolveremos agora o problema proposto na situação 2 do início do capítulo.

7) Você sabe que a soma de dois números reais é 9 e que a soma de seus quadrados é 47. Qual é o valor da soma dos cubos desses números?

Solução:

Sejam a e b esses dois números. Temos, pelo enunciado, que $a + b = 9$ e que $a^2 + b^2 = 47$. Inicialmente, vamos elevar a primeira equação ao quadrado e substituir nela a segunda.

$(a + b)^2 = 9^2$

$a^2 + b^2 + 2ab = 81$

$47 + 2ab = 81$

$2ab = 34$

$ab = 17$

Conseguimos determinar o valor do produto dos dois números sem conhecê-los. Agora, vamos elevar a primeira equação ao cubo.

$$(a + b)^3 = 9^3$$
$$a^3 + 3a^2b + 3ab^2 + b^3 = 9^3$$
$$a^3 + b^3 = 729 - 3a^2b - 3ab^2$$
$$a^3 + b^3 = 729 - 3ab(a + b)$$
$$a^3 + b^3 = 729 - 3 \cdot 17 \cdot 9 = 729 - 459 = 270$$

Resposta:
A soma dos cubos é 270.

8) Sejam a e b números reais positivos. A média aritmética de a e b é definida por $M = \dfrac{a+b}{2}$ e a média geométrica de a e b é definida por $G = \sqrt{ab}$. Mostre que, para quaisquer valores dos dois números dados, tem-se sempre $M \geq G$.

Solução:
Essa demonstração não é difícil de entender. Se a e b são positivos, então existem suas raízes quadradas. Por outro lado, qualquer número elevado ao quadrado é positivo ou zero. Assim, podemos escrever que $\left(\sqrt{a} - \sqrt{b}\right)^2 \geq 0$.

Desenvolvendo o quadrado, encontramos:
$$\left(\sqrt{a}\right)^2 - 2 \cdot \sqrt{a} \cdot \sqrt{b} + \left(\sqrt{b}\right)^2 \geq 0$$
$$a + b \geq 2\sqrt{ab}$$
$$\frac{a+b}{2} \geq \sqrt{ab}$$
$$M \geq G$$

como queríamos demonstrar. Entretanto, devemos averiguar quando a igualdade ocorre, e isso é a parte fácil da demonstração. A igualdade $\left(\sqrt{a} - \sqrt{b}\right)^2 = 0$ implica $\sqrt{a} = \sqrt{b}$, ou seja, $a = b$. Portanto, a média aritmética só é igual à geométrica quando os dois números são iguais.

9) Sendo a e b números reais positivos tais que $a - b = 2$ e $ab = 34$, qual é o valor de $a + b$?

Sugestão: desenvolva $(a + b)^2 - (a - b)^2$.

Solução:

Seguindo a sugestão do enunciado,

$(a+b)^2 - (a-b)^2 = a^2 + 2ab + b^2 - a^2 + 2ab - b^2 = 4ab$

Assim, $(a+b)^2 - 2^2 = 4 \cdot 34$. Logo, $(a+b)^2 = 4+136 = 140$ e, como a e b são positivos, temos $a+b = \sqrt{140} = 2\sqrt{35}$.

Resposta:

$a+b = 2\sqrt{35}$

10) Determine qual dos dois números é o maior: $a = \sqrt{2}$ ou $b = \sqrt[3]{3}$?

Solução:

Como temos uma raiz quadrada e uma raiz cúbica, vamos elevar os dois números à 6ª potência.

$$a^6 = \left(2^{\frac{1}{2}}\right)^6 = 2^{\frac{1}{2} \cdot 6} = 2^3 = 8$$

$$b^6 = \left(3^{\frac{1}{3}}\right)^6 = 3^{\frac{1}{3} \cdot 6} = 3^2 = 9$$

Como $a^6 < b^6$, concluímos que $a < b$.

Resposta:

O número b é o maior.

3 Polinômios e equações

Situação

Você sabe resolver a equação $x^3 + x^2 - 2x - 2 = 0$?

Se não sabe, não se preocupe. O autor deste livro acredita que a maioria dos leitores também não sabe. Porém, a boa notícia é que, no decorrer deste capítulo, você verá que a resolução dessa equação é mais fácil do que parece.

Iniciaremos a teoria do capítulo com definições enunciadas de maneira bastante informal.

Definições

Um *termo algébrico* é o produto de um número (chamado coeficiente) por potências de expoentes racionais de variáveis. Por exemplo, $4xy$ e $\sqrt{x} \cdot y^{-1}$ são termos algébricos cujos coeficientes são, respectivamente, 4 e 1.

Um *monômio* é um termo algébrico cujo coeficiente é real e cujos expoentes são naturais. Assim, $4xy$, $\dfrac{x^2}{3}$ e $-5xy^3z^5$ são exemplos de monômios. Como caso particular, qualquer constante é considerada também um monômio.

Um *polinômio* é uma soma de monômios. Por exemplo, $x + 2y + xy$ é um polinômio, assim como $x^3 + x^2 - 3x + 7$ é um polinômio. Os polinômios que só possuem dois termos são chamados de *binômios*; os de três termos, de *trinômios*.

Se um polinômio possui apenas a variável x, ele é (em geral) representado por $P(x)$. Se possui as variáveis x e y, é costume representá-lo por $P(x, y)$ e assim por diante.

O *grau de um monômio* é a soma dos expoentes de suas variáveis. Assim, o monômio $3xy$ tem grau 2 e o monômio $-5x^3y^4$ tem grau 7. Quando o monômio se reduz a uma constante diferente de zero, dizemos que seu grau é zero.

O *grau de um polinômio* é o de seu monômio de maior grau. Assim, por exemplo, se $P(x,y) = 2x^2y^4 + 3x^5 - x^6y$, dizemos que o grau de $P(x, y)$ é 7.

O *valor numérico* de um polinômio é o número que se obtém quando substituímos as letras por números. Se temos um polinômio $P(x)$, seu valor numérico para $x = 1$ é $P(1)$, para $x = 10$ é $P(10)$ etc.

Exemplos

a) $P(x) = x^3 - 2x - 4$

$P(1) = 1^3 - 2 \cdot 1 - 4 = -5$

$P(10) = 10^3 - 2 \cdot 10 - 4 = 976$

$P(\sqrt{2}) = \left(\sqrt{2}\right)^3 - 2 \cdot \sqrt{2} - 4 = 2\sqrt{2} - 2\sqrt{2} - 4 = -4$

$P(0) = -4$

$P(-2) = (-2)^3 - 2(-2) - 4 = -8 + 4 - 4 = -8$

b) $P(x, y) = x^2 - xy + 2y^2$

$P(1, 2) = 1^2 - 1 \cdot 2 + 2 \cdot 2^2 = 7$

$P(-2, 5) = (-2)^2 - (-2) \cdot 5 + 2 \cdot 5^2 = 64$

$P(10, 0) = 10^2 = 100$

$P(0, 0) = 0$

Fatoração

Fatorar um polinômio significa transformá-lo num produto de polinômios de graus menores do que o do polinômio original. Se os termos do polinômio possuem fatores comuns, basta colocá-los em evidência para obter a fatoração, como mostramos nos exemplos a seguir.

a) $2x^4 - 6x^3 + 10x^2 = 2x^2(x^2 - 3x + 5)$

b) $3a^2bc^3 + 6abc^2 + 9b^2c^2 = 3bc^2(a^2c + 2a + 3b)$

Os produtos notáveis são exemplos importantes de fatoração.

a) $x^2 - 6x + 9 = (x-3)^2$

b) $a^2 - 25 = a^2 - 5^2 = (a+5)(a-5)$

c) $y^4 - 16 = (y^2)^2 - 4^2 = (y^2 - 4)(y^2 + 4) = (y-2)(y+2)(y^2 + 4)$

d) $x^3 - 1 = (x-1)(x^2 + x + 1)$

A *fatoração por grupamento* é o processo de colocar fatores em evidência mais de uma vez, como mostraremos a seguir.

a) $ab + ac + bd + cd = a(b+c) + d(b+c) = (b+c)(a+d)$

b) $x^2 + ax - bx - ab = x(x+a) - b(x+a) = (x+a)(x-b)$

Operações com polinômios

Neste item, vamos nos restringir aos polinômios de uma só variável.

As operações de adição e subtração são feitas nos termos semelhantes. Por exemplo, se $P(x) = x^3 - 4x^2 + 5x + 7$ e se $Q(x) = x^4 - x^3 + 2x - 3$, a soma e a diferença desses polinômios são:

$P(x) + Q(x) = x^3 - 4x^2 + 5x + 7 + x^4 - x^3 + 2x - 3 = x^4 - 4x^2 + 7x + 4$

$P(x) - Q(x) = x^3 - 4x^2 + 5x + 7 - (x^4 - x^3 + 2x - 3) = -x^4 + 2x^3 - 4x^2 + 3x + 10$

Na operação de multiplicação, usamos a propriedade distributiva e, em seguida, grupamos os termos semelhantes. Por exemplo, se $A(x) = x^2 + 3x + 2$ e $B(x) = x^3 - 4x^2 - x + 1$, o produto deles é:

$A(x) \cdot B(x) = (x^2 + 3x + 2)(x^3 - 4x^2 - x + 1) =$

$= x^5 - 4x^4 - x^3 + x^2 + 3x^4 - 12x^3 - 3x^2 + 3x + 2x^3 - 8x^2 - 2x + 2 =$

$= x^5 - x^4 - 11x^3 - 10x^2 + x + 2$

A operação de divisão é delicada. Dados os polinômios $P(x)$ e $D(x)$ (em que o grau de P é maior do que o de D), dividir $P(x)$ por $D(x)$ significa encontrar dois polinômios $Q(x)$ e $R(x)$, denominados quociente e resto, que satisfazem a:

$$P(x) = D(x) \cdot Q(x) + R(x)$$

e tais que o grau de R seja menor do que o de D. A forma de dispor os polinômios para efetuar a divisão é a mesma que utilizamos para a divisão de números naturais.

$$
\begin{array}{c|c}
P(x) & D(x) \\
\hline
R(x) & Q(x)
\end{array}
$$

Quando, na divisão de $P(x)$ por $D(x)$, o resto for zero, dizemos que $P(x)$ é *divisível* por $D(x)$ e, nesse caso, teremos conseguido uma fatoração do polinômio $P(x)$, escrevendo-o na forma $D(x) \cdot Q(x)$.

Para proceder à divisão, leia atentamente as regras abaixo e acompanhe simultaneamente o exemplo a seguir.

❏ Caso alguma potência de x esteja faltando, completamos o polinômio com essa potência com coeficiente zero e construímos o algoritmo da divisão.

❏ Dividimos o primeiro termo de P pelo primeiro termo de D, obtendo o primeiro termo do quociente.

❏ Multiplicamos esse primeiro termo de Q pelo polinômio D (divisor) e subtraímos o resultado de P (dividendo), obtendo o primeiro resto parcial.

❏ Abaixa-se mais um termo de P, agregando-o ao resto parcial e repetimos a operação.

A divisão termina quando o grau do resto for menor do que o grau do divisor.

Exemplo

Dividir $P(x) = x^4 + 2x^3 - 4x - 3$ por $D(x) = x^2 + 3x - 1$.

Para efetuar a divisão, devemos reparar que, no polinômio P, não há termo em x^2. Assim, devemos acrescentá-lo para efetuar os cálculos.

$$\begin{array}{r|l} x^4 + 2x^3 + 0x^2 - 4x - 3 & \underline{x^2 + 3x - 1} \\ \underline{-x^4 - 3x^3 + x^2} & x^2 - x + 4 \\ \quad -x^3 + x^2 - 4x \\ \quad \underline{+ x^3 + 3x^2 - x} \\ \qquad 4x^2 - 5x - 3 \\ \qquad \underline{- 4x^2 - 12x + 4} \\ \qquad\qquad - 17x + 1 \end{array}$$

Acompanhe o passo a passo:

- Divide-se x^4 do dividendo por x^2 do divisor, encontrando x^2, que é colocado no quociente.
- Multiplica-se esse x^2 do quociente por todos os termos do divisor, e escrevemos o resultado $(-x^4 - 3x^3 + x^2)$ com os sinais trocados embaixo do dividendo.
- Efetua-se a soma obtendo o primeiro resto parcial $(-x^3 + x^2)$.
- Abaixa-se mais um termo: $-4x$.
- Divide-se $-x^3$ do primeiro resto por x^2 do divisor, encontrando $-x$, que é colocado no quociente.
- Multiplica-se esse $-x$ do quociente por todos os termos do divisor, e escrevemos o resultado $(+ x^3 + 3x^2 - x)$ com os sinais trocados embaixo do primeiro resto.
- Efetua-se a soma obtendo o segundo resto parcial $(4x^2 - 5x)$.
- Abaixa-se o último termo: -3.
- Divide-se $4x^2$ do segundo resto por x^2 do divisor, encontrando 4, que é colocado no quociente.
- Multiplica-se esse 4 do quociente por todos os termos do divisor, e escrevemos o resultado $(-4x^2 - 12x + 4)$ com os sinais trocados embaixo do último resto.
- Efetua-se a soma obtendo-se o resto final $-17x + 1$.

A divisão está terminada. O quociente é $Q(x) = x^2 - x + 4$ e o resto é $R(x) = 17x + 1$.

Divisão por $x - a$

O caso mais importante da divisão de polinômios é o da divisão por $x - a$. Como o divisor é do grau 1, então o resto da divisão é apenas um número. Vamos agora mostrar que:

O resto da divisão de $P(x)$ por $x - a$ é $P(a)$

Para justificar, veja que, se o quociente é $Q(x)$ e o resto R, temos:

$$P(x) = (x - a) \cdot Q(x) + R$$

Fazendo $x = a$, temos $P(a) = (a - a) \cdot Q(a) + R$, ou seja, $P(a) = R$.

Como consequência, se $P(a) = 0$, concluímos que $P(x)$ é divisível por $x - a$.

Por exemplo, o resto da divisão de $P(x) = x^3 - 5x^2 + 7x + 1$ por $x - 2$ é:

$$P(2) = 2^3 - 5 \cdot 2^2 + 7 \cdot 2 + 1 = 8 - 20 + 14 + 1 = 3$$

Para encontrar o quociente, devemos efetuar a divisão. Acompanhe mais uma vez e observe o valor do resto.

$$
\begin{array}{r|l}
x^3 - 5x^2 + 7x + 1 & \underline{\;x - 2\;} \\
\underline{-x^3 + 2x^2} & x^2 - 3x + 1 \\
-3x^2 + 7x \\
\underline{3x^2 - 6x} \\
x + 1 \\
\underline{-x + 2} \\
3
\end{array}
$$

Em seguida, vamos encontrar uma forma prática de encontrar o quociente da divisão de um polinômio por $x - a$.

O dispositivo de Briot-Ruffini

Para mostrar por que esse dispositivo funciona, faremos a demonstração para divisão de um polinômio do terceiro grau por $x - a$. O caso geral é exatamente o mesmo. Consideremos, então, a divisão de

$P(x) = mx^3 + nx^2 + px + q$ por $x - a$. Sejam: $Q(x) = rx^2 + sx + t$ o quociente e R o resto. Temos:

$$P(x) = (x - a) \cdot Q(x) + R$$
$$mx^3 + nx^2 + px + q = (x - a)(rx^2 + sx + t) + R$$
$$mx^3 + nx^2 + px + q = rx^3 + sx^2 + tx - arx^2 - asx - at + R$$
$$mx^3 + nx^2 + px + q = rx^3 + (s - ar)x^2 + (t - as)x - at + R$$

Como os polinômios do lado esquerdo e do lado direito são idênticos, temos:

$m = r,$	ou seja,	$r = m$
$n = s - ar,$	ou seja,	$s = ar + n$
$p = t - as,$	ou seja,	$t = as + p$
$q = -at + R,$	ou seja,	$R = at + q$

Assim, conseguimos calcular rapidamente os coeficientes do polinômio divisor e também o resto da divisão. O dispositivo de Briot-Ruffini mostra uma forma eficiente e prática de calcular os coeficientes.

	m	n	p	q
a	r	s	t	R

Observe, na linha de cima, os coeficientes do dividendo, embaixo os coeficientes do divisor, a posição da raiz do divisor (a) e o lugar onde fica o resto.

O procedimento passo a passo é o seguinte:

❑ Escreva os coeficientes de $P(x)$ na linha de cima.
❑ Abaixe o primeiro coeficiente (pois $r = m$).
❑ Calcule $am + n$ e ponha o resultado no lugar de s.
❑ Continue da mesma forma.

	m	n	p	q
a	m	$am + n$	$a^2m + an + p$	$a^3m + a^2n + ap + q$

Para mostrar um exemplo numérico, considere a divisão de $P(x) = 2x^4 - 3x^3 - 7x + 6$ por $x - 2$. Faremos a divisão pelo dispositivo de Briot-Ruffini.

	2	−3	0	−7	6
2	2	1	2	−3	0

Encontramos o quociente $Q(x) = 2x^3 + x^2 + 2x - 3$ e o resto é zero.

Identidades e equações

Qual é a diferença entre uma identidade e uma equação?

Uma *identidade* é uma igualdade que se verifica para todos os valores das variáveis. Por exemplo, são identidades:

a) $2x + 1 = 3 + x - 2 + x$
b) $(x + 2y)^2 = x^2 + 4xy + 4y^2$

Uma *equação* é uma igualdade que se verifica para apenas alguns valores das variáveis. Por exemplo, $\dfrac{3x+1}{2} = 8$ é uma equação, pois essa igualdade é correta apenas para $x = 5$.

Raiz de uma equação

Um número é *raiz* de uma equação se torna a igualdade verdadeira quando substituído no lugar da variável (ou incógnita). Por exemplo, considerando a equação $x^2 - x = 2$, temos:

$x = -1$ é raiz, pois $(-1)^2 - (-1) = 1 + 1 = 2$.
$x = 0$ não é raiz, pois $0^2 - 0 = 0 \neq 2$.
$x = 1$ não é raiz, pois $1^2 - 1 = 0 \neq 2$.
$x = 2$ é raiz, pois $2^2 - 2 = 4 - 2 = 2$.

Grau de uma equação

O *grau* de uma equação é o de seu termo de maior grau. Assim, $x^2 - x = 2$ é uma equação do segundo grau e $x^5 - 2x^3 + 4 = 0$ é uma do quinto grau.

Princípios gerais para a resolução de equações

1) Numa equação, podemos transpor um termo (isto é, mudá-lo de um membro da equação para outro), desde que o multipliquemos por −1.
2) Uma equação não se altera quando se multiplicam ambos os membros por um número diferente de zero.

Equação do primeiro grau

Vamos agora aplicar os princípios básicos que acabamos de enunciar para mostrar como se resolvem equações do primeiro grau.

Exemplo 1

Resolva a equação $2x + 4 = 3x + 6$.

Solução:

Transpondo: $\qquad\qquad\qquad 2x - 3x = 6 - 4$

Simplificando: $\qquad\qquad\quad -x = 2$

Multiplicando por − 1: $\qquad x = -2$

Resposta:

$x = -2$

Exemplo 2

Resolva a equação $\dfrac{2x+1}{3} - 7 = \dfrac{x}{2}$.

Solução:

Multiplicando por 6: $\qquad 6 \cdot \dfrac{(2x+1)}{3} - 6 \cdot 7 = 6 \cdot \dfrac{x}{2}$

Simplificando: $\qquad\qquad 2(2x+1) - 42 = 3x$

Desenvolvendo: $\qquad\quad 4x + 2 - 42 = 3x$

Transpondo: $\qquad\qquad\; 4x - 3x = 42 - 2$

Resposta:

$x = 40$

Exemplo 3

Resolva a equação $\dfrac{x}{3} + 2 + \dfrac{5x}{12} = \dfrac{3x-7}{4}$.

Solução:

Observando que 12 é múltiplo comum dos denominadores, começamos,

Multiplicando por 12: $\quad 12 \cdot \dfrac{x}{3} + 12 \cdot 2 + 12 \cdot \dfrac{5x}{12} = 12 \cdot \dfrac{3x-7}{4}$

Simplificando: $\quad 4x + 24 + 5x = 3(3x - 7)$

Isto é: $\quad 9x + 24 = 9x - 21$

Transpondo: $\quad 9x - 9x = -21 - 24$

Simplificando: $\quad 0 = -45$ (um absurdo)

Resposta:

Impossível. A equação não tem solução.

Princípio do fator comum

Se uma equação pode ser colocada na forma $AB = AC$, então os dois membros possuem o fator A em comum. O procedimento correto para a solução é transpor o termo AC para o primeiro membro e colocar o fator A em evidência, ficando com

$AB - AC = 0$

$A(B - C) = 0$

Um produto só é zero se pelo menos um dos fatores for zero. Então, concluímos que ou $A = 0$, ou $B - C = 0$, ou seja, $B = C$. Por exemplo, vamos resolver a equação $4(x - 2) = (x - 2)(x + 1)$ sem desenvolver os dois lados. Como existe o fator $x - 2$ nos dois lados da equação, vamos proceder como acabamos de mostrar:

$4(x - 2) - (x - 2)(x + 1) = 0$

$(x - 2)(4 - (x + 1)) = 0$

$(x - 2)(3 - x) = 0$

a) $x - 2 = 0 \implies x = 2$
b) $3 - x = 0 \implies x = 3$

Portanto, essa equação possui duas raízes (ou duas soluções): $x = 2$ e $x = 3$.

Conjunto solução

O *conjunto solução* de uma equação é o conjunto de suas raízes. Por exemplo, observe a equação resolvida no item anterior. Dizemos que o conjunto solução da equação $4(x - 2) = (x - 2)(x + 1)$ é $\{2, 3\}$.

Se uma equação não possui raiz, seu conjunto solução é o conjunto vazio.

Módulos

O *módulo* de um número a é representado por $|a|$ e definido por:

$$|a| = \begin{cases} a & \text{se } a \geq 0 \\ -a & \text{se } a < 0 \end{cases}$$

Por exemplo,
$|3| = 3$, pois $3 > 0$
$|-5| = -(-5) = 5$, pois $-5 < 0$
$|0| = 0$

É claro que, para qualquer número a, tem-se sempre $|a| \geq 0$. Também se deve observar que $\sqrt{a^2} = |a|$, para qualquer real a, como você poderá conferir nos exemplos a seguir:

$$\sqrt{3^2} = \sqrt{9} = 3 = |3|$$
$$\sqrt{(-4)^2} = \sqrt{16} = 4 = |-4|$$

Vamos agora resolver as primeiras equações em que aparecem módulos.

Para resolver, por exemplo, a equação $|2x - 1| = 7$, devemos considerar dois casos: o número que está dentro do módulo ou é 7, ou é –7. Assim, temos:

$$2x - 1 = 7 \quad \Rightarrow \quad 2x = 8 \quad \Rightarrow \quad x = 4$$
$$2x - 1 = -7 \quad \Rightarrow \quad 2x = -6 \quad \Rightarrow \quad x = -3$$

As raízes da equação são – 3 e 4.

Não há dúvida de que, se tivéssemos $|2x - 1| = 0$, a solução seria simplesmente $2x - 1 = 0$, ou seja, $x = \dfrac{1}{2}$. Se, por outro lado, tivéssemos $|2x - 1| = -1$, estaríamos vendo uma equação impossível, pois o módulo de um número não pode ser negativo. As equações que mostraremos nos exemplos a seguir são um pouco diferentes, pois o lado direito delas também contém a incógnita. Para resolver, usaremos a definição de módulo que exige a resolução de dois casos.

a) No primeiro caso, supomos que o número que está dentro do módulo seja positivo ou zero e, assim, o módulo pode ser retirado.
b) No segundo caso, supomos que o número que está dentro do módulo seja negativo. Ao retirar o módulo, devemos acrescentar um sinal negativo a ele, exatamente como na definição.

Exemplo 1
Resolva a equação $\left| 2x - 1 \right| = x + 2$.

Solução:
a) Supomos $2x - 1 \geq 0$, ou seja, $x \geq \dfrac{1}{2}$.
Nesse caso, o módulo pode ser retirado sem nenhuma modificação.
$$2x - 1 = x + 2$$
$$x = 3$$
Esse valor é uma raiz da equação, porque está de acordo com a hipótese inicial.

b) Supomos agora $2x - 1 < 0$, ou seja, $x < \dfrac{1}{2}$.
Nesse caso, ao retirarmos o módulo, devemos mudar o sinal.
$$-(2x - 1) = x + 2$$
$$-2x + 1 = x + 2$$
$$-3x = 1$$

$$x = -\frac{1}{3}$$

Esse valor também está de acordo com a hipótese inicial deste item (b).

Resposta:

A equação tem duas raízes: $x = -\frac{1}{3}$ e $x = 3$.

Exemplo 2

Resolva a equação $\left| x - 2 \right| = 10 - 2x$.

Solução:

a) Supomos $x - 2 \geq 0$, ou seja, $x \geq 2$.

$x - 2 = 10 - 2x$

$3x = 12$

$x = 4$ (esse valor é raiz, pois está de acordo com a hipótese do item)

b) Supomos $x - 2 < 0$, ou seja, $x < 2$.

$-(x - 2) = 10 - 2x$

$-x + 2 = 10 - 2x$

$x = 8$ (não é raiz, pois não está de acordo com a hipótese do item)

Resposta:

A equação tem apenas uma raiz: $x = 4$.

Outras equações envolvendo módulos serão estudadas no capítulo 4.

Sistemas de duas equações lineares

Os sistemas de duas equações e duas incógnitas aparecem frequentemente na resolução de problemas. Vamos mostrar, por meio de exemplos, os dois métodos principais que permitem resolvê-los facilmente, para que depois você decida qual deles mais lhe agradou.

Consideremos o sistema $\begin{cases} 8x + 3y = 14 \\ 5x + 2y = 8 \end{cases}$

Primeiro método (substituição)

Este método consiste em escolher uma das equações, tirar o valor de uma das incógnitas e substituir na outra equação. Acompanhe:

$$8x + 3y = 14$$
$$3y = 14 - 8x$$
$$y = \frac{14 - 8x}{3}$$

Vamos agora substituir esse valor de y na segunda equação:

$$5x + 2y = 8$$
$$5x + 2 \cdot \frac{14 - 8x}{3} = 8$$
$$3 \cdot 5x + 2(14 - 8x) = 3 \cdot 8$$
$$15x + 28 - 16x = 24$$
$$-x = -4$$
$$x = 4$$

Tendo calculado uma das incógnitas, substituímos esse valor em qualquer uma das equações do sistema. Vamos então substituir $x = 4$ na segunda equação:

$$5 \cdot 4 + 2y = 8$$
$$2y = -12$$
$$y = -6$$

O sistema está resolvido. A solução é $x = 4$ e $y = -6$.

Segundo método (eliminação)

Este método consiste em planejar a eliminação de uma incógnita para calcular a outra. A eliminação de uma incógnita ocorre na soma das duas equações quando os coeficientes da mesma incógnita são simétricos. Veja novamente o sistema e acompanhe a solução:

$$\begin{cases} 8x + 3y = 14 \\ 5x + 2y = 8 \end{cases}$$

Para eliminarmos a incógnita y, os dois coeficientes dessa incógnita devem tornar-se simétricos. Isso é possível multiplicando toda a primeira equação por 2 e toda a segunda equação por –3. Observe o que acontece:

$$16x + 6y = 28$$
$$-15x - 6y = -24$$

Somando essas equações, obtemos imediatamente $x = 4$. Em seguida, como no método anterior, substituímos esse valor em uma das equações para encontrar o valor de y.

O sistema possui uma única solução: $x = 4$, $y = -6$, também representada pelo *par ordenado* (4, 6), e o conjunto solução desse sistema é $S = \{(4, 6)\}$.

Quando encontramos apenas uma solução, dizemos que o sistema é *determinado*.

Como dissemos, sistemas desse tipo aparecem com muita frequência na solução de problemas, principalmente os contextualizados. Mostraremos agora um desses problemas.

Exemplo

Um pacote de arroz e um pacote de feijão custam juntos R$ 9,00; dois pacotes de arroz e três de feijão custam R$ 20,00. Quanto custa um pacote de feijão?

Solução:

Nos problemas contextualizados, devemos combinar inicialmente o que significa cada incógnita que vamos utilizar. Sejam, portanto:

x = o preço de um pacote de arroz;

y = o preço de um pacote de feijão.

Os dados do problema conduzem imediatamente ao sistema:

$$\begin{cases} x + y = 9 \\ 2x + 3y = 20 \end{cases}$$

Para resolver, observe que devemos calcular o preço do pacote de feijão, ou seja, devemos calcular o valor de y. Assim, vamos planejar a eliminação da incógnita x. Repare que para que a incógnita x desapareça, basta multiplicar a primeira equação por -2. Ficamos então assim:

$$\begin{cases} -2x - 2y = -18 \\ 2x + 3y = 20 \end{cases}$$

Somando as duas equações, encontramos $y = 2$.

Resposta:

O preço de um pacote de feijão é R$ 2,00.

Um sistema de duas equações e duas incógnitas pode ainda ser impossível ou indeterminado.

O sistema *impossível* é o que não possui solução.

Um exemplo de sistema impossível é $\begin{cases} x + y = 2 \\ 2x + 2y = 5 \end{cases}$

Basta observar o sistema para concluir que, se $x + y = 2$, então $2x + 2y = 4$ e, portanto, essa última soma não pode dar 5. Logo, não existem x e y que satisfaçam as duas equações. O conjunto solução desse sistema é o conjunto vazio.

O sistema *indeterminado* é o que possui infinitas soluções.

Um exemplo de sistema indeterminado é $\begin{cases} x + y = 2 \\ 3x + 3y = 6 \end{cases}$

Veja que a segunda equação é igual à primeira multiplicada por 3. Assim, a segunda equação não é uma *nova* equação, é apenas a repetição da primeira. Assim, todos os valores de x e y que satisfizerem a primeira equação também satisfarão a segunda.

Algumas soluções desse sistema são: $(2, 0)$, $(1, 1)$, $(0, 2)$, $(-1, 3)$ etc.

Cada vez que escolhermos um valor para x, o valor de y será $2 - x$. Portanto, o conjunto solução desse sistema é $S = \{(t, 2 - t) \; ; \; t \in \mathbb{R}\}$.

Equação do segundo grau

A equação do segundo grau tem a forma $ax^2 + bx + c = 0$, em que o coeficiente a não é zero. Essa equação está presente em inúmeros problemas em diversas áreas da matemática. Existe uma fórmula que resolve qualquer equação desse tipo; antes de apresentá-la, porém, vamos mostrar como resolver uma equação do segundo grau usando apenas os conhecimentos de produtos notáveis.

Exemplo
Resolva a equação $x^2 - 6x - 16 = 0$.

Solução:
Inicialmente, passamos o termo independente para o outro lado:
$x^2 - 6x = 16$
O objetivo agora é completar um quadrado perfeito do tipo:
$a^2 - 2ab + b^2 = (a - b)^2$
Veja o que faremos com nossa equação:
$x^2 - 6x = 16$
$x^2 - 2 \cdot x \cdot 3 + \ldots = 16 + \ldots$
O termo $-6x$ foi transformado em $-2 \cdot x \cdot 3$ e dois espaços foram abertos para completar o produto notável. Você deve perceber que o termo que completa o produto notável é 3^2, que deve ser acrescentado a ambos os lados da equação para que ela não se altere:
$x^2 - 2 \cdot x \cdot 3 + 3^2 = 16 + 3^2$
O resto é fácil:
$(x - 3)^2 = 25$
Tirando a raiz quadrada, ficamos com:
$x - 3 = \pm 5$
$x = 3 \pm 5$
Temos, portanto, $x_1 = 3 - 5 = -2$ e $x_2 = 3 + 5 = 8$, que são as duas raízes de nossa equação.

Resposta:
As raízes da equação são -2 e 8.

A dedução da fórmula geral segue os mesmos passos desse exemplo, como você poderá ver a seguir.

A fórmula

Consideremos o problema de resolver a equação $ax^2 + bx + c = 0$. Vamos completar o quadrado como no exemplo anterior, mas, para facilitar as coisas, primeiro multiplicaremos toda a equação por $4a$. Nossa equação fica assim:

$$4a^2x^2 + 4abx + 4ac = 0$$

Preparamos então o completamento do quadrado:

$$4a^2x^2 + 4abx + \ldots = \ldots - 4ac$$

Observe que o termo b^2 completa o quadrado perfeito:

$$4a^2x^2 + 4abx + b^2 = b^2 - 4ac$$

Ficamos com:

$$(2ax + b)^2 = b^2 - 4ac$$

Extraindo a raiz quadrada, ficamos com:

$$2ax + b = \pm\sqrt{b^2 - 4ac}$$

Agora é só isolar x:

$$2ax = -b \pm \sqrt{b^2 - 4ac}$$

$$x = \frac{-b \pm \sqrt{b^2 - 4ac}}{2a}$$

Essa é uma das fórmulas mais famosas e úteis da matemática. Todos devem sabê-la de cor.

O número embaixo do radical é chamado de *discriminante* da equação e representado pela letra grega Δ (delta maiúsculo): $\Delta = b^2 - 4ac$. Esse número, por estar embaixo de uma raiz quadrada, nos informa que:

Se $\Delta > 0$, a equação possui duas raízes.

Se $\Delta = 0$, a equação possui apenas uma raiz.

Se $\Delta < 0$, a equação não possui raiz alguma no conjunto dos reais, é impossível.

Vejamos alguns exemplos:

POLINÔMIOS E EQUAÇÕES

Exemplo 1

Resolva a equação $x^2 - 4x - 3 = 0$.

Solução:

Aplicando a fórmula, ficamos com:

$$x = \frac{-(-4) \pm \sqrt{(-4)^2 - 4 \cdot 1 \cdot (-3)}}{2 \cdot 1} = \frac{4 \pm \sqrt{16 + 12}}{2} = \frac{4 \pm \sqrt{28}}{2} = \frac{4 \pm 2\sqrt{7}}{2} = 2 \pm \sqrt{7}$$

Resposta:

As duas raízes da equação são $x_1 = 2 - \sqrt{7}$ e $x_2 = 2 + \sqrt{7}$.

Exemplo 2

Resolva a equação $9x^2 - 12x + 4 = 0$.

Solução:

Novamente, aplicamos a fórmula:

$$x = \frac{-(-12) \pm \sqrt{(-12)^2 - 4 \cdot 9 \cdot 4}}{2 \cdot 9} = \frac{12 \pm \sqrt{144 - 144}}{18} = \frac{12 \pm 0}{12} = \frac{12}{18} = \frac{2}{3}$$

Resposta:

A única raiz dessa equação é $x = \frac{2}{3}$.

Exemplo 3

Resolva a equação $2x^2 + 7x + 9 = 0$.

Solução:

A fórmula fornece:

$$x = \frac{-7 \pm \sqrt{7^2 - 4 \cdot 2 \cdot 9}}{2 \cdot 2} = \frac{-7 \pm \sqrt{49 - 72}}{4} = \frac{-7 \pm \sqrt{-23}}{2}$$

Como se vê, a equação é impossível. Não existe raiz quadrada de número negativo.

Resposta:

A equação não possui raízes reais.

Relações entre coeficientes e raízes da equação do segundo grau

Os coeficientes a, b e c da equação $ax^2 + bx = c = 0$ nos dão informações úteis sobre suas raízes. Para descobrir, vamos ter de efetuar alguns cálculos. Se $a \neq 0$, as duas raízes da equação $ax^2 + bx = c = 0$ são:

$$x_1 = \frac{-b + \sqrt{\Delta}}{2a} \qquad e \qquad x_2 = \frac{-b - \sqrt{\Delta}}{2a}$$

Somando as duas raízes, obtemos:

$$x_1 + x_2 = \frac{-b + \sqrt{\Delta}}{2a} + \frac{-b - \sqrt{\Delta}}{2a} = \frac{-2b}{2a} = -\frac{b}{a}$$

Multiplicando as duas raízes, obtemos:

$$x_1 x_2 = \frac{-b + \sqrt{\Delta}}{2a} \cdot \frac{-b - \sqrt{\Delta}}{2a} = \frac{(-b)^2 - (\sqrt{\Delta})^2}{4a^2} = \frac{b^2 - (b^2 - 4ac)}{4a^2} = \frac{4ac}{4a^2} = \frac{c}{a}$$

Conseguimos encontrar os seguintes e importantes resultados sobre as raízes x_1 e x_2 da equação $ax^2 + bx + c = 0$:

$$\text{A soma das raízes é: } x_1 + x_2 = -\frac{b}{a}.$$

$$\text{O produto das raízes é: } x_1 x_2 = \frac{c}{a}.$$

Essas relações permitem encontrar uma equação do segundo grau que possui raízes dadas. Observe que, considerando a equação $ax^2 + bx + c = 0$, dividindo por a ficamos com:

$$x^2 + \frac{b}{a}x + \frac{c}{a} = 0$$

ou

$$x^2 - \left(-\frac{b}{a}\right)x + \frac{c}{a} = 0$$

Agora, representando por S a soma das raízes e por P o produto delas, a equação se torna:

$$x^2 - Sx + P = 0$$

Assim, dados dois números reais quaisquer, podemos encontrar uma equação do segundo grau que possui essas raízes. Por exemplo, se desejamos uma equação cujas raízes são –3 e 7, basta calcular $S = -3 + 7 = 4$ e $P = (-3) \cdot 7 = -21$. Uma equação que possui essas raízes é $x^2 - 4x - 21 = 0$.

Equação do segundo grau com coeficientes inteiros

Na equação $ax^2 + bx = c = 0$, se o discriminante $\Delta = b^2 - 4ac$ for positivo, teremos duas raízes reais:

$$x_1 = \frac{-b + \sqrt{\Delta}}{2a} \qquad e \qquad x_2 = \frac{-b - \sqrt{\Delta}}{2a}$$

que podemos escrever assim:

$$x_1 = \frac{-b}{2a} + \sqrt{\frac{\Delta}{4a^2}} \qquad e \qquad x_2 = \frac{-b}{2a} - \sqrt{\frac{\Delta}{4a^2}}$$

ou ainda:

$$x_1 = A + \sqrt{B} \qquad e \qquad x_2 = A - \sqrt{B}$$

Portanto, se numa equação com coeficientes inteiros o discriminante não é um quadrado perfeito, as duas raízes da equação possuem a forma acima. Por exemplo, se numa equação de coeficientes inteiros uma das raízes for $2 + \sqrt{3}$, a outra será necessariamente $2 - \sqrt{3}$. Nesse caso, a soma será $S = 2 + \sqrt{3} + 2 - \sqrt{3} = 4$ e o produto $P = (2 + \sqrt{3})(2 - \sqrt{3}) = 4 - 3 = 1$. Uma equação possível será $x^2 - 4x + 1 = 0$. Recomendamos, como exercício, que você resolva essa última equação para observar suas raízes.

Equações irracionais

Uma equação é chamada de *irracional* quando a incógnita aparece embaixo de uma raiz. Por exemplo, são equações irracionais $\sqrt{5x + 1} = x - 7$ e $\sqrt[3]{1 - x} + \sqrt[3]{x + 6} = 1$.

Para resolver uma equação irracional, devemos elevar os dois membros a uma potência conveniente, às vezes mais de uma vez, até que os radicais desapareçam. Sempre que elevamos uma equação ao quadrado, devem-se verificar os resultados encontrados porque *raízes estranhas* à equação dada podem aparecer. Vamos desenvolver um exemplo para esclarecer essas coisas.

Exemplo
Resolva a equação $\sqrt{5x+1} = x - 7$.

Solução:
Elevamos os dois lados ao quadrado e fazemos as contas:

$$\left(\sqrt{5x+1}\right)^2 = (x-7)^2$$
$$5x + 1 = x^2 - 14x + 49$$
$$x^2 - 19x + 48 = 0$$
$$x = \frac{19 \pm \sqrt{19^2 - 4 \cdot 1 \cdot 48}}{2 \cdot 1} = \frac{19 \pm \sqrt{361 - 192}}{2} = \frac{19 \pm \sqrt{169}}{2} =$$
$$= \frac{19 \pm 13}{2} = \begin{cases} \dfrac{19 + 13}{2} = 16 \\ \dfrac{19 - 13}{2} = 3 \end{cases}$$

Encontramos dois valores para x, mas isso não quer dizer que esses valores sejam raízes da equação original. É preciso fazer uma verificação.

Se $x = 16$, temos, substituindo na equação dada, $\sqrt{81} = 9$, que é correto.
Se $x = 3$, temos, substituindo na equação dada, $\sqrt{16} = -4$, que é falso.
Portanto, apenas o primeiro valor é raiz da equação.

Resposta:
A única raiz da equação é $x = 16$.

Exercícios resolvidos

Iniciaremos a coleção dos exercícios resolvidos com a resposta da pergunta feita no início deste capítulo.

POLINÔMIOS E EQUAÇÕES

1) Você sabe resolver a equação $x^3 + x^2 - 2x - 2 = 0$?

Solução:
Vamos colocar em evidência: x^2 nas duas primeiras parcelas e -2 nas duas últimas:
$x^2(x+1) - 2(x+1) = 0$
Agora, colocamos o fator $x + 1$ em evidência:
$(x+1)(x^2 - 2) = 0$
Temos um produto igual a zero. Então:

a) $x + 1 = 0 \implies x = -1$
b) $x^2 - 2 = 0 \implies x^2 = 2 \implies x = \pm\sqrt{2}$

Resposta:
As raízes são $x = -1$, $x = \sqrt{2}$ e $x = -\sqrt{2}$.

2) Resolva a equação $x^2 + ax - bx = ab$.

Solução 1:
Podemos tentar uma fatoração:
$x^2 + ax - bx - ab = 0$
$x(x + a) - b(x + a) = 0$
$(x + a)(x - b) = 0$
Portanto, ou $x + a = 0$ ou $x - b = 0$. Assim, as raízes são $x = -a$ e $x = b$.

Solução 2:
Colocamos x em evidência, organizamos a equação do segundo grau e resolvemos pela fórmula:
$x^2 + (a - b)x - ab = 0$

$$x = \frac{-(a-b) \pm \sqrt{(a-b)^2 - 4 \cdot 1 \cdot (-ab)}}{2 \cdot 1}$$

$$x = \frac{-a + b \pm \sqrt{a^2 - 2ab + b^2 + 4ab}}{2} = \frac{-a + b \pm \sqrt{a^2 + 2ab + b^2}}{2} =$$

$$= \frac{-a + b \pm \sqrt{(a+b)^2}}{2} = \frac{-a + b \pm (a+b)}{2}$$

Logo:

$$x_1 = \frac{-a+b-a-b}{2} = \frac{-2a}{2} = -a$$

$$x_2 = \frac{-a+b+a+b}{2} = \frac{2b}{2} = b$$

Resposta:
As raízes são $x = -a$ e $x = b$.

3) Resolva a equação $|3x-5| = x+7$.

Solução:
a) Suponha $3x-5 \geq 0$, ou seja, $x \geq \frac{5}{3}$.

$3x-5 = x+7$

$2x = 12$

$x = 6$ (esse valor é solução, pois cumpre a condição inicial)

b) Suponha $3x-5 < 0$, ou seja, $x < \frac{5}{3}$.

$-3x+5 = x+7$

$-4x = 2$

$x = -\frac{1}{2}$ (esse valor é solução, pois cumpre a condição inicial)

Resposta:
As raízes são $x = 6$ e $x = -\frac{1}{2}$.

4) Resolva a equação $(x-1)x^2 = x(x+1) - 2x$.

Solução:
$x^3 - x^2 = x^2 + x - 2x$

$x^3 - x^2 = x^2 - x$

$x^3 - 2x^2 + x = 0$

$x(x^2 - 2x + 1) = 0$

$x(x-1)^2 = 0$

Portanto, ou $x = 0$ ou $x = 1$.

Resposta:
As raízes são $x = 0$ e $x = 1$.

5) Encontre uma equação do segundo grau com coeficientes inteiros cujas raízes sejam $\dfrac{1}{4}$ e $\dfrac{2}{3}$.

Solução:
A soma das raízes é $S = \dfrac{1}{4} + \dfrac{2}{3} = \dfrac{3+8}{12} = \dfrac{11}{12}$.

O produto das raízes é $P = \dfrac{1}{4} \cdot \dfrac{2}{3} = \dfrac{2}{12}$.

Como a equação do segundo grau com soma das raízes igual a S e com produto das raízes igual a P é dada por $x^2 - Sx + P = 0$, temos:

$$x^2 - \frac{11}{12}x + \frac{2}{12} = 0$$

Agora, como a equação deve ter coeficientes inteiros, multiplicamos por 12 e obtemos a resposta.

Resposta:
$12x^2 - 11x + 2 = 0$

6) Sejam m e n as raízes da equação $x^2 - 8x - 30 = 0$. Calcule os valores de:

a) $A = \dfrac{1}{m} + \dfrac{1}{n}$

b) $B = m^2 + n^2$

c) $C = \dfrac{m+1}{n} + \dfrac{n+1}{m}$

d) $D = m^3 + n^3$

Solução:
É claro que podemos calcular as duas raízes da equação dada e, em seguida, efetuar os cálculos para obter os valores de A, B, C e D. Acontece aqui que as raízes não são números inteiros e as contas podem ficar trabalhosas.

Porém, vamos ver que é possível calcular tudo sem conhecer as raízes. Bastam a soma e o produto delas. Temos então:

$m + n = 8$

$mn = -30$

a) $A = \dfrac{1}{m} + \dfrac{1}{n} = \dfrac{m+n}{mn} = \dfrac{8}{-30} = -\dfrac{4}{15}$

b) $B = m^2 + n^2 = (m+n)^2 - 2mn = 8^2 - 2(-30) = 64 + 60 = 124$

c) $C = \dfrac{m+1}{n} + \dfrac{n+1}{m} = \dfrac{m^2+m+n^2+n}{mn} = \dfrac{m^2+n^2+m+n}{mn} = \dfrac{124+8}{-30} = -\dfrac{22}{5}$

d) Temos que $(m+n)^3 = m^3 + 3m^2n + 3mn^2 + n^3$, ou seja:

$(m+n)^3 - 3m^2n - 3mn^2 = m^3 + n^3$. Logo:

$D = m^3 + n^3 = (m+n)^3 - 3mn(m+n) = 8^3 - 3(-30)8 = 512 + 720 = 1232$

Respostas:

$A = -\dfrac{4}{15}$, $B = 124$, $C = -\dfrac{22}{5}$ e $D = 1232$

7) Resolva a equação $\sqrt[3]{1-x} + \sqrt[3]{x+6} = 1$.

Solução:

Para tentar simplificar os cálculos, façamos $a = \sqrt[3]{1-x}$ e $b = \sqrt[3]{x+6}$. Nossa equação tem a forma $a + b = 1$.

Antes de começar, observe que:

$ab = \sqrt[3]{1-x} \cdot \sqrt[3]{x+6} = \sqrt[3]{(1-x)(x+6)} = \sqrt[3]{6-5x-x^2}$.

Elevando ao cubo, temos:

$(a+b)^3 = 1^3$

$a^3 + 3a^2b + 3ab^2 + b^3 = 1$

$a^3 + b^3 + 3ab(a+b) = 1$

$1 - x + x + 6 + 3 \cdot \sqrt[3]{6-5x-x^2} \cdot 1 = 1$

Simplificando, ficamos com $\sqrt[3]{6-5x-x^2} = -2$ e, elevando novamente ao cubo:

$6 - 5x - x^2 = -8$

$x^2 + 5x - 14 = 0$

As raízes dessa última equação são -7 e 2, e ambas são raízes da equação dada. Não há raízes estranhas, pois não elevamos ao quadrado nenhuma vez, somente elevamos ao cubo. A verificação, entretanto, é recomendada apenas para conferir se os cálculos estão corretos.

Se $x = -7$, temos, substituindo na equação dada, $\sqrt[3]{8} + \sqrt[3]{-1} = 1$

Se $x = 2$, temos, substituindo na equação dada, $\sqrt[3]{-1} + \sqrt[3]{8} = 1$

Resposta:

As raízes são $x = -7$ e $x = 2$.

4 Funções

Situação

O professor pediu a um aluno que pensasse em um número inteiro. Leia o diálogo a seguir:

P: Faça mentalmente as operações que vou dizer.
A: Pode dizer.
P: Multiplique seu número por 2 e depois some 1.
A: Já fiz.
P: Seu resultado é divisível por 3?
A: Sim.
P: Então divida o resultado por 3, depois some 2, em seguida multiplique por 4 e, finalmente, some 48.
A: Calculei.
P: Quanto deu?
A: Deu 100.

O professor disse, logo em seguida, o número que o aluno tinha pensado. Como ele fez isso?

Definições

Função

São dados dois conjuntos A e B. Uma função de A em B consiste em alguma regra que permita associar, a cada elemento de A, um único elemento de *B*. Se dermos o nome de *f* para essa função, a expressão "função *f* de *A* em *B*" representa-se por $f: A \to B$.

Entende-se bem o conceito de função por meio de um diagrama de flechas como o abaixo:

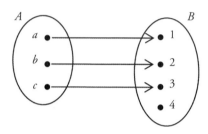

No exemplo acima, o número 1 é a *imagem* do elemento *a* e escreve-se $f(a) = 1$. Da mesma forma, $f(b) = 2$, $f(c) = 3$ e o número 4 do conjunto *B* não é imagem de ninguém.

É possível que algum elemento de *B* seja imagem de mais de um elemento de *A*. Veja o exemplo a seguir.

Exemplo

André, Beatriz, Carlos, Denise e Edson são alunos do 8º ano de uma escola. A tabela a seguir dá a idade de cada um.

Aluno	Idade
André	13
Beatriz	14
Carlos	13
Denise	13
Edson	15

Uma função também pode ser representada por uma tabela como a acima. Sendo $P = \{A, B, C, D, E\}$ o conjunto das cinco pessoas e $\mathbb{N}$ o conjunto dos números naturais, essa função é $f: P \to \mathbb{N}$, definida por $f(x) =$ idade de *x*. Nesse exemplo, vemos que $f(A) = f(C) = f(D) = 13$, $f(B) = 14$ e $f(E) = 15$.

Domínio e imagem

Na função $f: A \to B$, o conjunto A chama-se *domínio* da função e o conjunto B é o *contradomínio* da função.

Os elementos de B que são imagens de algum elemento de A formam o conjunto *imagem* da função. Voltando ao exemplo inicial,

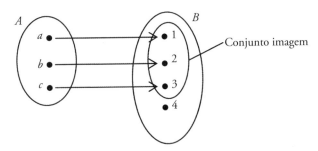

Nesse exemplo, o domínio é o conjunto $\{a, b, c\}$ e o conjunto imagem (ou simplesmente imagem) é $\{1, 2, 3\}$.

O domínio e a imagem de uma função f são representados por $\mathrm{D}(f)$ e $\mathrm{Im}(f)$, respectivamente.

Funções reais

Trataremos agora de funções cujo domínio e cujo contradomínio são subconjuntos dos números reais. Em particular, vamos tratar de funções definidas por uma fórmula do tipo $y = f(x)$, que permite calcular, para cada número x do domínio, o valor correspondente de y.

Por exemplo, $f: \mathbb{R} \to \mathbb{R}$ definida por $f(x) = 3x - 5$ é uma função real dada por uma fórmula. Para cada valor de x real, podemos calcular sua imagem $f(x)$. Veja alguns valores: $f(0) = -5$, $f(7) = 16$ e $f\left(\dfrac{5}{3}\right) = 0$.

Zero, domínio e gráfico

Uma raiz da equação $f(x) = 0$ chama-se *zero* da função f. Repare que, no exemplo acima, $x = \dfrac{5}{3}$ é o zero da função.

Encontrar os zeros de uma função f significa, portanto, resolver a equação $f(x) = 0$.

Frequentemente, uma função é dada apenas pela fórmula que permite calcular o valor de $f(x)$. Nesse caso, convencionaremos que o *domínio* será o conjunto de todos os números reais para os quais $f(x)$ é um número real.

Exemplo

Encontre o domínio e o zero da função $f(x) = \dfrac{2x+8}{x-1}$.

Solução:

O valor de $f(x)$ pode ser calculado para todos os números reais exceto $x = 1$, pois esse valor anula o denominador. O domínio é, portanto, o conjunto $\mathbb{R} - \{1\}$.

Para encontrar o zero da função, igualamos $f(x)$ a zero:

$$\dfrac{2x+8}{x-1} = 0 \quad \to \quad 2x+8 = 0 \quad \to \quad x = -4$$

Dada uma função f, podemos calcular, para cada x de seu domínio, o valor $y = f(x)$ e, dessa forma, podemos também assinalar um ponto $P = (x, y)$ no plano cartesiano.

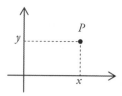

A reunião de todos os pontos $P = (x, y)$ em que $y = f(x)$ é uma linha chamada de *gráfico* da função f.

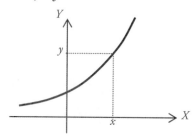

Dado o gráfico de uma função f, para cada valor de x de seu domínio, localizamos no eixo horizontal (X) o ponto de abscissa x e, por ele, traçamos uma reta vertical. Pelo ponto de interseção dessa reta com o gráfico da função, traçamos uma reta horizontal que determinará, no eixo Y, o valor de $y = f(x)$.

Por exemplo, você vê abaixo o gráfico da função $f(x) = x^2 - 1$. Veja que: $f(0) = -1, f(1) = 0$ e $f(2) = 3$.

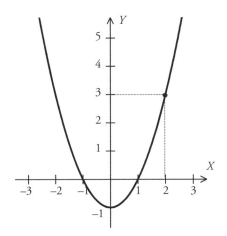

Funções crescentes e decrescentes

Uma função é *crescente* em todo o seu domínio se, quando aumentamos o valor de x, o valor de y também aumenta.

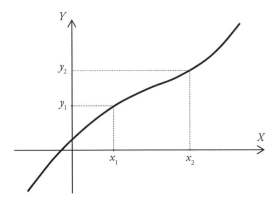

Dizer que $y = f(x)$ é uma função crescente significa que, para quaisquer valores x_1 e x_2 de seu domínio, se $x_2 > x_1$ tem-se $y_2 > y_1$.

Uma função é *decrescente* em todo o seu domínio se, quando aumentamos o valor de x, o valor de y diminui.

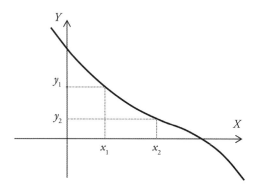

Dizer que $y = f(x)$ é uma função decrescente significa que, para quaisquer valores x_1 e x_2 de seu domínio, se $x_2 > x_1$ tem-se $y_2 < y_1$.

Existem funções que não são nem crescentes nem decrescentes em todo o domínio, mas possuem intervalos nos quais são crescentes e outros nos quais são decrescentes.

Por exemplo, você vê abaixo o gráfico da função $f(x) = \dfrac{3x^2 - x^3}{2}$.

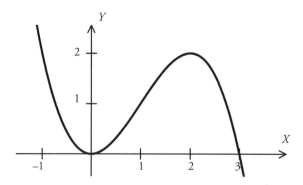

No intervalo $(-\infty, 0]$ a função é decrescente, no intervalo $[0, 2]$ ela é crescente e no intervalo $[2, +\infty)$ ela é novamente decrescente.

Funções injetoras e sobrejetoras

Uma função $f: A \to B$ é *injetora* (ou *injetiva*) se dois elementos distintos quaisquer de seu domínio possuem sempre imagens diferentes. Usando símbolos, dizemos que f é injetora quando, para quaisquer $x_1, x_2 \in A$, se $x_1 \neq x_2$ então $f(x_1) \neq f(x_2)$. Por exemplo, a função no exemplo a seguir é injetora:

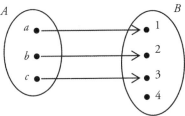

Outra forma de caracterizar a função injetora é dizer que: $f(x_1) = f(x_2)$ implica $x_1 = x_2$.

Exemplo 1
A função $f(x) = x^2 - x$ é injetora?

Resposta:
Não, pois $f(0) = 0$ e $f(1) = 0$.

Exemplo 2
A função $f(x) = 2x + 3$ é injetora?

Resposta:
Sim, pois:
$$f(x_1) = f(x_2) \Rightarrow 2x_1 + 3 = 2x_2 + 3 \Rightarrow 2x_1 = 2x_2 \Rightarrow x_1 = x_2$$

Uma função real é injetora quando é crescente ou decrescente em todo o seu domínio. Por isso, toda reta horizontal só encontra o gráfico uma única vez. Por exemplo, a função $f: [a, b] \to \mathbb{R}$, cujo gráfico vem a seguir, é injetora.

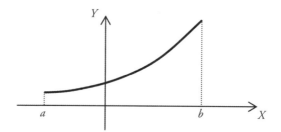

Uma função $f: A \to B$ é *sobrejetora* (ou *sobrejetiva*) se todo elemento de B é imagem de algum elemento de A. Usando símbolos, dizemos que f é sobrejetora quando, para qualquer $y \in B$, existe $x \in A$ tal que $f(x) = y$. Por exemplo, a função no exemplo a seguir é sobrejetora:

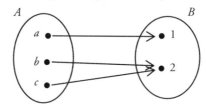

Outra forma de caracterizar a função injetora é dizer que o contradomínio da função é sua imagem.

Exemplo 1
A função $f: \mathbb{R} \to \mathbb{R}$ definida por $f(x) = x^2 - x$ é sobrejetora?

Resposta:
Não, pois nem todo elemento do contradomínio está na imagem da função. Por exemplo, não podemos ter $f(x) = -1$.
De fato, se $x^2 - x = -1$, então $x^2 - x + 1 = 0$. Mas essa equação não tem solução, porque seu discriminante é negativo. Então não existe x tal que $f(x) = -1$, e a função não é sobrejetora.

Exemplo 2
A função $f: \mathbb{R} \to \mathbb{R}$ definida por $f(x) = 2x + 3$ é sobrejetora?

Resposta:
Sim, pois todo elemento do contradomínio é imagem de algum elemento do domínio.

De fato, escolhendo um valor $y = c$ do contradomínio podemos calcular o valor de x tal que $f(x) = c$.

$2x + 3 = c$

$2x = c - 3$

$x = \dfrac{c-3}{2}$

Logo, para todo valor $y = c$ do contradomínio tem-se $f\left(\dfrac{c-3}{2}\right) = c$ e, por isso, a função é sobrejetora.

Se uma função é ao mesmo tempo injetora e sobrejetora, dizemos que ela é *bijetora* (ou *bijetiva*). Por exemplo, representando por $\mathbb{R}_+$ o conjunto dos números reais x tais que $x \geq 0$, a função $f: \mathbb{R}_+ \to \mathbb{R}_+$ definida por $f(x) = x^2$ é bijetora.

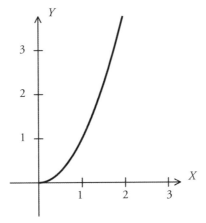

Não há dúvida de que valores diferentes de x possuem imagens diferentes e de que, para qualquer y do contradomínio, encontramos $x = \sqrt{y}$ em seu domínio e $f(x) = (\sqrt{y})^2 = y$.

Finalmente, se A e B são conjuntos finitos, considerando uma função $f: A \to B$, temos:
   a) se f é injetora, então $n(A) \leq n(B)$;
   b) se f é sobrejetora, então $n(A) \geq n(B)$;
   c) se f é bijetora, então $n(A) = n(B)$.

Composição de funções

Considere a seguinte situação. Dado um número real x, inicialmente some 5 a ele e depois multiplique o resultado por 2. Serão duas ações e a segunda atua sobre o resultado da primeira. A primeira ação é descrita pela função $f(x) = x + 5$; a segunda, pela função $g(x) = 2x$. Se a segunda atua sobre o resultado da primeira, temos o esquema abaixo:

$$x \;\rightarrow\; x+5 \;\rightarrow\; 2(x+5)$$

A função $h(x) = 2(x+5) = 2x+10$ fornece, para cada valor de x, o resultado final. Por exemplo, se $x = 2$, o resultado é 14. Essa é a ideia da composição de funções. As funções são colocadas em ordem, e cada uma atua sobre o resultado fornecido pela anterior.

Definição

Dadas as funções $f: A \rightarrow B$ e $g: B \rightarrow C$, a função composta de g com f é a função $g \circ f(x) = g[f(x)]$ para todo $x \in A$.

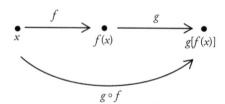

Exemplo 1

Considere as funções $f(x) = x+3$ e $g(x) = x^2 - 1$. Calcule $g \circ f(1)$ e $f \circ g(1)$.

Solução:
$g \circ f(1) = g[f(1)]$
$f(1) = 1+3 = 4$ e $g(4) = 4^2 - 1 = 15$. Portanto, $g \circ f(1) = 15$.
$f \circ g(1) = f[g(1)]$
$g(1) = 1^2 - 1 = 0$ e $f(0) = 0+3 = 3$. Portanto, $f \circ g(1) = 3$.

Exemplo 2
Considere as funções $f(x) = x+3$ e $g(x) = x^2 -1$. Calcule $g \circ f(x)$ e $f \circ g(x)$.

Solução:
$g \circ f(x) = g[f(x)] = g[x+3] = (x+3)^2 - 1 = x^2 + 6x + 9 - 1 =$
$= x^2 + 6x + 8$
Note que a expressão $g[x+3]$ significa, na função g, substituir x por $x + 3$.
$f \circ g(x) = f[g(x)] = f[x^2 - 1] = x^2 - 1 + 3 = x^2 + 2$

Note que a expressão $f[x^2 - 1]$ significa, na função f, substituir x por $x^2 - 1$.

Naturalmente que uma função pode ser composta com ela própria. Considerando as mesmas funções dos exemplos anteriores, temos:
$f \circ f(x) = f(x+3) = x+3+3 = x+6$
$g \circ g(x) = g(x^2 - 1) = (x^2 - 1)^2 - 1 = x^4 - 2x^2 + 1 - 1 = x^4 - 2x^2$

Você verá outros detalhes nos exercícios resolvidos.

Função inversa

A ideia da função inversa é desfazer o trabalho que uma função realizou. Por exemplo, se uma função multiplica um número por 2, sua inversa deve dividi-lo por 2. Assim, se a primeira função é representada por $f(x) = 2x$, representaremos sua inversa por $f^{-1}(x) = \dfrac{x}{2}$.

No esquema a seguir, mostramos a atuação da função inversa. Se $f(a) = b$, então $f^{-1}(b) = a$.

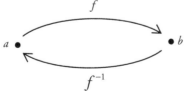

Para definir uma inversa, é preciso que a função dada seja bijetora. Imagine, por exemplo, um grupo de pessoas cujas idades são todas diferentes:

Pessoas	Idades
Cecília	19
Pedro	23
André	20
Marcelo	25
Paula	21
Vítor	18

Se uma função f associa cada pessoa à sua idade, a função f^{-1} diz, para cada idade, a pessoa correspondente: $f(Pedro) = 23$, $f^{-1}(25) = Marcelo$ etc. Note que isso não seria possível se duas pessoas tivessem a mesma idade. Uma função precisa ser, portanto, bijetora para que tenha uma inversa.

Definição

Dada uma função $f: A \to B$, bijetora, sua inversa é a função $f^{-1}: B \to A$ tal que $f^{-1} \circ f(x) = x$.

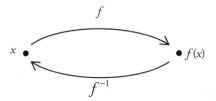

Cálculo da função inversa

É simples determinar a função inversa de uma função. Basta seguir a *regra dos quatro passos*:
1) Substitua $f(x)$ por y.
2) Troque as letras x e y.
3) Tire o valor de y.
4) Substitua y por $f^{-1}(x)$.

Observe cuidadosamente o exemplo a seguir.

Exemplo

Determine a inversa de $f(x) = \dfrac{3x-5}{2}$.

Solução:

1) $y = \dfrac{3x-5}{2}$

2) $x = \dfrac{3y-5}{2}$

3) $2x = 3y - 5$
   $2x + 5 = 3y$
   $y = \dfrac{2x+5}{3}$

4) $f^{-1}(x) = \dfrac{2x+5}{3}$

Pronto, a inversa foi encontrada. Sempre que quiser, você pode fazer um teste para verificar se ela está correta, ou seja, funcionando como deve. Chute um valor qualquer para *x*. Por exemplo, *x* = 7. Na função dada, temos: $f(7) = \dfrac{3 \cdot 7 - 5}{2} = \dfrac{16}{2} = 8$. Na inversa, temos: $f^{-1}(8) = \dfrac{2 \cdot 8 + 5}{3} = \dfrac{21}{3} = 7$. Está tudo bem, portanto.

Gráfico da inversa

Dada uma função *f*, bijetora, se *f*(*a*) = *b*, então o ponto (*a*, *b*) pertence ao gráfico de *f*. Mas, como $f^{-1}(b) = a$, o ponto (*b*, *a*) pertence ao gráfico de f^{-1}.

Os pontos *P* = (*a*, *b*) e *P'* = (*b*, *a*) são simétricos em relação à bissetriz do primeiro e do terceiro quadrantes, como você vê no desenho a seguir.

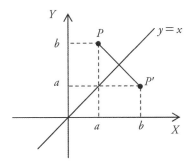

Como essa propriedade vale para todos os pontos dos gráficos das duas funções, concluímos que os gráficos de uma função e de sua inversa são simétricos em relação à reta $y = x$.

Você vê, abaixo, os gráficos de $f: \mathbb{R}_+ \to \mathbb{R}_+$ dada por $f(x) = x^2$ e $f^{-1}: \mathbb{R}_+ \to \mathbb{R}_+$ dada por $f(x) = \sqrt{x}$.

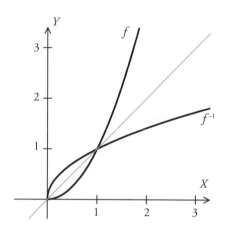

Uma consequência importante é que a imagem de uma função bijetora é o domínio de sua inversa. Por exemplo, $f(x) = \dfrac{2x}{x-1}$ tem domínio $\mathbb{R} - \{1\}$ e é injetora, mas não conhecemos sua imagem. Calculando a função inversa (veja exercício resolvido 5), encontramos $f^{-1}(x) = \dfrac{x}{x-2}$ cujo domínio é $\mathbb{R} - \{2\}$. Esse conjunto é exatamente a imagem da função f, ou seja, $f(x)$ pode dar como resultado qualquer número real exceto $x = 2$.

Exercícios resolvidos

1) Dada a função $f(x) = \dfrac{x^2 + 3}{x - 1}$, determine:

a) O domínio.
b) $f(0), f(3), f\left(\sqrt{5}\right), f\left(\dfrac{3}{2}\right)$.
c) Os zeros da função.
d) A solução da equação $f(x) = 7$.
e) A função é injetora?

Solução:

a) Podemos calcular o valor de $f(x)$ para qualquer x real exceto $x = 1$. Portanto, o domínio de f é o conjunto $\mathbb{R} - \{1\}$.

b) $f(0) = \dfrac{0+3}{0-1} = -3$

$f(3) = \dfrac{9+3}{3-1} = \dfrac{12}{2} = 6$

$f\left(\sqrt{5}\right) = \dfrac{5+3}{\sqrt{5}-1} = \dfrac{8(\sqrt{5}+1)}{(\sqrt{5}+1)(\sqrt{5}-1)} = 2(\sqrt{5}+1)$

$f\left(\dfrac{3}{2}\right) = \dfrac{\dfrac{9}{4}+3}{\dfrac{3}{2}-1} = \dfrac{\dfrac{21}{4}}{\dfrac{1}{2}} = \dfrac{21}{2}$

c) $\dfrac{x^2+3}{x-1} = 0 \;\Rightarrow\; x^2+3 = 0 \;\Rightarrow\; x^2 = -3$

que não tem solução.

A função não tem nenhum zero.

d) $\dfrac{x^2+3}{x-1} = 7$

$x^2+3 = 7x-7$

$x^2-7x+10 = 0$

$x = \dfrac{7 \pm \sqrt{49-40}}{2} = \dfrac{7 \pm \sqrt{9}}{2} = \dfrac{7 \pm 3}{2}$

As raízes são $x_1 = 2$ e $x_2 = 5$. Assim, $f(2) = 7$ e também $f(5) = 7$.

e) Pelo item anterior, se encontramos $f(2) = f(5)$ a função não é injetora.

Respostas:

a) $\mathbb{R} - \{1\}$

b) $-3,\ 6,\ 2(\sqrt{5}+1),\ 21/2$

c) Não tem

d) $x_1 = 2$ e $x_2 = 5$

e) Não

2) Seja $A = \{0, 1, 2, 3, 4, 5\}$ e considere a função $f: A \to \mathbb{Z}$ definida por $f(x) = x^2 - 6x + 10$. Determine:
a) A imagem da função.
b) Os valores mínimo e máximo da função.
c) Os valores de x tais que $f(x) = 2$.
d) Os valores de x tais que $f(x) = 3$.

Solução:
a) Devemos calcular o valor da função para cada elemento do domínio.
$f(0) = 0^2 - 6 \cdot 0 + 10 = 10$
$f(1) = 1^2 - 6 \cdot 1 + 10 = 5$
$f(2) = 2^2 - 6 \cdot 2 + 10 = 2$
$f(3) = 3^2 - 6 \cdot 3 + 10 = 1$
$f(4) = 4^2 - 6 \cdot 4 + 10 = 2$
$f(5) = 5^2 - 6 \cdot 5 + 10 = 5$
A imagem é o conjunto $\{1, 2, 5, 10\}$.
b) Pelo item anterior, o valor mínimo é 1 e o valor máximo é 10.
c) Pelos resultados do item (a), $x = 2$ e $x = 4$ são tais que $f(x) = 2$.
d) Ainda pelo item (a), vemos que não existe $x \in A$ tal que $f(x) = 3$.

Respostas:
a) $\text{Im}(A) = \{1, 2, 5, 10\}$
b) Mínimo igual a 1 e máximo igual a 10
c) $x = 2$ e $x = 4$
d) Não há

3) Considere a função $f: \mathbb{R} \to \mathbb{R}$ definida por $f(x) = (x - 3)(x^2 - 1)$.
a) Determine os zeros da função.
b) Calcule $f(-2), f(10)$ e $f(\sqrt{3} + 1)$.
c) Escreva f como um polinômio e resolva a equação $f(x) = 3$.

Solução:
a) Se $f(x) = (x - 3)(x^2 - 1) = 0$, um dos dois fatores é igual a zero:
$x - 3 = 0 \Rightarrow x = 3$
$x^2 - 1 = 0 \Rightarrow x^2 = 1 \Rightarrow x = \pm 1$

Portanto, os zeros da função são $x_1 = -1$, $x_2 = 1$ e $x_3 = 3$.

b) $f(-2) = (-2-3)\left((-2)^2 - 1\right) = (-5) \cdot 3 = -15$
$f(10) = (10-3)(10^2 - 1) = 7 \cdot 99 = 693$
$f(\sqrt{3}+1) = \left(\sqrt{3}+1-3\right)\left((\sqrt{3}+1)^2 - 1\right) = \left(\sqrt{3}-2\right)\left(3+2\sqrt{3}+1-1\right) =$
$= \left(\sqrt{3}-2\right)\left(2\sqrt{3}+3\right) = 6 + 3\sqrt{3} - 4\sqrt{3} - 6 = -\sqrt{3}$

c) $f(x) = (x-3)(x^2-1) = x^3 - x - 3x^2 + 3 = x^3 - 3x^2 - x + 3$
$x^3 - 3x^2 - x + 3 = 3$
$x^3 - 3x^2 - x = 0$
$x(x^2 - 3x - 1) = 0$

Temos então ou $x = 0$ ou $x^2 - 3x - 1 = 0$. Resolvendo essa última equação, encontramos $x = \dfrac{3 \pm \sqrt{13}}{2}$. As raízes da equação são: 0, $\dfrac{3-\sqrt{13}}{2}$ e $\dfrac{3+\sqrt{13}}{2}$.

Respostas:
a) $x_1 = 1$, $x_2 = 1$ e $x_3 = 3$
b) -15, 693 e $-\sqrt{3}$
c) $x_1 = 0$, $x_2 = \dfrac{3-\sqrt{13}}{2}$ e $x_3 = \dfrac{3+\sqrt{13}}{2}$

4) A figura abaixo mostra um retângulo $ABCD$ de base 10 e altura 6. Para cada $x \in [0, 6]$, considere os segmentos $AM = AN = CP = CQ = x$ como na figura.

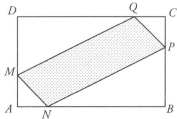

Seja $A(x)$ a área do paralelogramo $MNPQ$ para cada $x \in [0, 6]$.

a) Determine a função $A(x)$.
b) Calcule x para que a área do paralelogramo seja igual a 30.
c) A função $A(x)$ é injetora?

Solução:
a) A área do paralelogramo é igual à área do retângulo subtraída dos quatro triângulos retângulos que estão nos cantos.
Os dois menores juntos formam um quadrado de lado x.

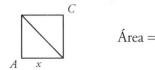

Área = x^2

Os dois maiores juntos formam um retângulo de base $10 - x$ e altura $6 - x$.

Área = $(10-x)(6-x) =$
$= 60 - 16x + x^2$

Portanto, a área do paralelogramo é:
$A(x) = 60 - x^2 - (60 - 16x + x^2) =$
$= 60 - x^2 - 60 + 16x - x^2$
$A(x) = -2x^2 + 16x$

b) $-2x^2 + 16x = 30$
$2x^2 - 16x + 30 = 0$
$x^2 - 8x + 15 = 0$
$x = \dfrac{8 \pm \sqrt{64-60}}{2} = \dfrac{8 \pm 2}{2}$
$x_1 = 3$, $x_2 = 5$

c) Observando o item anterior, como há dois paralelogramos diferentes com a mesma área, a função não é injetora.

Respostas:
a) $A(x) = -2x^2 + 16x$

b) $x_1 = 3$, $x_2 = 5$

c) Não é injetora

5) Determine a inversa de $f(x) = \dfrac{2x}{x-1}$.

Solução:

O domínio dessa função é o conjunto $\mathbb{R} - \{1\}$. Para encontrar sua inversa, vamos aplicar a regra dos quatro passos.

1) $y = \dfrac{2x}{x-1}$

2) $x = \dfrac{2y}{y-1}$

3) $xy - x = 2y$

$xy - 2y = x$

$y(x-2) = x$

$y = \dfrac{x}{x-2}$

4) $f^{-1}(x) = \dfrac{x}{x-2}$, $x \neq 2$

Resposta:

$f^{-1}(x) = \dfrac{x}{x-2}$, $x \neq 2$

6) Considere as funções: $f(x) = \dfrac{2x}{x+1}$ e $g(x) = 3x - 2$. Determine as funções $f \circ g(x)$, $g \circ f(x)$ e $f \circ f(x)$.

Solução:

$$f \circ g(x) = f(3x-2) = \frac{2(3x-2)}{3x-2+1} = \frac{6x-4}{3x-1}$$

$$g \circ f(x) = g\left(\frac{2x}{x+1}\right) = 3\left(\frac{2x}{x+1}\right) - 2 = \frac{6x - 2(x+1)}{x+1} = \frac{4x-2}{x+1}$$

$$f \circ f(x) = f\left(\frac{2x}{x+1}\right) = \frac{2\left(\dfrac{2x}{x+1}\right)}{\left(\dfrac{2x}{x+1}\right)+1} = \frac{\dfrac{4x}{x+1}}{\dfrac{2x+x+1}{x+1}} = \frac{4x}{2x+x+1} = \frac{4x}{3x+1}$$

Respostas:

$\dfrac{6x-4}{3x-1}$, $\dfrac{4x-2}{x+1}$ e $\dfrac{4x}{3x+1}$

7) Considere a função $f:[0, \infty) \to \mathbb{R}$ definida por $f(x) = \dfrac{6}{x+1}$.

a) Calcule os valores da função para x igual a 0, 1, 2, 3, 4 e 5.
b) Faça um esboço do gráfico de f.
c) Essa função é crescente ou decrescente?
d) A função é injetora?
e) Determine a imagem de f.

Solução:
a) Os valores da função estão no quadro abaixo.

x	0	1	2	3	4	5
$f(x)$	6	3	2	1,5	1,2	1

b)

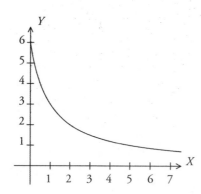

c) A função é decrescente.
d) Como a função é decrescente, também é injetora.
e) É claro que $y \leq 6$. Por outro lado, y é positivo e, quando o denominador aumenta, seu valor diminui, aproximando-se de zero. A imagem é, portanto, o intervalo $0 < y \leq 6$.

Respostas:

a) 6, 3, 2, 1,5, 1,2 e 1

b) Veja acima

c) Decrescente

d) Sim

e) $(0, 6]$

8) Sabe-se que, para qualquer x real, tem-se $f(3x-1) = x^2 - 4$. Calcule:

a) $f(14)$

b) $f(0)$

c) $f(x)$

Solução:

a) Devemos ter $3x - 1 = 14$. Logo, $3x = 15$ e $x = 5$. Portanto:

$f(14) = 5^2 - 4 = 21$

b) Devemos ter $3x - 1 = 0$. Logo, $3x = 1$ e $x = \dfrac{1}{3}$. Portanto:

$$f(0) = \left(\frac{1}{3}\right)^2 - 4 = \frac{1}{9} - 4 = -\frac{35}{9}$$

c) Vamos trocar o nome da variável que aparece na definição da função.
Seja então $f(3t-1) = t^2 - 4$. Devemos ter $3t - 1 = x$. Logo, $3t = x + 1$ e

$t = \dfrac{x+1}{3}$. Portanto:

$$f(x) = \left(\frac{x+1}{3}\right)^2 - 4 = \frac{x^2 + 2x + 1}{9} - \frac{36}{9} = \frac{x^2 + 2x - 35}{9}$$

Respostas:

a) 21

b) $-\dfrac{35}{9}$

c) $f(x) = \dfrac{1}{9}(x^2 + 2x - 35)$

Vamos resolver agora o problema proposto no início deste capítulo.

9) O professor pediu a um aluno que pensasse em um número inteiro. Leia o diálogo a seguir:

P: Faça mentalmente as operações que vou dizer.

A: Pode dizer.

P: Multiplique seu número por 2 e depois some 1.

A: Já fiz.

P: Seu resultado é divisível por 3?

A: Sim.

P: Então divida o resultado por 3, depois some 2, em seguida multiplique por 4 e, finalmente, some 48.

A: Calculei.

P: Quanto deu?

A: Deu 100.

Que número o aluno pensou?

Solução 1:

Nesta primeira solução, tomemos um número x e façamos as operações sugeridas:

1) x

2) $2x + 1$

3) $\dfrac{2x + 1}{3}$

4) $\dfrac{2x + 1}{3} + 2 = \dfrac{2x + 7}{3}$

5) $4 \cdot \dfrac{2x + 7}{3} + 48 = \dfrac{8x + 28}{3} + \dfrac{144}{3} = \dfrac{8x + 172}{3}$

6) $\dfrac{8x + 172}{3} = 100 \;\Rightarrow\; 8x = 128 \;\Rightarrow\; x = 16$

Portanto, o aluno pensou no número 16.

Solução 2:

Outra forma de pensar é fazendo as operações inversas, começando pelo resultado final. Observe a solução de trás para frente na tabela a seguir.

Resultado final	100
Subtraindo 48	52
Dividindo por 4	13
Subtraindo 2	11
Multiplicando por 3	33
Subtraindo 1	32
Dividindo por 2	16

O valor inicial foi 16.

Resposta:
O aluno pensou no número 16.

10) Considere a função $f: \mathbb{N} \to \mathbb{N}$ definida por $f(n) = \begin{cases} n+3 & \text{se } n \text{ é ímpar} \\ \dfrac{n}{2} & \text{se } n \text{ é par} \end{cases}$

a) Calcule $f \circ f \circ f(50)$.

b) Partindo de $n = 11$, quantas aplicações sucessivas da função levam ao valor 1?

c) Partindo de $n = 15$, aplique a função f, sucessivamente, 20 vezes. Qual é o resultado?

Solução:
Vamos representar por uma seta cada aplicação da função.

a) $50 \to 25 \to 28 \to 14$

Portanto, $f \circ f \circ f(50) = 14$.

b) $11 \to 14 \to 7 \to 10 \to 5 \to 8 \to 4 \to 2 \to 1$

A função f foi aplicada oito vezes.

c) $15 \to 18 \to 9 \to 12 \to 6 \to 3 \to 6 \to 3 \to$ etc.

Aplicando a função 20 vezes, o resultado é 6.

5 Funções algébricas e inequações

Situação

Um fazendeiro, com 120 m de cerca, deseja cercar uma área retangular junto a um rio para confinar alguns animais.

Qual é a maior área que ele poderá cercar?

Essa é uma pergunta intrigante, pois há infinitos retângulos cuja soma de três lados é 120. Veja alguns deles com suas áreas:

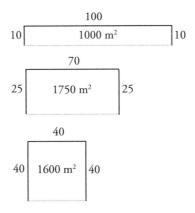

MATEMÁTICA I

Retângulos diferentes possuem áreas diferentes e a questão é identificar qual deles possui área maior.

Esse problema envolve a função quadrática, que é uma das que serão estudadas neste capítulo e cuja solução estará em um dos exercícios resolvidos.

Função afim

A *função afim* (ou função polinomial do primeiro grau) é a função dada por $f(x) = ax + b$ (ou ainda $y = ax + b$), em que os coeficientes a e b são números reais. Veja, abaixo, exemplos desse tipo de função:

$y = 3x + 5$

$y = -2x + 1$

$y = 4x$

$y = \dfrac{1}{2}x - 1$

$y = 2$

O domínio da função afim é o conjunto dos números reais. No caso em que $a = 0$, a função se torna $f(x) = b$, chamada *função constante*. A imagem da função constante é o conjunto $\{b\}$. Se $a \neq 0$, a imagem da função é o conjunto dos números reais.

O gráfico da função afim é uma reta. Vamos mostrar inicialmente um exemplo para visualizar diversos pontos do gráfico.

Consideremos a função $f(x) = \dfrac{1}{2}x - 1$.

Observe uma tabela na qual, para cada valor de x, calculamos o valor correspondente de y.

x	-2	-1	0	1	2	3	4
y	-2	$-1,5$	-1	$-0,5$	0	$0,5$	1

Cada ponto (x, y) foi assinalado no plano cartesiano e esses pontos estão alinhados. A reta que contém esses pontos é o gráfico da função $f(x) = \dfrac{1}{2}x - 1$.

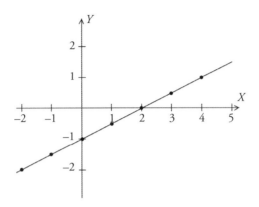

Na função $f(x) = ax + b$ vamos descobrir o significado dos coeficientes a e b.

O coeficiente b é o valor da função para $x = 0$, ou seja, mostra o ponto no qual o gráfico da função corta o eixo Y (veja desenho a seguir).

O coeficiente a mostra o quanto a função sobe (ou desce) quando x aumenta 1 unidade.

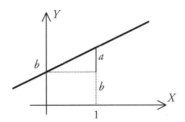

Observe que $f(0) = b$ e que $f(1) = a + b$. Isso significa que, quando passamos de $x = 0$ para $x = 1$, o valor de y ganhou a unidades. Em qualquer lugar do gráfico, quando passamos da abscissa x para a abscissa $x + 1$, o valor de y aumentará a unidades e, por isso, o gráfico da função afim é uma reta. Esse coeficiente a é chamado de *taxa de crescimento* (ou decrescimento) da função ou *taxa de variação* da função.

Quando $a > 0$, dizemos que a função afim é *crescente*; quando $a < 0$, dizemos que é *decrescente*. Os gráficos a seguir mostram os dois casos.

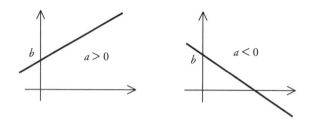

Como o gráfico da função afim é uma reta, então bastam dois pontos para desenhá-lo. O próximo exemplo mostrará que a função afim está determinada quando conhecemos dois de seus valores.

Exemplo
A função f é uma função afim em que $f(1) = 9$ e $f(3) = 13$. Calcule $f(46)$.

Solução:
Consideramos $f(x) = ax + b$ e passamos a substituir os valores dados:
$f(1) = a \cdot 1 + b = 9$
$f(3) = a \cdot 3 + b = 13$
Temos, então, o fácil sistema:
$$\begin{cases} a + b = 9 \\ 3a + b = 13 \end{cases}$$
Subtraindo a primeira equação da segunda, temos $2a = 4$ e, portanto, $a = 2$. Da primeira equação, calculamos $b = 7$.
Assim, a função é $f(x) = 2x + 7$ e, então, $f(46) = 2 \cdot 46 + 7 = 99$.

Função quadrática

A *função quadrática* é a função polinomial do segundo grau. A expressão da função quadrática é $f(x) = ax^2 + bx + c$, em que o coeficiente a não é zero.

O gráfico da função quadrática é uma curva chamada *parábola*, que tem o seguinte aspecto:

Na posição em que está desenhada, dizemos que a parábola tem a *concavidade* voltada para cima e seu ponto mais baixo é denominado *vértice* (V).

Veja o gráfico da função $f(x) = x^2 - 4x + 5$:

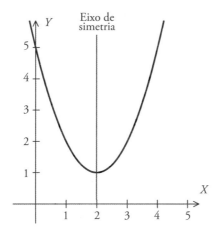

Podemos observar que essa função não tem zeros, pois seu gráfico não corta o eixo X. Vemos que o gráfico corta o eixo Y no ponto (0, 5) e que seu ponto mais baixo (o vértice) é (2, 1).

Toda parábola possui um *eixo de simetria*, que é uma reta que separa a curva em duas partes iguais. A ideia é que, se o papel for dobrado no eixo de simetria, as duas partes da parábola coincidirão. O eixo de simetria sempre passa pelo vértice da parábola; em nosso exemplo, é a reta $y = 2$. A justificativa desse fato virá adiante.

A forma fatorada

Considerando a função $f(x) = ax^2 + bx + c$, já sabemos (do capítulo 3) que, se a equação $ax^2 + bx + c = 0$ tem duas raízes x_1 e x_2, então $x_1 + x_2 = -\dfrac{b}{a}$ e $x_1 x_2 = \dfrac{c}{a}$. Observe a seguinte arrumação na expressão da função:

$$f(x) = ax^2 + bx + c = a\left[x^2 + \frac{b}{a}x + \frac{c}{a}\right] =$$

$$= a\left[x^2 - (x_1 + x_2)x + x_1 x_2\right] = a\left[x^2 - x_1 x - x_2 x + x_1 x_2\right] =$$

$$= a\left[x(x - x_1) - x_2(x - x_1)\right] = a(x - x_1)(x - x_2)$$

Portanto, se $f(x) = ax^2 + bx + c$ tem zeros x_1 e x_2, então $f(x)$ pode ser escrita na *forma fatorada*:

$$f(x) = a(x - x_1)(x - x_2)$$

Por exemplo, os zeros da função $f(x) = x^2 - 7x + 10$ são $x = 2$ e $x = 5$. Logo, podemos escrever, na forma fatorada, $f(x) = (x - 2)(x - 5)$.

Completando o quadrado

Toda função $f(x) = ax^2 + bx + c$ pode também ser escrita na forma $f(x) = a(x - m)^2 + n$, chamada de *forma canônica*. Para fazer isso, devemos completar um quadrado perfeito. Veja, por exemplo, como procedemos com a função $f(x) = x^2 - 6x + 11$.

Pense que número devemos acrescentar a $x^2 - 6x + ...$ para obter um quadrado perfeito. A resposta é 9, pois $x^2 - 6x + 9 = (x - 3)^2$. Entretanto, para não alterar nossa função, após somar 9 devemos também subtrair 9. Ficamos assim:

$$f(x) = x^2 - 6x + 9 - 9 + 11$$
$$f(x) = (x - 3)^2 + 2$$

Como $(x - 3)^2 \geq 0$, essa forma de escrever a função quadrática nos permite concluir que o valor mínimo da função é 2 e que esse valor ocorre quando $x = 3$. Acabamos, portanto, de encontrar o vértice da função $f(x) = x^2 - 6x + 11$. Veja seu gráfico:

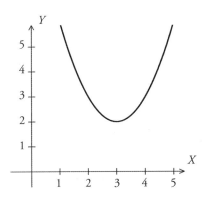

Forma canônica

Para obter a forma canônica da função $f(x) = ax^2 + bx + c$, vamos completar o quadrado da mesma maneira que fizemos no item anterior. Observe:

$$f(x) = ax^2 + bx + c = a\left[x^2 + \frac{b}{a}x + \frac{c}{a}\right] =$$

$$= a\left[x^2 + 2 \cdot \frac{b}{2a} \cdot x + \frac{b^2}{4a^2} - \frac{b^2}{4a^2} + \frac{4ac}{4a^2}\right] = a\left[\left(x + \frac{b}{2a}\right)^2 - \frac{b^2 - 4ac}{4a^2}\right] =$$

$$= a\left(x + \frac{b}{2a}\right)^2 - \frac{\Delta}{4a}$$

Quando $a > 0$, $f(x)$ possui um valor mínimo igual a $-\frac{\Delta}{4a}$, que ocorre quando $x = -\frac{b}{2a}$.

Quando $a < 0$, $f(x)$ possui um valor máximo igual a $-\frac{\Delta}{4a}$, que ocorre quando $x = -\frac{b}{2a}$.

O gráfico da função quadrática pode aparecer, portanto, com a *concavidade* voltada para cima (caso $a > 0$) ou para baixo (caso $a < 0$), como nas figuras:

Em qualquer caso, o vértice da parábola é o ponto $V = \left(-\dfrac{b}{2a}, -\dfrac{\Delta}{4a} \right)$.

A forma canônica nos ajuda a responder à seguinte pergunta: "Dada a função quadrática $f(x) = ax^2 + bx + c$, para que valores x_1 e x_2 tem-se $f(x_1) = f(x_2)$?".

Observando a forma canônica

$$f(x) = a\left(x + \frac{b}{2a} \right)^2 - \frac{\Delta}{4a}$$

vemos que, se $f(x_1) = f(x_2)$, então

$$\left(x_1 + \frac{b}{2a} \right)^2 = \left(x_2 + \frac{b}{2a} \right)^2$$

Para retirar o quadrado, devemos considerar dois casos:

a) $\left(x_1 + \dfrac{b}{2a} \right) = \left(x_2 + \dfrac{b}{2a} \right)$, significa que $x_1 = x_2$, que é o caso óbvio.

b) $\left(x_1 + \dfrac{b}{2a} \right) = -\left(x_2 + \dfrac{b}{2a} \right)$ fornece $x_1 + x_2 = -2 \cdot \dfrac{b}{2a}$ ou $\dfrac{x_1 + x_2}{2} = \dfrac{-b}{2a}$.

Isso quer dizer que, se $x_1 \neq x_2$, teremos $f(x_1) = f(x_2)$ se, e somente se, x_1 e x_2 forem equidistantes de $-\dfrac{b}{2a}$. Portanto, o eixo de simetria do gráfico da função $f(x) = ax^2 + bx + c$ é a reta $y = -\dfrac{b}{2a}$.

Por exemplo, veja o gráfico da função $f(x) = x^2 - 6x + 5$:

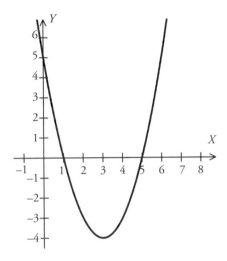

Observe que:
$f(3) = -4$ valor mínimo
$f(2) = f(4) = -3$
$f(1) = f(5) = 0$ 1 e 5 são os zeros
$f(0) = f(6) = 5$
etc.

Funções polinomiais de grau maior que 2

Inicialmente, veja ao lado o gráfico da função $f(x) = x^3$ e compare aos valores da tabela a seguir:

x	−3	−2	−1	0	1	2	3
y	−27	−8	−1	0	1	8	27

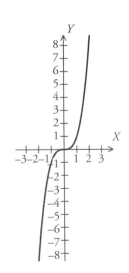

Só há uma raiz, o crescimento quando x é positivo é cada vez mais acelerado. No terceiro quadrante, o gráfico é igual ao do primeiro, apresentando simetria em relação à origem.

Nas funções polinomiais do terceiro grau, se o coeficiente de x^3 é positivo, a função vem de $-\infty$ e vai para $+\infty$ quando x cresce. Por isso, a função do terceiro grau possui pelo menos uma raiz real e pode apresentar, no máximo, três raízes reais. A figura ao lado mostra o gráfico de $f(x) = \dfrac{1}{2}x^3 - 3x^2 + 4x + 1$, que possui três raízes reais. Visualmente, percebemos que essas raízes são, aproximadamente, $-0{,}2$, $2{,}5$ e $3{,}7$.

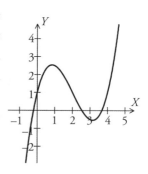

Se o coeficiente de x^3 é negativo, a função vem de $+\infty$ e vai para $-\infty$ quando x cresce. Observe esse fato no gráfico de $f(x) = -x^3 + x^2 - x + 2$, ao lado.

Em uma função polinomial do terceiro grau, não há valor mínimo nem máximo. A imagem da função é sempre o conjunto dos reais.

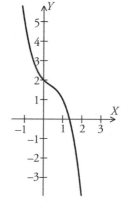

A função $f(x) = x^4$ tem o gráfico parecido com o da função quadrática, mas seu crescimento para $x > 1$ é muito mais rápido e a região próxima da origem é quase plana.

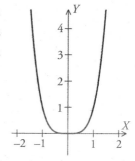

Veja outro exemplo de função polinomial do quarto grau. Ao lado, mostramos o gráfico da função $f(x) = x^4 - 3x^3 + 4x + 1$. Compare o gráfico à tabela abaixo:

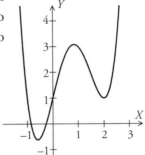

x	−1	0	1	2	3
x	1	1	3	1	13

Os gráficos das funções polinomiais de grau maior que 2 foram colocados aqui para que você os conheça neste primeiro contato. A construção desses gráficos será estudada no curso de cálculo, no volume *Matemática 2*.

Outras funções

Além das funções polinomiais, duas outras funções algébricas são importantes neste ponto e devem ser conhecidas.

A função raiz quadrada

A função $y = \sqrt{x}$ é definida para todo real $x \geq 0$ e tem como imagem o conjunto $[0, +\infty)$. Essa função é crescente em todo o seu domínio e sua inversa é a função $y = x^2$ definida para $x \geq 0$. Seu gráfico é o que se vê abaixo.

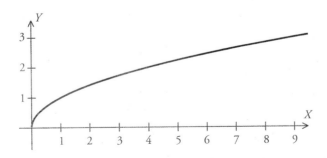

A função que inverte

A função $y = \dfrac{1}{x}$ associa a cada real $x \neq 0$ seu inverso. Sua imagem é o conjunto dos números reais exceto o zero. Para entender seu gráfico, imagine que x seja positivo. Quando x é muito grande, y é muito pequeno; quando x aumenta, y diminui, ficando cada vez mais próximo de zero. Por outro lado, quando x se aproxima de zero (mantendo-se positivo), os valores de y tornam-se cada vez maiores. Quando x é negativo, o raciocínio é o mesmo e o gráfico de $y = \dfrac{1}{x}$ é este:

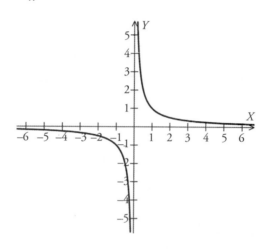

Inequações

Dados uma função f e um número real c, uma inequação (ou desigualdade) é uma expressão do tipo $f(x) > c$ ou $f(x) < c$. A solução de uma inequação é o conjunto de todos os valores de x que a satisfazem.

Observando o gráfico de f, a solução da inequação $f(x) > c$ é o conjunto dos valores de x para os quais o gráfico de f está acima da reta $y = c$.

Por exemplo, se f é a função polinomial do terceiro grau dada pelo gráfico a seguir, a solução da inequação $f(x) > 0$ é $\{x \in \mathbb{R}\,;\,-1 < x < 0 \text{ } x > 2\}$.

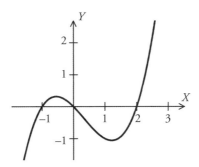

A forma de dar a resposta não precisa ser essa. Pode-se escrever, simplesmente, $x \in (-1, 0) \cup (2, +\infty)$.

Regras básicas para resolver inequações

1) *Passando um elemento de um lado para o outro*
Elemento que troca de lado troca de sinal. O sentido da desigualdade é mantido.
Exemplo: $x - a < 0 \Rightarrow x < a$

2) *Multiplicando por número positivo*
Multiplicar os dois lados da inequação por número positivo mantém o sentido da desigualdade.
Exemplo: $\dfrac{x}{2} < a \Rightarrow x < 2a$

3) *Multiplicando por número negativo*
Multiplicar os dois lados da inequação por número negativo inverte o sentido da desigualdade.
Exemplo: $-x < a \Rightarrow x > -a$

4) *Invertendo*
Se os dois lados da desigualdade são *positivos*, inverter os dois lados inverte também o sentido da desigualdade.
Exemplo: sejam $x > 0$ e $a > 0$: $\dfrac{1}{x} < a \Rightarrow x > \dfrac{1}{a}$

Observe exemplos numéricos dessas regras:

1) $4 - 3 > 0 \Rightarrow 4 > 3$

2) $\dfrac{7}{4} < 2 \Rightarrow 7 < 8$

3) $-3 < -2 \Rightarrow 3 > 2$

4) $\dfrac{5}{3} < 2 \Rightarrow \dfrac{3}{5} > \dfrac{1}{2}$

Finalmente, a desigualdade $a < x$ é exatamente igual a $x > a$.

Inequação do primeiro grau

A resolução de uma inequação do primeiro grau é feita usando-se apenas as regras anteriores. Por exemplo, observe a solução da inequação $3x - 7 \leq \dfrac{x+1}{2}$.

Nessa inequação, aparece o sinal $\leq$, que significa *menor que ou igual a*, mas não há nenhuma mudança nas regras.

Multiplicando por 2: $\qquad\qquad\qquad\qquad 6x - 14 \leq x + 1$

Transpondo termos de um lado para outro: $6x - x \leq 14 + 1$

Fazendo as contas: $\qquad\qquad\qquad\qquad 5x \leq 15$

Dividindo por 5: $\qquad\qquad\qquad\qquad x \leq 3$

O conjunto solução é: $\qquad\qquad\qquad \{x \in \mathbb{R} ; x \leq 3\}.$

Inequação do segundo grau

As inequações básicas do segundo grau são $x^2 < a$ e $x^2 > a$. Quando a é negativo ou quando a é zero, as respostas são imediatas e estão em um dos exercícios.

Seja $a > 0$. As soluções são:

$$x^2 < a \Rightarrow -\sqrt{a} < x < \sqrt{a}$$

$$x^2 > a \Rightarrow x > \sqrt{a} \text{ ou } x < -\sqrt{a}$$

Por exemplo, pense nas soluções inteiras das seguintes inequações:
a) $x^2 < 9$
Os números inteiros que satisfazem essa inequação são: $-2, -1, 0, 1$ e 2.
b) $x^2 > 9$
Os números inteiros que satisfazem essa inequação são: $4, 5, 6, \ldots$ e também $-4, -5, -6, \ldots$.

As inequações mais gerais serão resolvidas após o estudo da variação do sinal, que faremos a seguir.

Variação do sinal da função afim

Na função $f(x) = ax + b$, se $a > 0$, f é crescente; se $a < 0$, decrescente. Chamando de x_1 sua raiz, temos os dois casos a seguir:
Caso $a > 0$:

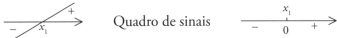

Caso $a < 0$:

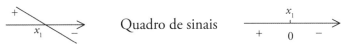

Portanto, o quadro de variação dos sinais da função $y = 2x - 10$ é

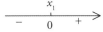

Variação do sinal da função quadrática

A função $f(x) = ax^2 + bx + c$, quando $a > 0$, apresenta os seguintes casos de acordo com $\Delta = b^2 - 4ac$ ser positivo, nulo ou negativo.

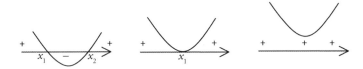

Os quadros de sinais correspondentes são:

Quando $a < 0$, a concavidade da parábola fica voltada para baixo e os respectivos quadros de sinais são:

Para obter o quadro de sinais da função $y = x^2 - 2x - 8$, determinamos suas raízes, que são -2 e 4. Como o gráfico tem a concavidade voltada para cima, o quadro de sinais é:

Se temos, por exemplo, a inequação $x^2 - 2x - 8 \leq 0$, a resposta é, naturalmente, $-2 \leq x \leq 4$.

Inequações produto e quociente

Toda inequação produto ou quociente necessita da análise do quadro de sinais dos fatores. Veja atentamente estes exemplos:

Exemplo 1
Resolva a inequação $(x^2 - 6x + 5)(x - 3) > 0$.

Solução:
As raízes de $x^2 - 6x + 5 = 0$ são 1 e 5 (confira) e a raiz de $x - 3 = 0$ é 3. De acordo com o que estudamos, observe o quadro de sinais.

A primeira reta representa o eixo X com as raízes de cada fator, colocadas em ordem crescente. Abaixo desse eixo aparecem os quadros de sinais das duas funções e, na linha de baixo, mostramos o produto dos dois fatores, que chamamos de *resultado*.

	1		3		5	
$x^2 - 5x + 6$	+	0	–	–	–	0	+
$x - 3$	–	–	–	0	+	+	+
Resultado	–	0	+	0	–	0	+

Como queremos apenas resultados positivos (maiores que zero), os valores que x pode assumir são todos os reais entre 1 e 3 e, também, os reais maiores que 5. Podemos dar o conjunto solução da equação da seguinte forma: $(1, 3) \cup (5, +\infty)$.

Exemplo 2

Resolva a inequação $\dfrac{x-1}{x-3} \geq 0$.

Solução:

Essa é uma inequação quociente. O procedimento é o mesmo e o quadro de sinais se faz da mesma forma. Devemos apenas ter o cuidado de excluir a raiz do denominador do resultado. Neste livro, usaremos um asterisco (*) para indicar que o referido número não está incluído na solução. Veja como ficam o quadro e a resposta:

	1		3	
$x - 1$	–	0	+	+	+
$x - 3$	–	–	–	0	+
Resultado	+	0	–	*	+

A resposta é $\{x \in \mathbb{R} \; ; \; x \leq 1 \; x > 3\}$, que é o mesmo que escrever $(-\infty, 1] \cup (3, +\infty)$.

Módulo

O módulo de um número x é, na reta real, sua distância ao zero. Esse número é representado por $|x|$.

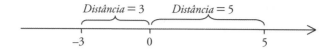

Da figura acima, temos que | 5 | = 5 e | −3 | = 3. A definição de módulo de um número real é a seguinte:

$$|x| = \begin{cases} x & \text{se } x \geq 0 \\ -x & \text{se } x < 0 \end{cases}$$

De acordo com a definição, temos que | 2 | = 2, | 0 | = 0 e | −4 | = −(−4) = 4, o que coincide com as noções iniciais.

Função módulo

A função $f(x) = |x|$ está definida para todo x real. Seu gráfico é formado pela união das semirretas, que são as bissetrizes do primeiro e do segundo quadrante.

De fato, quando x é positivo, o gráfico é o da função $y = x$; quando x é negativo, o gráfico é o da função $y = -x$.

A imagem da função é o intervalo [0, +∞), o que significa dizer que, para todo x, tem-se sempre $|x| \geq 0$.

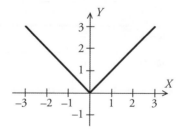

Equações modulares

Se $a > 0$, a equação $|x| = a$ possui duas soluções: $x = a$ e $x = -a$, que representam os pontos que estão a uma distância a da origem.

Por exemplo, para resolver a equação $|2x - 7| = 3$, separamos os dois casos:

a) $2x - 7 = 3 \rightarrow 2x = 10 \rightarrow x = 5$
b) $2x - 7 = -3 \rightarrow 2x = 4 \rightarrow x = 2$

O conjunto solução é $\{2, 5\}$.

Para qualquer caso diferente, devemos usar a definição de módulo. Observe este exemplo:

Exemplo

Resolva a equação $|3x - 6| + 1 = 2x$.

Solução:

Novamente temos de separar em dois casos, pensando que o termo dentro do módulo possa ser positivo ou negativo.

a) Suponha $3x - 6 \geq 0$, ou seja, $x \geq 2$. Nesse caso, a equação fica assim:

$3x - 6 + 1 = 2x \rightarrow x = 5$

Esse valor é solução, pois cumpre a condição inicial $x \geq 2$.

b) Suponha agora $3x - 6 < 0$, ou seja, $x < 2$. Nesse caso, a equação fica assim:

$-3x + 6 + 1 = 2x \rightarrow 7 = 5x \rightarrow x = \dfrac{7}{5}$

Esse segundo valor também é solução, pois cumpre a condição inicial $x < 2$.

Logo, o conjunto solução é $\left\{\dfrac{7}{5}, 5\right\}$.

Inequações modulares

As inequações básicas são: $|x| < a$ e $|x| > a$, sendo a um número positivo.

No primeiro caso, a solução de $|x| < a$ é o conjunto dos números reais cuja distância ao zero é menor do que a, ou seja, todos os reais que estão entre $-a$ e a.

No desenho anterior, todos os números do intervalo $(-a, a)$ são soluções, pois possuem distância ao zero menor do que a.

No segundo caso, a solução da equação $|x| > a$ é o conjunto dos reais cuja distância ao zero é maior do que a, ou seja, todos os reais que ou são maiores do que a, ou são menores do que $-a$. Em resumo, se $a > 0$,

$$|x| < a \Rightarrow -a < x < a$$
$$|x| > a \Rightarrow x > a \text{ ou } x < -a$$

Por exemplo, para resolver a inequação $|2x + 3| < 5$, devemos resolver as duas inequações contidas em: $-5 < 2x + 3 < 5$. Não há dúvida de que você pode separar as duas inequações e resolver uma de cada vez. Mas, nesse caso, podemos também resolver as duas ao mesmo tempo. Veja:

Inequações: $\qquad\qquad -5 < 2x + 3 < 5$
Some -3 a todos os membros: $-5 -3 < 2x + 3 -3 < 5 - 3$
Arrumando: $\qquad\qquad -8 < 2x < 2$
Dividindo por 2: $\qquad\quad -4 < x < 1$
A solução dessa inequação é, portanto, o intervalo $(-4, 1)$.

Para qualquer caso diferente, devemos aplicar a definição de módulo, separando a inequação em duas, resolvendo cada caso e fazendo a união das respostas obtidas em cada caso para dar a resposta final. Observe o próximo exemplo:

Exemplo
Resolva a inequação $|x - 3| > 2x - 2$.

Solução:
a) Suponha $x - 3 \geq 0$, ou seja, $x \geq 3$. Essa é nossa condição inicial. Então, resolvendo:

$$x - 3 > 2x - 2$$
$$-x > 1$$
$$x < -1$$

FUNÇÕES ALGÉBRICAS E INEQUAÇÕES

Essa é nossa condição final e devemos agora encontrar a interseção das duas. O desenho a seguir mostra os intervalos [3, +∞) e (–∞, –1), que representam as duas condições obrigatórias.

Como se percebe, a interseção é vazia. Por conseguinte, não há solução nesse caso.

b) Suponha agora $x - 3 < 0$, ou seja, $x < 3$. Essa é nossa condição inicial deste segundo caso. Então, resolvendo:

$-x + 3 > 2x - 2$

$-3x > -5$

$x < \dfrac{5}{3}$

Novamente, devemos fazer a interseção da condição inicial com essa condição final.

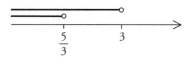

A interseção é o intervalo $\left(-\infty, \dfrac{5}{3}\right)$.

A solução da inequação é a união do que foi encontrado nos dois casos. Como nada foi encontrado no primeiro caso, o conjunto solução é $\left\{x \in \mathbb{R} \ ; \ x < \dfrac{5}{3}\right\}$ ou, simplesmente, o intervalo $\left(-\infty, \dfrac{5}{3}\right)$.

Exercícios resolvidos

1) Em uma função afim, sabe-se que $f(4) = 1$ e $f(12) = 5$. Determine $f(100)$.

Solução:

Seja $f(x) = ax + b$. Substituindo os valores dados, temos:

$f(4) = a \cdot 4 + b = 1$

$f(12) = a \cdot 12 + b = 5$

Temos, então, o sistema:

$$\begin{cases} 4a + b = 1 \\ 12a + b = 5 \end{cases}$$

Subtraindo a primeira equação da segunda, obtemos $8a = 4$, ou seja, $a = \dfrac{1}{2}$.

Substituindo esse valor na primeira equação, encontramos $b = 1$.

A função é, portanto, $f(x) = \dfrac{x}{2} - 1$ e $f(100) = \dfrac{100}{2} - 1 = 49$.

Resposta:

$f(100) = 49$

2) Em uma função quadrática, sabe-se que $f(-1) = 9$, $f(1) = 3$ e $f(3) = 5$. Determine $f(7)$.

Solução:

Seja $f(x) = ax^2 + bx + c$. Substituindo os valores dados, temos:

$f(-1) = a(-1)^2 + b(-1) + c = 9$

$f(1) = a \cdot 1^2 + b \cdot 1 + c = 3$

$f(3) = a \cdot 3^2 + b \cdot 3 + c = 5$

Temos, então, o sistema:

$$\begin{cases} a - b + c = 9 \\ a + b + c = 3 \\ 9a + 3b + c = 5 \end{cases}$$

Resolver não é difícil. Subtraindo a primeira equação da segunda, encontramos $2b = -6$, ou seja, $b = -3$.

Substituindo esse valor na segunda e na terceira equações, ficamos com o sistema:

$$\begin{cases} a+c=6 \\ 9a+c=14 \end{cases}$$

Subtraindo a primeira equação da segunda, encontramos $a = 1$ e, consequentemente, $c = 5$. A função é, portanto, $f(x) = x^2 - 3x + 5$ e $f(7) = 7^2 - 3 \cdot 7 + 5 = 33$.

Resposta:
$f(7) = 33$

3) Resolva as equações:

a) $|x - 4| = -3$
b) $|x - 4| = 0$
c) $|x - 4| = 1$
d) $|x - 4| = |2x - 11|$

Solução:
a) Impossível, pois o módulo de um número não pode ser negativo.
b) $x - 4 = 0 \Rightarrow x = 4$
c) $x - 4 = 1 \Rightarrow x = 5$
   $x - 4 = -1 \Rightarrow x = 3$
d) Os dois números que aparecem dentro dos módulos ou são iguais ou são simétricos. Só há, então, dois casos a considerar:
$x - 4 = 2x - 11 \Rightarrow x = 7$
$x - 4 = -2x + 11 \Rightarrow 3x = 15 \Rightarrow x = 5$

Respostas:
a) Impossível
b) 4
c) 3 e 5
d) 5 e 7

4) Encontre a função quadrática f, sabendo que seus zeros são -2 e 3 e que $f(5) = 70$.

Solução:

Como os zeros da função são conhecidos, devemos usar a forma fatorada da função quadrática:

$f(x) = a(x - x_1)(x - x_2) = a(x + 2)(x - 3)$

Substituindo x por 5, temos:

$f(5) = a(5 + 2)(5 - 3) = a \cdot 7 \cdot 2 = 70$

Logo, $a = 5$ e nossa função é $f(x) = 5(x + 2)(x - 3)$, que desenvolvida dá:

$f(x) = 5x^2 - 5x - 30$

Resposta:

$f(x) = 5x^2 - 5x - 30$

5) Resolva a inequação $\dfrac{2x - 5}{x - 1} \leq 1$.

Solução:

Devemos ter atenção, pois o lado direito não é zero como nas inequações que foram mostradas na teoria. Devemos proceder da seguinte forma:

$$\frac{2x - 5}{x - 1} \leq 1$$

$$\frac{2x - 5}{x - 1} - 1 \leq 0$$

$$\frac{2x - 5 - (x - 1)}{x - 1} \leq 0$$

$$\frac{x - 4}{x - 1} \leq 0$$

Agora temos uma inequação quociente que resolveremos com o auxílio do quadro de sinais.

		1		4	
$x - 4$	$-$	$-$	$-$	0	$+$
$x - 1$	$-$	0	$+$	$+$	$+$
Resultado	$+$	$*$	$-$	0	$+$

A solução é o intervalo $(1, 4]$.

Resposta:
$\{x \in \mathbb{R} \, ; \, 1 < x \leq 4\}$

6) Faça o esboço do gráfico de $f(x) = -x^2 + 6x - 5$.

Solução:
Vamos ver se essa função possui zeros.
$-x^2 + 6x - 5 = 0$
$x^2 - 6x + 5 = 0$
Podemos usar a fórmula ou completar o quadrado para resolver. Vamos aqui completar o quadrado, pois os leitores estão menos habituados a fazer dessa forma:
$x^2 - 6x + 9 - 9 + 5 = 0$
$(x - 3)^2 = 4$
$x - 3 = \pm 2$
$x - 3 = -2 \Rightarrow x = 1$
$x - 3 = 2 \Rightarrow x = 5$
Esses são os pontos em que o gráfico corta o eixo X.

Outro ponto importante é o vértice. Sabemos que o vértice da parábola é o ponto $V = \left(-\dfrac{b}{2a}, -\dfrac{\Delta}{4a}\right)$. Podemos calcular essas coordenadas ou fazer algo mais rápido. Se a função possui dois zeros, a abscissa do vértice é o ponto médio deles. Portanto, como os zeros são 1 e 5, a abscissa do vértice é $x_V = 3$. Para calcular a ordenada de outra forma, observe que:
$y_V = f(3) = -3^2 + 6 \cdot 3 - 5 = 4$. O vértice é o ponto (3, 4).
Os zeros e o vértice permitem desenhar o gráfico a seguir.

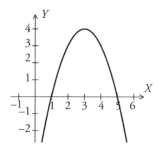

A seguir, resolveremos a questão proposta na situação inicial.

7) Um fazendeiro, com 120 m de cerca, deseja cercar uma área retangular junto a um rio para confinar alguns animais.

Qual é a maior área que ele poderá cercar?

Solução:
Vamos representar o comprimento das laterais por x. Então, o comprimento do lado oposto ao rio é $120 - 2x$. Representando por $A(x)$ a área do retângulo cujas laterais medem x, temos:

$$A(x) = (120 - 2x)x = -2x^2 + 120x$$

Vemos uma função quadrática com a concavidade voltada para baixo, cujos zeros são $x = 0$ e $x = 60$.

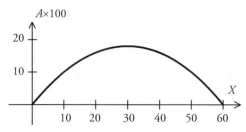

A abscissa do ponto mais alto é $x = 30$.
Dessa forma, com as duas laterais de 30 m, o lado oposto ao rio mede 60 m e esse é o retângulo que possui área máxima.
Logo, a maior área que o fazendeiro conseguirá cercar é $60 \cdot 30 = 1800$ m².

Funções algébricas e inequações   131

Resposta:
1800 m²

8) Faça um esboço do gráfico de $f(x) = x^2 - 4|x| + 3$.

Solução:
a) Suponha inicialmente $x \geq 0$. Nesse caso, a função é $f(x) = x^2 - 4x + 3$. Os zeros dessa função são 1 e 3, a abscissa do vértice é $x = 2$ e a ordenada é $y = f(2) = 2^2 - 4 \cdot 2 + 3 = -1$. Podemos esboçar essa parábola, mas só devemos considerar a parte em que x é positivo.
b) Suponha agora $x < 0$. Nesse caso, a função é $f(x) = x^2 + 4x + 3$. Os zeros dessa função são -1 e -3, a abscissa do vértice é $x = -2$ e a ordenada é $y = f(-2) = (-2)^2 + 4(-2) + 3 = -1$. Podemos esboçar essa parábola, mas só devemos considerar a parte em que x é negativo.
Reunindo as duas partes, o gráfico é este:

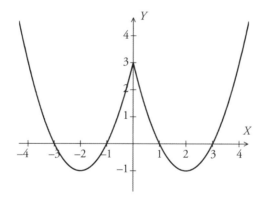

9) Considere a função: $f(x) = \begin{cases} -x & \text{se} \quad x < 0 \\ -x^2 + 3x & \text{se} \quad x \geq 0 \end{cases}$

a) Resolva a equação $f(x) = 2$.
b) Faça um esboço do gráfico de f.

Solução:
a) Igualamos cada uma das partes ao valor 2.
$-x = 2 \rightarrow x = -2$ (é raiz, pois satisfaz a condição $x < 0$)
$-x^2 + 3x = 2$

$x^2 - 3x + 2 = 0 \rightarrow x = 1$ e $x = 2$ (são raízes, pois satisfazem a condição $x \geq 0$)

Resposta:
a) O conjunto solução é $\{-2, 1, 2\}$.

b) O gráfico de $y = -x$ para $x < 0$ é a bissetriz do segundo quadrante e o gráfico de $y = -x^2 + 3x$ para $x \geq 0$ é uma parábola, com a concavidade voltada para baixo, com zeros em $x = 0$ e $x = 3$. O gráfico de f é o que se vê a seguir.

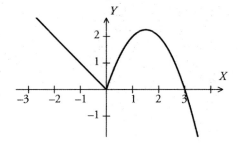

Observe que a reta horizontal passando em $y = 2$ corta o gráfico em três pontos de abscissas $x = -2$, $x = 1$ e $x = 2$, que são as soluções da equação $f(x) = 2$.

10) Resolva a inequação $\dfrac{3}{x+2} \leq x$.

Solução:
Para resolver, devemos ter um *zero* do lado direito. Escrevemos, pois:

$$\frac{3}{x+2} - x \leq 0$$

$$\frac{3 - x^2 - 2x}{x+2} \leq 0$$

$$\frac{-x^2 - 2x + 3}{x+2} \leq 0$$

FUNÇÕES ALGÉBRICAS E INEQUAÇÕES

O numerador tem raízes -3 e 1, e a raiz do denominador é $x = -2$.

Fazemos, então, o quadro de variação dos sinais:

	-3		-2		1	
$-x^2 - 2x + 3$	$-$	0	$+$	$+$	$+$	0	$-$
$x + 2$	$-$	$-$	$-$	0	$+$	$+$	$+$
Resultado	$+$	0	$-$	$*$	$+$	0	$-$

A solução é: $-3 \leq x < -2$ ou $x \geq 1$.

Resposta:

A solução é: $[-3, -2) \cup [1, +\infty)$.

11) Demonstre que o gráfico da função $f(x) = x^2 - 4x + 5$ é simétrico em relação à reta $x = 2$.

Solução:

O gráfico de uma função f é simétrico em relação à reta $x = a$ se, para qualquer real t, é verdade que $f(a + t) = f(a - t)$. Vamos aplicar esse conceito a nossos dados.

Se, a partir de $x = 2$, andarmos t unidades para a direita, chegaremos ao ponto de abscissa $2 + t$. Veja o valor da função $f(x) = x^2 - 4x + 5$ nesse ponto:

$$f(2 + t) = (2 - t)^2 - 4(2 + t) + 5 = 4 + 4t + t^2 - 8 - 4t + 5 = t^2 + 1$$

Em seguida, a partir de $x = 2$, andaremos t unidades para a esquerda, chegando ao ponto de abscissa $2 - t$. Veja o valor da função $f(x) = x^2 - 4x + 5$ nesse ponto:

$$f(2 + t) = (2 - t)^2 - 4(2 + t) + 5 = 4 - 4t + t^2 - 8 + 4t + 5 = t^2 + 1$$

De fato, como $f(2 + t) = f(2 - t)$, o gráfico da função f é simétrico em relação à reta $y = 2$.

6 Funções exponenciais e logarítmicas

Situação

Certa medicação injetável é naturalmente eliminada pelo organismo ao longo do tempo. Sabe-se que o organismo elimina metade da substância a cada período de seis horas. Portanto, se ao meio-dia um paciente tomou 10 ml dessa medicação, às 6 horas da tarde só terão restado 5 ml em seu organismo, pois a outra metade já terá sido eliminada.

Pergunta-se: que quantidade da medicação estava presente no organismo do paciente às 3 horas da tarde?

Essa situação, presente quando tomamos qualquer tipo de remédio ou mesmo ingerimos álcool, será resolvida com a aplicação da função exponencial, que veremos neste capítulo.

Potências

Recordemos inicialmente nossas conhecidas propriedades das potências de expoente racional.

Para qualquer real $a > 0$ e diferente de 1, temos:

$$a^m \cdot a^n = a^{m+n}$$

$$\frac{a^m}{a^n} = a^{m-n}$$

$$(ab)^m = a^m \cdot b^m$$

$$\left(\frac{a}{b}\right)^m = \frac{a^m}{b^m}$$

$$a^{-m} = \left(\frac{1}{a}\right)^m = \frac{1}{a^m}$$

$$a^{m/n} = \sqrt[n]{a^m}$$

Um número irracional é conhecido por meio de aproximações com números racionais. Por exemplo, $\sqrt{7}$ é o número real (irracional) cujo quadrado é 7. Mas que número é esse? Tudo o que podemos saber dele são aproximações por números racionais. A sequência a seguir é formada por números racionais que se aproximam cada vez mais de $\sqrt{7}$:

2,64
2,645
2,6457
2,64575
2,645751
2,6457513
2,64575131

Não há fim nessas decimais. Elas são infinitas e não há repetições, e isso é o que caracteriza os números irracionais. Só podemos conhecê-los por meio de aproximações.

Da mesma forma, as potências de expoente irracional só podem ser conhecidas por meio de aproximações. Observe, a seguir, aproximações para o número $2^{\sqrt{7}}$:

$2^{2,64} =$ **6,233316637**

$2^{2,645} =$ **6,254957145**

$2^{2,6457} =$ **6,257992806**

$2^{2,64575} =$ **6,258209695**

$2^{2,645751} =$ **6,258214033**

$2^{2,6457513} =$ **6,258215334**

$2^{2,64575131} =$ **6,258215377**

Veja que a cada aproximação aumentamos o conhecimento de casas decimais corretas. Em negrito, destacamos as casas decimais que já coincidem com a anterior. Assim, $2^{\sqrt{7}}$ é um número irracional e uma aproximação dele com sete decimais é 6,2582153.

Podemos, então, estudar a função exponencial.

A função exponencial

Consideremos um número real positivo a, diferente de 1. A função exponencial de base a é a função $f: \mathbb{R} \to \mathbb{R}$ tal que $f(x) = a^x$.

Observe que $f(x)$ é sempre positivo e que $f(0) = 1$. Quando $a > 1$, a função exponencial é crescente; quando $0 < a < 1$, decrescente. Veja os gráficos de duas funções exponenciais:

$f(x) = 2^x$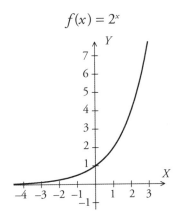

$f(x) = (1/2)^x$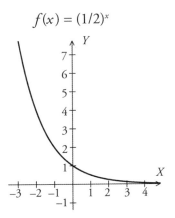

No primeiro gráfico, confira alguns valores da função:

−3	−2	−1	0	1	2	3
1/8	1/4	1/2	1	2	4	8

Quando x é positivo, a função cresce cada vez mais rapidamente; quando x é negativo, caminhando para a esquerda, o gráfico se aproxima cada vez mais do eixo X.

No segundo gráfico, ocorre o contrário do que dissemos.

Equações

As equações exponenciais são aquelas cuja incógnita aparece no expoente. Por exemplo, $4^{x-1} = \dfrac{1}{8}$ é uma equação exponencial.

Para resolver uma equação exponencial, devemos escrever os dois lados como potências de mesma base. Assim, quando temos $a^{x_1} = a^{x_2}$, concluímos que $x_1 = x_2$.

Exemplo
Resolva a equação $4^{x-1} = \dfrac{1}{8}$.

Solução:
Tratamos de escrever os dois lados da equação como potências de mesma base.

$$\left(2^2\right)^{x-1} = \dfrac{1}{2^3}$$

$$2^{2x-2} = 2^{-3}$$

Neste ponto, igualamos os expoentes:
$2x - 2 = -3$
$2x = -1$

Resposta:

$$x = -\dfrac{1}{2}$$

Inequações

Sabemos que, sendo f uma função crescente, se temos a desigualdade $f(x_1) > f(x_2)$, concluímos que $x_1 > x_2$.

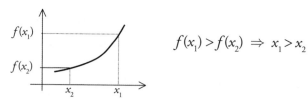

Por outro lado, sendo f uma função decrescente, se temos a desigualdade $f(x_1) > f(x_2)$, concluímos que $x_1 < x_2$

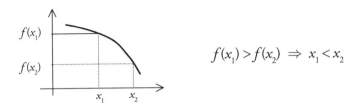

Como as funções exponenciais ou são crescentes ou são decrescentes em todo o domínio, temos:

Caso $a > 1$: $\quad a^{x_1} > a^{x_2} \Rightarrow x_1 > x_2$
Caso $0 < a > 1$: $\quad a^{x_1} > a^{x_2} \Rightarrow x_1 < x_2$

Exemplo
Resolva a inequação $8^{x-5} > \left(\dfrac{1}{2}\right)^{x-1}$.

Solução:
Vamos escrever na mesma base os dois membros:

$\left(2^3\right)^{x-5} > \left(2^{-1}\right)^{x-1}$

$2^{3x-15} > 2^{-x+1}$

Como a base é maior que 1,
$3x - 15 > -x + 1$
$4x > 16$

Resposta:
$x > 4$

A função de tipo exponencial

Uma função $f : \mathbb{R} \to \mathbb{R}$ é de *tipo exponencial* quando $f(x) = b \cdot a^x$ em que a e b são constantes positivas ($a \neq 1$). A função de tipo exponencial é, portanto, uma função exponencial multiplicada por uma constante positiva. Por isso, a função de tipo exponencial é crescente para $a > 1$ e decrescente para $0 < a < 1$.

Por exemplo, são funções de tipo exponencial:

$$f(x) = 3 \cdot 2^x$$

$$g(x) = 100 \cdot (0,025)^x$$

$$h(x) = 0,4 \cdot (1,1)^x$$

Observe agora a função $f(x) = 5 \cdot 2^{3x+4}$. É também uma função de tipo exponencial?

A resposta é sim; veja por quê:

$$f(x) = 5 \cdot 2^{3x+4} = 5 \cdot 2^{3x} \cdot 2^4 = 5 \cdot 16 \cdot \left(2^3\right)^x = 80 \cdot 8^x$$

De fato, são de tipo exponencial as funções do tipo $f(x) = b \cdot a^{cx+d}$.

A característica da função de tipo exponencial

Inicialmente, consideremos a função $f(x) = 2 \cdot 3^x$.

Os valores dessa função calculados para alguns números naturais são:

$$f(0) = 2 \cdot 3^0 = 2$$

$$f(1) = 2 \cdot 3^1 = 6$$

$$f(2) = 2 \cdot 3^2 = 18$$

$$f(3) = 2 \cdot 3^3 = 54$$

Observe que cada resultado é igual ao anterior multiplicado por 3. Vamos ver agora que, se tomarmos qualquer sequência de valores de x igualmente espaçados, os valores da função nesses pontos têm essa propriedade: cada um é igual ao anterior multiplicado por uma constante.

Consideremos então a função $f(x) = b \cdot a^x$ e as abscissas: $x_1, x_2, x_3, ...,$ igualmente espaçadas, ou seja, $x_2 = x_1 + r$, $x_3 = x_2 + r$ etc., em que r é uma constante positiva. Veja que:

$$f(x_2) = b \cdot a^{x_2} = b \cdot a^{x_1+r} = b \cdot a^{x_1} \cdot a^r = f(x_1) \cdot a^r$$

Isso mostra que, ao passar da abscissa x_1 para a abscissa x_2, o valor da função ficou multiplicado por a^r. Para passar da abscissa x_2 para x_3, os cálculos são os mesmos:

$$f(x_3) = b \cdot a^{x_3} = b \cdot a^{x_2+r} = b \cdot a^{x_2} \cdot a^r = f(x_2) \cdot a^r$$

e vemos que o valor da função ficou novamente multiplicado por a^r.

Quando consideramos, portanto, intervalos de mesmo comprimento no eixo X, o valor da função no fim do intervalo é igual ao valor da função no início do intervalo *multiplicado* por uma constante. Essa é a característica da função de tipo exponencial.

Exemplo

Certo investimento rende 30% ao ano. Investindo hoje R$ 4.000,00, qual será o montante daqui a 10 anos?

Solução:

Por enquanto, seja C a quantia investida.

Em um ano, teremos $C + \dfrac{30}{100}C = C + 0{,}3C = C(1+0{,}3) = C \cdot 1{,}3$.

Isso mostra que a quantia no final de um ano é igual à quantia que tínhamos no início multiplicada por 1,3. Isso vale para qualquer período de um ano.

Portanto, para obter o montante no final do segundo ano, basta multiplicar a quantia que tínhamos no fim do primeiro ano por 1,3. No final do segundo ano, teremos $C \cdot 1{,}3 \cdot 1{,}3 = C \cdot 1{,}3^2$, e assim por diante.

Assim, no fim de x anos, a quantia que teremos é $f(x) = C \cdot 1{,}3^x$, uma função de tipo exponencial. No enunciado, encontramos $C = 4000$ e $x = 10$. Com uma calculadora científica, calculamos:

$$f(10) = 4000 \cdot 1{,}3^{10} = 55.143{,}40$$

Resposta:

Em 10 anos o montante será de R$ 55.143,40.

A função exponencial natural

O número e

Em diversas áreas da matemática, aparece a operação $\left(1 + \dfrac{1}{n}\right)^n$, em que n é um número natural. Por exemplo, em matemática financeira, se o banco empresta R$ 1 a João com juros de 100% ao ano, entendemos que João deverá pagar ao banco R$ 2 no fim de um ano. Entretanto, se uma fração de $\frac{1}{12}$ dos juros for cobrada a cada mês, a dívida de João será, no fim de um ano, de $\left(1+\frac{1}{12}\right)^{12}$, o que dá cerca de R$ 2,61 — é claro que o banco gosta mais desse último cálculo.

Questões de matemática financeira serão discutidas no próximo capítulo; não se preocupe com isso agora.

O valor de $\left(1+\frac{1}{n}\right)^n$, quando n é muito grande, é um resultado importante da matemática. Quando $n = 1000$, temos que $\left(1+\frac{1}{1000}\right)^{1000} = 2{,}716923932$. Quando n tende para infinito, o valor de $\left(1+\frac{1}{n}\right)^n$ tende para o número $2{,}718281828\ldots$. Esse número é representado pela letra e.

$$e = \lim_{n\to\infty}\left(1+\frac{1}{n}\right)^n \approx 2{,}718$$

A função *exponencial natural* é a função $y = e^x$. Seu gráfico é este:

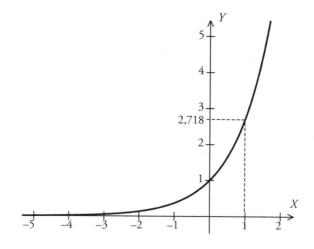

A função logaritmo

A *função logaritmo* é a inversa da função exponencial. Para qualquer real positivo a diferente de 1, se tivermos $a^y = x$, diremos que o expoente y é o *logaritmo* de x na base a. Escrevemos $y = \log_a x$.

Portanto:

$$a^y = x \iff y = \log_a x$$

Veja estes exemplos:
Como $2^5 = 32$, então $\log_2 32 = 5$.
Como $10^{0,301} = 2$, então $\log_{10} 2 = 0,301$.
Como $3^{2,465} = 15$, então $\log_3 15 = 2,465$.
Para $a > 0$ e $a \neq 0$, temos $a^0 = 1$. Logo, $\log_a 1 = 0$.

Se $a^y = x$, então x é positivo (nunca é negativo ou zero). Portanto, quando escrevemos $y = \log_a x$, estamos admitindo que $x > 0$.

Quando a base é maior que 1, observe que, se $x > 1$, então $a^y > 1$, ou seja, $a^y > a^0$ e, consequentemente, $y > 0$. Por outro lado, se $0 < x < 1$, então $y < 0$. Em palavras mais simples, quando a base é maior que 1, números maiores que 1 têm logaritmos positivos e números que estão entre 0 e 1 têm logaritmos negativos.

Para fixar as ideias, veja a seguir o gráfico da função $y = \log_2 x$.

Observe o gráfico e compare a alguns valores dessa função na tabela abaixo.

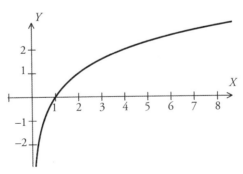

x	1/4	1/2	1	2	4	8
y	−2	−1	0	1	2	3

Para descobrir que o logaritmo na base 2 de $\frac{1}{4}$ é igual a –2, fizemos o seguinte:

$$\log_2 \frac{1}{4} = y$$

$$2^y = \frac{1}{4}$$

$$2^y = \frac{1}{2^2}$$

$$2^y = 2^{-2}$$

$$y = -2$$

Fazendo trabalho semelhante para os outros valores de x, pudemos completar a tabela anterior.

Raramente usamos logaritmos em uma base positiva menor que 1. Mas eles naturalmente existem e a função logaritmo, nesse caso, é decrescente. Quando a base é um número entre 0 e 1, números maiores que 1 têm logaritmos negativos e números que estão entre 0 e 1 têm logaritmos positivos. Por exemplo, qual é o valor de $\log_{0,25} 8$?

Para descobrir, escrevemos $\log_{0,25} 8 = x$ e, aplicando a definição de logaritmo, ficamos com $0,25^x = 8$. Basta agora resolver esta equação exponencial:

$$\left(\frac{1}{4}\right)^x = 8 \Rightarrow \left(\frac{1}{2^2}\right)^x = 2^3 \Rightarrow \left(2^{-2}\right)^x = 2^3 \Rightarrow$$

$$\Rightarrow 2^{-2x} = 2^3 \Rightarrow -2x = 3 \Rightarrow x = -\frac{3}{2} = -1,5$$

Observe o gráfico da função $y = \log_{0,25} x$ e compare ao gráfico de $y = \log_4 x$.

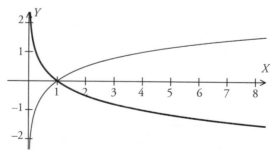

Como as bases são inversas, $0,25 = \dfrac{1}{4}$, os gráficos são simétricos em relação ao eixo X. Portanto, se for dado que $\log_4 5 = 1,161$, então $\log_{0,25} 5 = -1,161$.

A demonstração desse fato virá adiante, quando falarmos de mudança de base.

Observe agora os gráficos das funções $y = \dfrac{1}{2} \cdot 3^x$ e $y = \log_3 2x$. Repare que uma é inversa da outra.

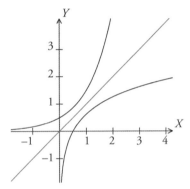

Como uma das funções é inversa da outra, seus gráficos são simétricos em relação à reta $y = x$, como vimos no capítulo 4.

Propriedades dos logaritmos

Sejam x e y reais positivos. Em qualquer base a, valem as propriedades:

1) $\log_a 1 = 0$
2) $\log_a a = 1$
3) $\log_a \dfrac{1}{a} = -1$
4) $\log_a xy = \log_a x + \log_a y$
5) $\log_a \dfrac{x}{y} = \log_a x - \log_a y$
6) $\log_a x^r = r \cdot \log_a x$ (r é um real não nulo)

Demonstrações:

As três primeiras são claras, pois $a^0 = 1$, $a^1 = a$ e $a^{-1} = \dfrac{1}{a}$.

Para justificar a quarta e a quinta, sejam m e n os logaritmos de x e y, respectivamente, ambos na base a.

$$\log_a x = m \quad \Leftrightarrow \quad a^m = x$$

$$\log_a y = n \quad \Leftrightarrow \quad a^n = y$$

Multiplicando, $a^{m+n} = xy$, ou seja, $\log_a xy = m + n = \log_a x + \log_a y$.

Dividindo, $a^{m-n} = \dfrac{x}{y}$, ou seja, $\log_a \dfrac{x}{y} = m - n = \log_a x - \log_a y$.

Para justificar a sexta, elevamos a igualdade $a^m = x$ à potência r, $\left(a^m\right)^r = x^r$, ou seja, $\log_a x^r = rm = r \cdot \log_a x$.

Por exemplo, sabendo que $\log_2 5 = 2{,}32$ e que $\log_2 7 = 2{,}81$, podemos calcular:

a) $\log_2 35 = \log_2 7 \cdot 5 = \log_2 7 + \log_2 5 = 2{,}81 + 2{,}32 = 5{,}13$

b) $\log_2 1{,}4 = \log_2 \dfrac{7}{5} = \log_2 7 - \log_2 5 = 2{,}81 - 2{,}32 = 0{,}49$

c) $\log_2 125 = \log_2 5^3 = 3 \cdot \log_2 5 = 3 \cdot 2{,}32 = 6{,}96$

Mudança de base

Frequentemente possuímos o logaritmo de um número em certa base e precisamos conhecer o logaritmo desse mesmo número em outra base. Para encontrar a fórmula de mudança de base, vamos demonstrar primeiro a seguinte propriedade:

Propriedade: $\log_b a = \dfrac{1}{\log_a b}$.

De fato, se $\log_b a = m$ e $\log_a b = n$, temos $b^m = a$ e $a^n = b$. Elevando a primeira à potência n, temos $b^{mn} = a^n = b$. Logo, $mn = 1$ e $m = \dfrac{1}{n}$, que é o resultado desejado.

Mudando a base do logaritmo

Suponha que conhecemos o valor de $\log_a x$ e desejamos obter o valor de $\log_b x$. Para isso, precisamos conhecer o valor de $\log_a b$ e proceder da seguinte forma:

Sejam $\log_a x = m$ e $\log_a b = n$, ou seja, $\log_b a = \dfrac{1}{n}$, pela propriedade anterior.

Pelas definições de logaritmo, temos $b^{1/n} = a$ e $a^m = x$. Substituindo, temos:

$x = \left(b^{1/n}\right)^m = b^{m/n}$. Logo, $\log_b x = \dfrac{m}{n}$, ou seja,

$$\log_b x = \frac{\log_a x}{\log_a b}$$

Exemplo

Se $\log_2 x = 5,1$, qual é o valor de $\log_8 x$?

Solução:

Aplicando a fórmula de mudança de base que acabamos de demonstrar, temos:

$$\log_8 x = \frac{\log_2 x}{\log_2 8} = \frac{5,1}{3} = 1,7$$

Observação:

O leitor pode perguntar qual deve ser o valor do número x desse exemplo que acabamos de resolver. Isso não envolve cálculos fáceis, muito pelo contrário. O valor de x desse exemplo é, pela definição de logaritmo, igual a $8^{1,7}$, que é realmente difícil de calcular. Com uma calculadora científica, encontramos um valor aproximado: $x = 2,2518$. Antes das calculadoras e dos computadores, calculistas gastavam um tempo enorme para fazer cálculos manuais e encontrar logaritmos dos números naturais em certa base. Surgiram então as tabelas de logaritmos, instrumentos fundamentais para executar cálculos complicados em engenharia, economia, astronomia, navegação etc. Um pouco disso está no tópico a seguir.

Logaritmos decimais

A base mais comum é a 10. Os logaritmos nessa base são chamados de logaritmos decimais e, nesse caso, podemos deixar de escrever a base. Portanto, $\log x$ significa $\log_{10} x$. Essa base coincide com nosso sistema de numeração, e é interessante observar a tabela a seguir:

n	1	10	100	1000	10000	100000
$\log n$	0	1	2	3	4	5

Pense agora no seguinte. Se x é um número natural e se $\log x = 2,574$, quantos algarismos possui x?

A conclusão não é difícil. Como 2,574 é um número compreendido entre 2 e 3, então x é maior que 100 e menor que 1000. Logo, tem três algarismos. Procure imaginar uma regra que permita conhecer a quantidade de algarismos de um número natural, conhecendo seu logaritmo.

A parte inteira do logaritmo chama-se *característica*; a parte decimal, *mantissa*.

Quando multiplicamos um número inteiro por 10, 100, 1000 etc., sua mantissa não muda, somente a característica vai aumentando. Veja:

$$\log 3 = 0,4771$$

$$\log 30 = \log 10 \cdot 3 = \log 10 + \log 3 = 1 + 0,4771 = 1,4771$$

$$\log 300 = \log 100 \cdot 3 = \log 100 + \log 3 = 2 + 0,4771 = 2,4771$$

$$\log 3000 = \log 1000 \cdot 3 = \log 1000 + \log 3 = 3 + 0,4771 = 3,4771$$

etc.

Apresentamos, a seguir, uma pequena tabela com os logaritmos decimais de 1 a 100.

Tabela de logaritmos decimais

n	$\log n$	n	$\log n$	n	$\log n$	n	$\log n$	n	$\log n$
1	0,0000	21	1,3222	41	1,6128	61	1,7853	81	1,9085
2	0,3010	22	1,3424	42	1,6232	62	1,7924	82	1,9138
3	0,4771	23	1,3617	43	1,6335	63	1,7993	83	1,9191
4	0,6021	24	1,3802	44	1,6435	64	1,8062	84	1,9243
5	0,6990	25	1,3979	45	1,6532	65	1,8129	85	1,9294
6	0,7782	26	1,4150	46	1,6628	66	1,8195	86	1,9345
7	0,8451	27	1,4314	47	1,6721	67	1,8261	87	1,9395
8	0,9031	28	1,4472	48	1,6812	68	1,8325	88	1,9445
9	0,9542	29	1,4624	49	1,6902	69	1,8388	89	1,9494
10	1,000	30	1,4771	50	1,6990	70	1,8451	90	1,9542
11	1,0414	31	1,4914	51	1,7076	71	1,8513	91	1,9590
12	1,0792	32	1,5051	52	1,7160	72	1,8573	92	1,9638
13	1,1139	33	1,5185	53	1,7243	73	1,8633	93	1,9685
14	1,1461	34	1,5315	54	1,7324	74	1,8692	94	1,9731
15	1,1761	35	1,5441	55	1,7404	75	1,8751	95	1,9777
16	1,2041	36	1,5563	56	1,7482	76	1,8808	96	1,9823
17	1,2304	37	1,5682	57	1,7559	77	1,8865	97	1,9868
18	1,2553	38	1,5798	58	1,7634	78	1,8921	98	1,9912
19	1,2788	39	1,5911	59	1,7709	79	1,8976	99	1,9956
20	1,3010	40	1,6021	60	1,7782	80	1,9031	100	2,0000

Observe os próximos exemplos para aprender a usar essa tabela.

Exemplo 1
Calcule log 380.

Solução:

$\log 380 = \log 10 \cdot 38 = \log 10 + \log 38 = 1 + 1,5798 = 2,5798$.

Naturalmente que, como já conhecemos a propriedade da multiplicação por 10, mantemos a mantissa do logaritmo de 38 e colocamos a característica igual a 2, pois 380 é maior do que 100 e menor do que 1000.

Exemplo 2
Calcule log 0,53

Solução:

$$\log 0,53 = \log \frac{53}{100} = \log 53 - \log 100 = 1,7243 - 2 = -0,2757$$

Exemplo 3
Podemos calcular log 647?

Solução:
Sim, podemos calcular de forma bastante aproximada como, aliás, são todos os números da tabela. Observe o gráfico do logaritmo decimal.

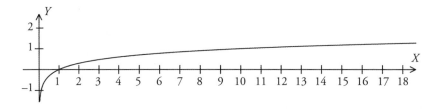

Quando a abscissa x se afasta de 1, em cada intervalo de comprimento pequeno, a parte do gráfico correspondente a esse intervalo é "quase" um segmento de reta. Se considerarmos, por exemplo, que no intervalo [640, 650] o gráfico é um segmento, estaremos cometendo um erro bastante pequeno.

Da tabela, temos log 640 = 2,8062 e log 650 = 2,8129 (veja que pegamos as mantissas dos logaritmos de 64 e 65).

A diferença entre esses valores é 2,8129 − 2,8062 = 0,0067. Em seguida, dividimos essa diferença em 10 partes e tomamos sete dessas partes: $\frac{0,0067}{10} \cdot 7 = 0,00469 \cong 0,0047$. Finalmente, somamos esse valor ao logaritmo de 640 para obter o logaritmo de 647. Temos, então:

$$\log 647 = 2,8062 + 0,0047 = 2,8109$$

FUNÇÕES EXPONENCIAIS E LOGARÍTMICAS

Este método, obter logaritmos de valores intermediários da tabela, é chamado de *interpolação linear*.

Antigamente, isto se fazia o tempo todo. Hoje, devemos conhecer o método, mas só faremos essas contas se não tivermos uma calculadora científica.

Logaritmo neperiano

A base de um sistema de logaritmos é um número maior que zero e diferente de 1. O sistema de logaritmos de base 10 é muito usado e está nas calculadoras: são os logaritmos decimais. O sistema de logaritmos de base e também é muito utilizado devido a motivos que ultrapassam os limites deste livro. No volume *Matemática 2*, mostraremos que, quando a base é o número e, os cálculos ficam inacreditavelmente mais simples.

Os logaritmos na base e são chamados de logaritmos naturais ou de logaritmos neperianos, por causa do matemático inglês John Neper (1550-1610), o primeiro a estudar os logaritmos e ter a ideia dessa constante que, um século depois, passou a ser representada pela letra e.

O logaritmo neperiano de um número x é representado pelo símbolo $\ln x$. Portanto,

$$\ln x = \log_e x$$

Veja, ao lado, alguns valores do logaritmo neperiano.

O logaritmo neperiano é um logaritmo como outro qualquer. Assim, as propriedades que deduzimos naturalmente valem para ele:

$$\ln AB = \ln A + \ln B$$

$$\ln \frac{A}{B} = \ln A - \ln B$$

$$\ln A^n = n \ln A$$

x	$\ln x$
1	0,00000
2	0,69315
3	1,09861
4	1,38629
5	1,60944
6	1,79176
7	1,94591
8	2,07944
9	2,19722
10	2,30529

O gráfico do logaritmo neperiano tem a mesma forma dos gráficos dos outros logaritmos de base maior que 1. Observe que, quando $x = e$ (aproximadamente 2,718), a ordenada é $y = 1$.

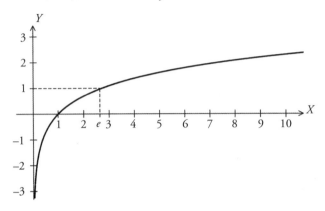

Equações logarítmicas

Resolveremos agora equações cuja incógnita está ligada a um logaritmo. Além de usar a definição de logaritmo e suas propriedades, vamos considerar o fato de que a função logaritmo é injetora, ou seja, se $\log_a X = \log_a Y$, então obrigatoriamente $X = Y$. Observe atentamente os exemplos a seguir:

Exemplo 1
Resolva a equação $\log_5 (3x + 4) = 2$.

Solução:
Aplicando a definição, temos $5^2 = 3x + 4$. Logo, $3x = 21$ e $x = 7$.

Resposta:
$x = 7$

Exemplo 2
Resolva a equação $\log_2 (x^2 - 4x)^3 = 15$.

Solução:
Inicialmente, vamos aplicar a propriedade do logaritmo de uma potência e depois a definição:

$$3 \cdot \log_2(x^2 - 4x) = 15$$
$$\log_2(x^2 - 4x) = 5$$
$$2^5 = x^2 - 4x$$
$$x^2 - 4x - 32 = 0$$

As raízes dessa equação são $x = -4$ e $x = 8$, mas isso não significa que esses dois valores sejam raízes da equação original. É preciso *sempre* substituir os valores encontrados na equação dada para verificar se satisfazem. Observe:

$$\log_2\left[(-4)^2 - 4(-4)\right] = \log_2(16 + 16) = \log_2 32 = 5 \quad \text{(certo)}$$
$$\log_2(8^2 - 4 \cdot 8) = \log_2(64 - 32) = \log_2 32 = 5 \quad \text{(certo)}$$

Os dois valores encontrados servem, portanto.

Resposta:
O conjunto solução é $\{-4, 8\}$.

Exemplo 3

Resolva a equação $\log 2x = \log(x + 3) + \log(x - 2)$.

Solução:
Aplicamos a propriedade da soma de dois logaritmos e o fato de que a função é injetora:

$$\log 2x = \log(x + 3)(x - 2)$$
$$2x = (x + 3)(x - 2)$$
$$2x = x^2 - 2x + 3x - 6$$
$$x^2 - x - 6 = 0$$

Essa equação possui duas raízes: $x = -2$ e $x = 3$.

A primeira não satisfaz a equação, pois não existe logaritmo de número negativo. Verificando a segunda, temos $\log 2 \cdot 3 = \log(3 + 3) + \log(3 - 2)$, o que é correto. Só há, pois, uma solução.

Resposta:
O conjunto solução é $S = \{3\}$.

Exemplo 4

Resolva a equação $\log_2 x - \log_4(3x-9) = 1$.

Solução:

Devemos mudar uma das bases dos logaritmos. Escolhendo a base 2, temos:

$$\log_2 x - \frac{\log_2(3x-9)}{\log_2 4} = 1$$

$$\log_2 x - \frac{\log_2(3x-9)}{2} = 1$$

$$2 \cdot \log_2 x - \log_2(3x-9) = 2$$

$$\log_2 x^2 - \log_2(3x-9) = \log_2 4$$

$$\log_2 \frac{x^2}{3x-9} = \log_2 4$$

Como a função logaritmo é injetora,

$$\frac{x^2}{3x-9} = 4$$

$$x^2 = 12x - 36$$

$$x^2 - 12x + 36 = 0$$

$$(x-6)^2 = 0$$

$$x = 6$$

A equação original é satisfeita para esse valor.

Resposta:

$S = \{6\}$

A meia-vida

Os elementos radioativos perdem massa com o tempo, e a perda em cada intervalo é proporcional à quantidade desse material no início do período. A lei de decaimento radioativo é, em geral, dada pela função $f(t) = M \cdot 2^{-\frac{t}{m}}$, em que M é a massa inicial e t é o tempo decorrido em anos. A constante m

é uma característica da substância chamada de *meia-vida*, que é o tempo necessário para que a massa inicial se reduza à metade. De fato, quando $t = m$, temos:

$$f(m) = M \cdot 2^{-\frac{m}{m}} = M \cdot 2^{-1} = \frac{M}{2}$$

Um dos elementos radioativos mais conhecidos é o urânio 238, que possui meia-vida de 4,5 milhões de anos. O carbono 14 é uma substância radioativa com meia-vida de apenas 5600 anos, e todos os organismos vivos a possuem na mesma proporção da existente na atmosfera. Quando o organismo morre, cessa sua interação com a atmosfera, o carbono 14 que existia no organismo começa a decair e, dessa forma, fósseis podem ser datados com relativa precisão. A meia-vida de um remédio é também frequentemente informada na bula. Ela significa, naturalmente, o tempo em que o organismo elimina metade dessa substância.

Exemplo

Uma tábua de madeira foi encontrada em uma escavação arqueológica com inscrições importantes. A medição do carbono 14 revelou que a tábua possuía 80% da quantidade original, quando a madeira ainda era uma árvore. Há quanto tempo, aproximadamente, essa tábua foi fabricada?

Solução:

Essa é uma pergunta muito interessante e mostra como a matemática pode esclarecer dúvidas desse tipo.

A função do decaimento radioativo é, nesse caso, dada pela função $f(t) = M \cdot 2^{-\frac{t}{5600}}$, em que M é a massa dessa substância presente na tábua no momento em que foi cortada da árvore. Como a massa de carbono 14 da tábua é igual a 0,8 M, temos a equação:

$$M \cdot 2^{-\frac{t}{5600}} = 0,8M$$

$$2^{-\frac{t}{5600}} = \frac{8}{10}$$

Essa é uma equação exponencial que necessita de logaritmos para sua solução. Calculando os logaritmos decimais de ambos os lados, temos:

$$-\frac{t}{5600}\log 2 = \log 8 - \log 10$$

$$-\frac{t}{5600}\log 2 = \log 2^3 - \log 10$$

$$-\frac{t}{5600}\log 2 = 3 \cdot \log 2 - 1$$

Usando log2 = 0,301, ficamos com:

$$-\frac{t}{5600} 0,301 = 3 \cdot 0,301 - 1 = 0,903 - 1 = -0,097$$

$$t = 5600 \cdot \frac{0,097}{0,301} \approx 1800$$

Resposta:
A tábua tem, portanto, 1800 anos.

Inequações logarítmicas

Sabemos que, se f é uma função crescente, a desigualdade $f(x_2) > f(x_1)$ implica $x_2 > x_1$. Quando $a > 1$, a função $f(x) = \log_a x$ é crescente em todo o seu domínio. Portanto, $\log_a x_2 > \log_a x_1$ acarreta $x_2 > x_1$.

Por outro lado, se f é uma função decrescente, a desigualdade $f(x_2) > f(x_1)$ implica $x_2 < x_1$. Quando $0 < a < 1$, a função $f(x) = \log_a x$ é decrescente em todo o seu domínio. Portanto, $\log_a x_2 > \log_a x_1$ acarreta $x_2 < x_1$.

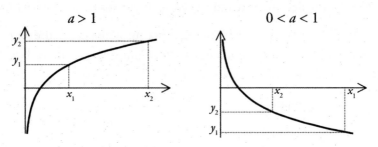

Em resumo:

$a > 1$, $f(x_2) > f(x_1) \Rightarrow x_2 > x_1$
$0 < a < 1$, $f(x_2) > f(x_1) \Rightarrow x_2 < x_1$

Exemplo

Resolva a inequação $\log(4x+2)-\log(x-7)>1$.

Solução:

Inicialmente, devemos garantir que os logaritmos existam. Portanto:

$$4x+2>0 \quad \Rightarrow \quad x>-\frac{1}{2}$$
$$x-7>0 \quad \Rightarrow \quad x>7$$

A inequação pode ser escrita da seguinte forma:

$$\log\frac{4x+2}{x-7}>\log 10$$

A função logaritmo decimal é crescente, então:

$$\frac{4x+2}{x-7}>10$$
$$4x+2>10x-70$$
$$72>6x$$
$$x<12$$

Como, para a existência dos logaritmos, devemos ter $x>7$, a solução da inequação é $7<x<12$.

Resposta:

$S = \{x \in \mathbb{R} \; ; \; 7 < x < 12\}$

Exercícios resolvidos

1) Resolva a equação $9^{x-2}=\dfrac{1}{27}$.

Solução:

Podemos escrever os termos na base 3.

$$\left(3^2\right)^{x-2}=\frac{1}{3^3}$$

Aplicamos as propriedades das potências:

$$3^{2x-4}=3^{-3}$$

Agora, igualamos os expoentes:

$$2x-4=-3$$
$$2x=1$$
$$x=\frac{1}{2}$$

Resposta:

$$x = \frac{1}{2}$$

2) Resolva a equação $2^x + 4^x = 72$.

Solução:
Devemos escrever os termos na mesma base:

$$2^x + \left(2^2\right)^x = 72$$

Um artifício bastante comum consiste em observar que $\left(a^m\right)^n = \left(a^n\right)^m$. A equação anterior, portanto, se escreve:

$$2^x + \left(2^x\right)^2 = 72$$

Seja agora $2^x = y$. Então, a equação anterior fica assim:

$$y + y^2 = 72 \text{ ou}$$
$$y^2 + y - 72 = 0$$

Resolvendo essa equação do segundo grau, encontramos as raízes $y = -9$ e $y = 8$. Voltando, temos $2^x = -9$ (impossível) e $2^x = 8$, que dá $x = 3$.

Resposta:
$x = 3$

3) Resolva a equação $2^x + 2^{x+1} + 2^{x+2} - 2^{x+3} + 2^{x+4} = 60$.

Solução:
Esta equação é diferente da anterior. Veja que podemos colocar em evidência o termo 2^x:

$$2^x + 2^x \cdot 2^1 + 2^x \cdot 2^2 - 2^x \cdot 2^3 + 2^x \cdot 2^4 = 60$$
$$2^x(1 + 2^1 + 2^2 - 2^3 + 2^4) = 60$$
$$2^x(1 + 2 + 4 - 8 + 16) = 60$$
$$2^x \cdot 15 = 60$$
$$2^x = 4$$
$$x = 2$$

Resposta:
$x = 2$

4) Um fundo de investimentos rende 1% ao mês. Se depositarmos R\$ 1.000,00, qual será o montante após um ano?

Solução:

Uma quantia x, quando aumenta 1%, passa a valer

$x + \dfrac{1}{100}x = x + 0{,}01x = 1{,}01x$. Portanto, após um mês, o valor final é igual ao valor inicial multiplicado por 1,01. Passados dois meses, a quantia inicial terá ficado multiplicada por 1,01 duas vezes, ou seja, terá ficado multiplicada por $1{,}01^2$. Como o raciocínio se repete, após n meses de rendimento a quantia inicial terá sido multiplicada n vezes por 1,01, ou seja, terá sido multiplicada por $1{,}01^n$. Assim, o capital de R\$ 1.000,00, aplicado a juros de 1% ao mês por 12 meses, será $C = 1000 \cdot 1{,}01^{12} = 1.126{,}82$.

Resposta:

O montante será de R\$ 1.126,82.

Usando a calculadora:

Com uma calculadora científica, é imediato o cálculo $1{,}01^{12}$, pois existe a tecla $\left[x^y \right]$. Basta digitar: 1,01 $\left[x^y \right]$ 12 $[=]$. O resultado aparecerá. Com uma calculadora comum, não é difícil encontrar $1{,}01^{12}$. Experimente esta sequência:

$$1{,}01 \; [\times] \; [=] \; [\times] \; 1{,}01 \; [=] \; [\times] \; [=] \; [\times] \; [=]$$

O resultado aparecerá: 1,126825.

Para entender a razão desse procedimento, use agora sua calculadora para encontrar o valor de 2^{12}.

Quando você digita a sequência 2 $[\times]$ $[=]$, a calculadora multiplica o número 2 pelo número que está no visor, ou seja, 2. Então, 2 $[\times]$ $[=]$ dá como resultado 2^2. Quando, em seguida, você digita $[\times]$ 2 $[=]$, a calculadora multiplica o número que está no visor (que é 2^2) por 2, obtendo 2^3. Ao digitar, em seguida, $[\times]$ $[=]$, a calculadora multiplica 2^3 por 2^3 obtendo 2^6 e, finalmente, digitando de novo $[\times]$ $[=]$, a calculadora multiplica 2^6 por 2^6 obtendo 2^{12}.

160

MATEMÁTICA I

5) Resolva a inequação $27^{x+1} > 9^{x-2}$.

Solução:
Escrevemos inicialmente como potências de 3.

$$\left(3^3\right)^{x+1} > \left(3^2\right)^{x-2}$$

$$3^{3x+3} > 3^{2x-4}$$

Como a exponencial de base 3 é uma função crescente,

$$3x + 3 > 2x - 4$$

$$x > -7$$

Resposta:
$x > -7$

Vamos agora resolver a situação proposta no início do capítulo.

6) Certa medicação injetável é naturalmente eliminada pelo organismo ao longo do tempo. Sabe-se que o organismo elimina metade da substância a cada período de seis horas. Portanto, se ao meio-dia um paciente tomou 10 ml dessa medicação, às 6 horas da tarde só terão restado 5 ml em seu organismo, pois a outra metade já terá sido eliminada.

Pergunta-se: que quantidade da medicação estava presente no organismo do paciente às 3 horas da tarde?

Solução:
O enunciado informa que a cada período de seis horas a quantidade do remédio presente no organismo fica reduzida à metade, ou seja, fica *multiplicada* por $\dfrac{1}{2}$. Isso significa que a exponencial é a função adequada para modelar essa situação. Se pensamos agora em períodos de três horas, o mesmo ocorre. A cada período de três horas, a quantidade de remédio no organismo será multiplicada por um número k.

Após três horas, a quantidade de remédio será $10k$; após mais três horas, $10k \cdot k = 10k^2$. Mas seis horas é a meia-vida do remédio. Então:

$$10k^2 = 5$$

$$k^2 = \frac{1}{2}$$

$$k = \frac{1}{\sqrt{2}} = \frac{\sqrt{2}}{2}$$

A quantidade de remédio após três horas é $10 \cdot \dfrac{\sqrt{2}}{2} = 5\sqrt{2} = 5 \cdot 1,41 = 7,05$ ml.

Resposta:

Aproximadamente 7 ml.

7) Uma substância radioativa tem meia-vida de 200 anos. Se tivermos hoje 40 g dessa substância que se desintegra naturalmente, calcule a quantidade existente dessa substância após 50 anos, 100 anos, 200 anos, 400 anos e 1000 anos.

Solução:

A função de decaimento radioativo é: $f(t) = 40 \cdot 2^{-\frac{t}{200}}$. Aplicada a cada período, temos:

$$f(50) = 40 \cdot 2^{-\frac{50}{200}} = 40 \cdot 2^{-\frac{1}{4}} = \frac{40}{\sqrt[4]{2}} = \frac{40}{1,1892} = 33,64 \text{ g}$$

$$f(100) = 40 \cdot 2^{-\frac{100}{200}} = 40 \cdot 2^{-\frac{1}{2}} = \frac{40}{\sqrt{2}} = \frac{40}{1,4142} = 28,28 \text{ g}$$

$$f(200) = 40 \cdot 2^{-\frac{200}{200}} = 40 \cdot 2^{-1} = \frac{40}{2} = 20 \text{ g} \quad \text{(meia-vida)}$$

$$f(400) = 40 \cdot 2^{-\frac{400}{200}} = 40 \cdot 2^{-2} = \frac{40}{2^2} = \frac{40}{4} = 10 \text{ g}$$

$$f(1000) = 40 \cdot 2^{-\frac{1000}{200}} = 40 \cdot 2^{-5} = \frac{40}{2^5} = \frac{40}{32} = 1,25 \text{ g}$$

Respostas:

t	50	100	200	400	1000
$f(t)$	33,64	28,28	20,00	10,00	1,25

Você pode observar esse decaimento no gráfico a seguir. Para que se possa ver o gráfico inteiro, a escala do eixo *OX* foi alterada. Os valores assinalados devem ser multiplicados por 10.

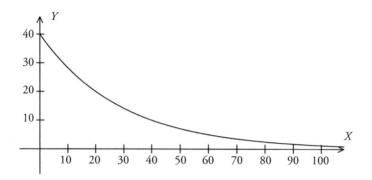

8) Calcule os itens abaixo.

a) $\log_8 2\sqrt{2}$

b) $\log_{\frac{1}{3}} 81$

c) $\log_{0,04} 125$

Solução:
a) $\log_8 2\sqrt{2} = x$
$8^x = 2\sqrt{2}$
$\left(2^3\right)^x = 2 \cdot 2^{\frac{1}{2}}$
$2^{3x} = 2^{\frac{3}{2}}$
$3x = \dfrac{3}{2} \Rightarrow x = \dfrac{1}{2}$

b) $\log_{\frac{1}{3}} 81 = x$
$\left(\dfrac{1}{3}\right)^x = 81$
$\left(3^{-1}\right)^x = 3^4$
$-x = 4 \Rightarrow x = -4$

c) $\log_{0,04} 125 = x$

$$\left(\frac{4}{100}\right)^x = 125$$

$$\left(\frac{1}{25}\right)^x = 125$$

$$\left(5^{-2}\right)^x = 5^3$$

$$5^{-2x} = 5^3$$
$$-2x = 3 \quad \Rightarrow \quad x = -\frac{3}{2}$$

Respostas:

a) $\dfrac{1}{2}$

b) -4

c) $-\dfrac{3}{2}$

9) Calcule x, sabendo que $\log x = 3\log a + \dfrac{1}{2}\log b - \dfrac{5}{2}\log c$.

Solução:

Usando as propriedades dos logaritmos, temos:

$$\log x = \log a^3 + \log b^{\frac{1}{2}} - \log c^{\frac{5}{2}}$$

$$\log x = \log a^3 + \log \sqrt{b} - \log \sqrt{c^5}$$

$$\log x = \log\left(a^3 \cdot \sqrt{b}\right) - \log \sqrt{c^5}$$

$$\log x = \log \frac{a^3 \cdot \sqrt{b}}{\sqrt{c^5}}$$

$$x = \frac{a^3 \cdot \sqrt{b}}{\sqrt{c^5}} = \frac{a^3 \cdot \sqrt{b}}{\sqrt{c^4 c}} = \frac{a^3 \cdot \sqrt{b}}{c^2 \sqrt{c}}$$

Resposta:

$$x = \frac{a^3 \cdot \sqrt{b}}{c^2 \sqrt{c}}$$

10) a) Mostre que, para $a > 0$ e $a \neq 1$, tem-se $a^{\log_a x} = x$.
b) Calcule $y = 2^{4-\log_2 3}$.

Solução:
a) Se $\log_a x = y$, então $a^y = x$, ou seja, fazendo a substituição, $a^{\log_a x} = x$.

b) $y = \dfrac{2^4}{2^{\log_2 3}} = \dfrac{16}{3}$

11) Dados $\log 2 = 0,301$ e $\log 3 = 0,477$, determine $\log_5 48$.

Solução:
Vamos calcular inicialmente o logaritmo decimal de 5.
$$\log 5 = \log \frac{10}{2} = \log 10 - \log 2 = 1 - 0,301 = 0,699$$
Fatorando 48, encontramos $2^4 \cdot 3$.
Então, usando as propriedades dos logaritmos, temos:
$$\log 48 = \log\left(2^4 \cdot 3\right) = \log 2^4 + \log 3 = 4\log 2 + \log 3 = 4 \cdot 0,301 + 0,477 =$$
$$= 1,681$$
Usando agora a fórmula de mudança de base:
$$\log_5 48 = \frac{\log 48}{\log 5} = \frac{1,681}{0,699} = 2,405$$

Resposta:
$\log_5 48 = 2,405$

12) Sabendo que $\log 2 = 0,301$, determine o número de algarismos de 2^{50}.

Solução:
Recorde o que vimos na teoria.

n	1	10	100	1000	10000
$\log n$	0	1	2	3	4

Se um número natural tem um algarismo, seu logaritmo decimal é da forma 0,... ,
Se um número natural tem dois algarismos, seu logaritmo decimal é da forma 1,... ,

Se um número natural tem três algarismos, seu logaritmo decimal é da forma 2,... , e assim por diante. Então, se a parte inteira do logaritmo decimal de um número natural n é x, então n tem $x + 1$ algarismos.

Se $n = 2^{50}$, então:

$\log n = \log 2^{50} = 50 \log 2 = 50 \cdot 0,301 = 15,05$

Portanto, 2^{50} tem 16 algarismos.

Resposta:

16 algarismos.

13) Resolva a equação $\log_2(x + 2) - \log_4(2x + 3) = 1$.

Solução:

Vamos trabalhar na base 2:

$$\log_2(x + 2) - \frac{\log_2(2x + 3)}{\log_2 4} = 1$$

$$\log_2(x + 2) - \frac{\log_2(2x + 3)}{2} = 1$$

$$2 \cdot \log_2(x + 2) - \log_2(2x + 3) = 2$$

$$\log_2(x + 2)^2 - \log_2(2x + 3) = 2$$

$$\log_2 \frac{(x + 2)^2}{2x + 3} = 2$$

$$2^2 = \frac{(x + 2)^2}{2x + 3}$$

$$(x + 2)^2 = 4(2x + 3)$$

$$x^2 + 4x + 4 = 8x + 12$$

$$x^2 - 4x - 8 = 0$$

$$x = \frac{4 \pm \sqrt{16 + 32}}{2} = \frac{4 \pm \sqrt{48}}{2} = \frac{4 \pm 4\sqrt{3}}{2} = 2 \pm 2\sqrt{3}$$

As possíveis soluções da equação são:

$x_1 = 2 + 2\sqrt{3} \approx 2 + 2 \cdot 1,73 = 5,46$ e $x_2 = 2 - 2\sqrt{3} \approx 2 - 2 \cdot 1,73 = -1,46$

Não há dúvida de que x_1 satisfaz a condição de existência dos logaritmos da equação inicial (só existe logaritmo de números maiores que zero). Veja que x_2 também satisfaz, pois $x_2 + 2 \approx -1,46 + 2 > 0$ e $2x_2 + 3 \approx 2(-1,46) + 3 = -2,92 + 3 > 0$. Assim, ambos os valores encontrados são as soluções da equação dada:

Resposta:
$$S = \{2 + 2\sqrt{3}, 2 - 2\sqrt{3}\}$$

14) Encontre a expressão de y em função de x com base no gráfico abaixo.

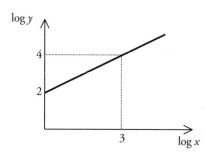

Solução:
Sejam $X = \log x$ e $Y = \log y$.
Nas variáveis X e Y a função afim representada acima é $Y = \dfrac{2}{3}X + 2$, confira. Portanto:

$$\log y = \frac{2}{3}\log x + 2$$

$$\log y = \log x^{\frac{2}{3}} + \log 100$$

$$\log y = \log\left(\sqrt[3]{x^2} \cdot 100\right)$$

$$y = \sqrt[3]{x^2} \cdot 100$$

Resposta:
$$y = 100 \cdot \sqrt[3]{x^2}$$

15) Resolva a inequação $\log_{0,5}(2x-2) > \log_{0,5}(4-x)$.

Solução:

Inicialmente, é preciso determinar os valores de x para os quais os logaritmos existem. Devemos ter então:

$2x - 2 > 0 \Rightarrow x > 1$

$4 - x > 0 \Rightarrow x < 4$

Agora, como a base dos logaritmos é 0,5, que é menor que 1, devemos ter,

$2x - 2 < 4 - x$

$3x < 6$

$x < 2$

Como devemos ter $x < 2$ e $x > 1$, então os valores de x que satisfazem a inequação são todos os reais entre 1 e 2 (ambos excluídos).

Resposta:

$S = \{x \in \mathbb{R} \; ; \; 1 < x < 2\}$

7 Progressões e matemática financeira

Situação

Você deposita todos os meses R$ 200,00 em um fundo que rende 1% ao mês. Quanto você terá após fazer o 12º depósito?

Essa é uma situação comum de nossa vida, e é importante saber fazer esse cálculo. Neste capítulo, vamos abordar as progressões e os princípios básicos do cálculo com o dinheiro.

Sequências

Uma *sequência* é uma lista de números. Esses números são os *termos* da sequência. Por exemplo, (4, 6, 8, 10, 12, 14, 16, 18) é a sequência dos números pares maiores do que 3 e menores do que 19.

Cada termo de uma sequência é representado pelo símbolo a_n, em que $n = 1, 2, 3, \ldots$.

Assim, a_1 é o primeiro termo da sequência, a_2 é o segundo, e assim por diante. Toda a sequência é representada por (a_n).

Algumas sequências possuem uma regra que permite calcular cada um de seus elementos. Observe novamente a sequência $(a_n) = (4, 6, 8, 10, 12, 14, 16, 18)$. Seus elementos possuem uma "lógica". O primeiro termo é 4 e basta somar 2, sucessivamente, para obter os seguintes. Sabendo que a sequência tem oito termos, então ela está determinada. Podemos ainda encontrar uma fórmula que permite calcular cada termo. Observe que, nesse exemplo, a fórmula para o *termo geral* é $a_n = 2 + 2n$, em que $1 \leq n \leq 8$. De fato, substituindo n por 1, obtemos $a_1 = 2 + 2 \cdot 1 = 4$; substituindo n por 2, obtemos $a_2 = 2 + 2 \cdot 2 = 6$, e assim por diante.

As sequências podem ser infinitas. Por exemplo, $(a_n) = (1, 3, 5, 7, 9, ...)$ é a sequência dos números naturais ímpares. A fórmula do termo geral é, nesse caso, $a_n = 2n - 1$, e nada mais precisamos dizer a respeito de n. Esse índice percorrerá todos os números naturais a partir de 1.

Muitas sequências não possuem uma fórmula para o termo geral. Imagine, por exemplo, que um aposentado resolva anotar, a partir do dia 1º de abril, o número de vezes que atende ao telefone por dia em sua casa. Ele obtém uma sequência do tipo $(5, 2, 6, 7, 3, 0, 4, 4, 1, 6, 9, ...)$ e, obviamente, não existe uma fórmula que determine cada termo.

Quando a fórmula do termo geral é dada, basta substituir n pelos números naturais, a partir de 1, para obter os termos da sequência, tantos quantos quisermos.

Exemplos

a) $a_n = n^2 + 2n + 3$ fornece a sequência $(6, 11, 18, 27, 38, 51, 66, ...)$.

b) $a_n = \dfrac{n \cdot (-1)^n}{2n+3}$ fornece a sequência $\left(-\dfrac{1}{5}, \dfrac{2}{7}, -\dfrac{3}{9}, \dfrac{4}{11}, -\dfrac{5}{13}, \dfrac{6}{15}, \cdots \right)$.

Algumas sequências são dadas por *recorrência*, ou seja, só podemos calcular um termo conhecendo os termos anteriores. Por exemplo, considere a sequência dada por:

$$\begin{cases} a_1 = 1 \\ a_{n+1} = a_n + 3n \end{cases}$$

A relação permite calcular o termo de ordem $n + 1$, conhecendo o termo de ordem n. Isso quer dizer que, conhecendo o primeiro termo, podemos calcular o segundo; conhecendo o segundo, podemos calcular o terceiro, e assim por diante. Veja:

Substituindo n por 1, obtemos $a_2 = a_1 + 3 \cdot 1 = 1 + 3 = 4$.

Substituindo n por 2, obtemos $a_3 = a_2 + 3 \cdot 2 = 4 + 6 = 10$.

Substituindo n por 3, obtemos $a_4 = a_3 + 3 \cdot 3 = 10 + 9 = 19$, e assim por diante. A sequência é $(1, 4, 10, 19, ...)$.

Existe uma maneira de obter a fórmula do termo geral para essa sequência, mas isso é assunto para mais tarde. Vamos estudar agora duas sequências muito importantes: as progressões aritméticas e as geométricas.

Progressões aritméticas

Uma *progressão aritmética* (PA) é uma sequência na qual cada termo, a partir do segundo, é igual ao anterior somado a uma constante chamada *razão*. Observe os exemplos:

$(1, 4, 7, 10, 13, ...)$ (cada termo é igual ao anterior mais 3)
$(5, 5, 5, 5, 5, 5, ...)$ (todos os termos são iguais)
$(6, 4, 2, 0, -2, ...)$ (cada termo é igual ao anterior menos 2)

As três sequências são progressões aritméticas. Na primeira, a razão é 3; na segunda, é 0; na terceira, -2. Observe também que a razão (que representaremos por r) é igual à diferença entre qualquer termo e o anterior: $a_2 - a_1 = r$, $a_3 - a_2 = r$ etc.

A definição de progressão aritmética usa a recorrência $a_{n+1} = a_n + r$, na qual r é a razão.

Portanto, conhecendo o primeiro termo, para obter o segundo, basta somar ao primeiro a razão ($a_2 = a_1 + r$); para obter o terceiro, basta somar ao primeiro duas razões ($a_3 = a_1 + 2r$); para obter o quarto, basta somar ao primeiro três razões ($a_4 = a_1 + 3r$) etc. Prosseguindo dessa maneira, para obter o termo de ordem n, devemos somar ao primeiro termo $n - 1$ razões. Assim, o termo geral de uma progressão aritmética é dado por:

$$a_n = a_1 + (n-1)r$$

Imagine agora que os degraus de uma escada estejam numerados. Se estamos no sexto degrau e desejamos chegar ao 10°, devemos subir, naturalmente, quatro degraus. O mesmo se passa com os termos de uma PA: $a_{10} = a_6 + 4r$. Do mesmo modo, em qualquer progressão aritmética podemos escrever igualdades do tipo $a_9 = a_2 + 7r$, $a_{15} = a_5 + 10r$ ou, de forma geral:

$$a_n = a_m + (n-m)r$$

Exemplo 1

Determine o 40° termo da PA $(10, 13, 16, 19, \ldots)$.

Solução:

A razão da PA é $r = 3$ e o primeiro termo é 10. Aplicando a relação do termo geral, temos:

$$a_{40} = a_1 + 39r = 10 + 39 \cdot 3 = 127$$

Resposta:

$a_{40} = 127$

Exemplo 2

Determine o número de termos da PA $(6, 13, 20, \ldots, 1000)$.

Solução:

Aplicando a relação do termo geral, $a_n = a_1 + (n-1)r$, temos:

$1000 = 6 + (n-1)7$

$994 = (n-1)7$

$142 = n-1$

$n = 143$

Resposta:

A PA tem 143 termos.

Exemplo 3

Calcule a razão da PA cujo sexto termo é 10 e cujo 21° termo é -17.

Solução:

Temos $a_6 = 10$ e $a_{21} = -17$. Utilizando a relação $a_n = a_m + (n-m)r$, podemos escrever:

$a_{21} = a_6 + (21-6)r$

$-17 = 10 + 15r$

$-27 = 15r$

$$r = -\frac{27}{15} = -\frac{9}{5} = -1,8$$

Resposta:

$r = -1,8$

O gráfico de uma PA

Os termos de uma PA são os valores de uma função afim calculados nas abscissas 1, 2, 3 etc. Assim, $f(1) = a_1$, $f(2) = a_2$, ..., $f(n) = a_n$.

Portanto, o gráfico de uma PA são pontos situados sobre uma reta, e a razão pode ser vista na diferença entre as ordenadas de dois pontos consecutivos.

Observe o gráfico de uma PA:

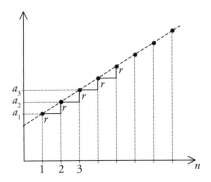

As bolinhas estão sobre uma reta que é o gráfico da função afim correspondente. As ordenadas das bolinhas são os termos da PA e a razão pode ser vista como a altura de cada degrau da "escada".

A soma dos termos de uma PA

Seja S_n a soma dos n primeiros termos da PA $(a_n) = (a_1, a_2, ..., a_n, ...)$. Vamos então escrever essa soma de duas maneiras: uma com os índices em ordem crescente, outra em ordem decrescente:

$S_n = a_1 + a_2 + a_3 + \cdots + a_{n-2} + a_{n-1} + a_n$

$S_n = a_n + a_{n-1} + a_{n-2} + \cdots + a_3 + a_2 + a_1$

Somando, obtemos:

$2S_n = (a_1 + a_n) + (a_2 + a_{n-1}) + (a_3 + a_{n-2}) + \cdots + (a_n + a_1)$

Observe agora que todos os parênteses têm o mesmo valor. Por exemplo, para passar do primeiro parêntese para o segundo, somamos a razão ao primeiro termo (para obter o segundo) e subtraímos a razão do último termo (para obter o penúltimo). A soma, portanto, não se alterou: $a_2 + a_{n-1} = a_1 + r + a_n - r = a_1 + a_n$. Como existem n parênteses, todos iguais, podemos escrever: $2S_n = (a_1 + a_n)n$, ou:

$$S_n = \frac{(a_1 + a_n)n}{2}$$

Para tornar bem concreta a fórmula acima, considere, por exemplo, uma PA de sete termos. Vamos representar essa PA por retângulos colados, de mesma base e com alturas a_1, a_2, ..., a_7, como mostra a parte mais clara da figura abaixo. Fazemos em seguida uma cópia desse bloco de retângulos e encaixamos esse novo bloco (agora mais escuro) de cabeça para baixo, no bloco inicial.

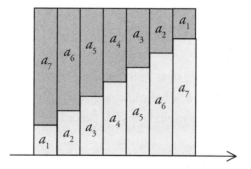

Fica formado um retângulo e nota-se perfeitamente que:
$a_1 + a_7 = a_2 + a_6 = a_3 + a_5 = a_4 + a_4$ etc.

Portanto, $2S_7 = (a_1 + a_7)7$ e $S_7 = \dfrac{(a_1 + a_7)7}{2}$.

Exemplo

Calcule a soma de todos os números ímpares com dois algarismos.

Solução:

A soma pedida é $S = 11 + 13 + 15 + \cdots + 99$. Vamos inicialmente descobrir quantas parcelas tem essa soma. Pela relação $a_n = a_1 + (n-1)r$, temos:

$$99 = 11 + (n-1)2$$
$$88 = (n-1)2$$
$$44 = n-1$$
$$n = 45$$

Agora, usamos a fórmula da soma dos termos da PA:

$$S = \frac{(a_1 + a_n)n}{2} = \frac{(11+99)45}{2} = 55 \cdot 45 = 2475$$

Resposta:

A soma é 2475.

Progressões geométricas

Uma *progressão geométrica* (PG) é uma sequência na qual cada termo, a partir do segundo, é igual ao anterior multiplicado por uma constante chamada *razão*. Observe os exemplos:

(3, 6, 12, 24, 48, ...)   (cada termo é igual ao anterior multiplicado por 2)

(5, 5, 5, 5, 5, 5, ...)   (todos os termos são iguais)

$$\left(20, 4, \frac{4}{5}, \frac{4}{25}, \ldots \right)$$ (cada termo é igual ao anterior multiplicado por $\frac{1}{5}$)

As três sequências são progressões geométricas. Na primeira, a razão é 2; na segunda, 1; na terceira, $\frac{1}{5}$. Observe também que a razão (que representaremos por q) é igual ao quociente entre qualquer termo e o anterior:

$$\frac{a_2}{a_1} = q \, , \, \frac{a_3}{a_2} = q \text{ etc.}$$

A definição de progressão geométrica usa a recorrência $a_{n+1} = a_n \cdot q$, na qual q é a razão.

Portanto, conhecendo o primeiro termo, para obter o segundo, basta multiplicar o primeiro pela razão ($a_2 = a_1 \cdot q$); para obter o terceiro, basta multiplicar o primeiro duas vezes pela razão ($a_3 = a_1 \cdot q \cdot q = a_1 \cdot q^2$); para obter o quarto, basta multiplicar o primeiro três vezes pela razão ($a_4 = a_1 \cdot q \cdot q \cdot q = a_1 \cdot q^3$) etc. Prosseguindo dessa maneira, para obter o termo de ordem n, devemos multiplicar o primeiro termo pela razão $n-1$ vezes. Assim, o termo geral de uma progressão geométrica é dado por:

$$a_n = a_1 \cdot q^{n-1}$$

Se possuirmos dois termos quaisquer de uma PG, digamos a_m e a_n ($m < n$), devemos multiplicar a_m pela razão $m - n$ vezes para obter a_n. Assim, temos a relação:

$$a_n = a_m \cdot q^{n-m}$$

Exemplo 1
Determine o 13º termo da PG (3, 6, 12, 24, 48, ...).

Solução:
A razão é $q = \dfrac{6}{3} = 2$. Usando a relação do termo geral da PG, $a_n = a_1 \cdot q^{n-1}$, temos:

$$a_{13} = a_1 \cdot q^{12}$$
$$a_{13} = 3 \cdot 2^{12} = 3 \cdot 4096 = 12288$$

Resposta:
O 13º termo é 12288.

Exemplo 2
O quarto e o nono termos de uma PG são, respectivamente, x^{-3} e x^{17}. Determine o 20º termo dessa PG.

Solução:
Usando a relação $a_n = a_m \cdot q^{n-m}$, temos:
$$a_9 = a_4 \cdot q^{9-4}$$
$$a_9 = a_4 \cdot q^5$$
$$x^{17} = x^{-3} \cdot q^5$$
$$\frac{x^{17}}{x^{-3}} = q^5$$

$$x^{20} = q^5$$
$$q = x^{\frac{20}{5}} = x^4$$

Observe que podemos calcular o 20º termo a partir do nono, usando a mesma relação:
$$a_{20} = a_9 \cdot q^{20-9}$$
$$a_{20} = a_9 \cdot q^{11}$$
$$a_{20} = x^{17} \cdot (x^4)^{11} = x^{17+44} = x^{61}$$

Resposta:
$$a_{20} = x^{61}$$

O gráfico de uma PG

Se os termos de uma PG são positivos e diferentes de 1, então são os valores de uma função de tipo exponencial, calculados nas abscissas 1, 2, 3 etc. Assim, $f(1) = a_1$, $f(2) = a_2$, ..., $f(n) = a_n$. Observe que $f(n) = a_1 \cdot q^{n-1}$ é o mesmo que $f(n) = a_1 \cdot \dfrac{q^n}{q} = \dfrac{a_1}{q} \cdot q^n$, que é uma função de tipo exponencial de base q com coeficiente $\dfrac{a_1}{q}$, calculada nas abscissas naturais: 1, 2, 3 etc.

Observe, a seguir, o gráfico de uma PG crescente. Os termos da PG são as ordenadas das bolinhas situadas sobre o gráfico de uma função de tipo exponencial. No exemplo, você visualiza a PG: (1,4, 1,4², 1,4³, ...).

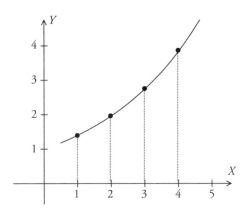

Quando os termos são positivos e a razão é um número entre 0 e 1, a PG é decrescente. Quando n cresce, o termo geral a_n tende a zero. Veja, a seguir, o gráfico da PG cujo primeiro termo é 4 e cuja razão é $\frac{1}{2}$.

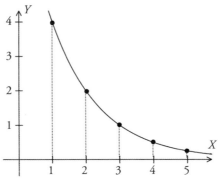

A soma dos termos de uma PG

Seja S_n a soma dos n primeiros termos de uma PG de razão q:

$$S_n = a_1 + a_2 + a_3 + \ldots + a_{n-1} + a_n$$

Multiplicando por q, obtemos:

$qS_n = a_1q + a_2q + a_3q + \ldots + a_{n-1}q + a_nq$, ou seja,

$qS_n = a_2 + a_3 + a_4 + \ldots + a_n + a_nq$

Subtraindo essas igualdades, obtemos:

$qS_n - S_n = a_nq - a_1$

$(q-1)S_n = a_nq - a_1$

$$S_n = \frac{a_nq - a_1}{q-1}$$

Uma versão ligeiramente diferente dessa fórmula é encontrada quando fazemos a substituição $a_n = a_1q^{n-1}$. Ficamos então com:

$$S_n = \frac{a_1q^{n-1}q - a_1}{q-1} = \frac{a_1q^n - a_1}{q-1}, \text{ ou seja,}$$

$$S_n = \frac{a_1(q^n - 1)}{q-1}$$

Exemplo

Calcule a soma $S = 3^0 + 3^1 + 3^2 + \ldots + 3^9$.

Solução:

A PG possui 10 termos. O primeiro é 1 e a razão é 3. Então,

$$S = \frac{1 \cdot (3^{10} - 1)}{3 - 1} = \frac{59049 - 1}{2} = 29524$$

Resposta:

$S = 29524$

A PG decrescente ilimitada

No caso da PG decrescente com termos positivos, a soma dos termos tende a um certo "limite", quando n cresce indefinidamente. Observe o exemplo com a PG $(1, \frac{1}{2}, \frac{1}{4}, \frac{1}{8}, \ldots)$.

$$S_1 = 1$$

$$S_2 = 1 + \frac{1}{2} = 1,5$$

$$S_3 = 1 + \frac{1}{2} + \frac{1}{4} = 1,75$$

$$S_4 = 1 + \frac{1}{2} + \frac{1}{4} + \frac{1}{8} = 1,875$$

$$S_5 = 1 + \frac{1}{2} + \frac{1}{4} + \frac{1}{8} + \frac{1}{16} = 1,9375$$

$$S_6 = 1 + \frac{1}{2} + \frac{1}{4} + \frac{1}{8} + \frac{1}{16} + \frac{1}{32} = 1,96875$$

$$S_7 = 1 + \frac{1}{2} + \frac{1}{4} + \frac{1}{8} + \frac{1}{16} + \frac{1}{32} + \frac{1}{64} = 1,984375$$

$$S_8 = 1 + \frac{1}{2} + \frac{1}{4} + \frac{1}{8} + \frac{1}{16} + \ldots + \frac{1}{128} = 1,9921875$$

$$S_9 = 1 + \frac{1}{2} + \frac{1}{4} + \frac{1}{8} + \frac{1}{16} + \ldots + \frac{1}{256} \approx 1,99610$$

$$S_{10} \approx 1,99805$$

$$S_{11} \approx 1,99902$$

$$S_{12} \approx 1,99951 \text{ etc.}$$

Percebemos intuitivamente, apenas com esses poucos termos, que, quando n cresce, a soma está se aproximando de 2. De fato, com 25 parcelas, a soma dá 1,99999994.

Isso ocorre porque na fórmula $S_n = \dfrac{a_1(q^n - 1)}{q - 1}$, se $0 < q < 1$, então, quando n cresce, q^n tende a zero (por exemplo, $0,5^{50} \approx 0,0000000000000089$). Portanto, o limite de S_n, quando n cresce indefinidamente, é:

$$S = \frac{a_1}{1 - q}$$

Exemplo 1

Calcule a soma $S = 4 + \dfrac{8}{3} + \dfrac{16}{9} + \dfrac{32}{27} + \ldots$

Solução:
Essa PG tem primeiro termo $a_1 = 4$ e razão igual a $q = \dfrac{\frac{8}{3}}{4} = \dfrac{8}{3} \cdot \dfrac{1}{4} = \dfrac{2}{3}$.

O limite da soma dada (que é o mesmo que soma com infinitas parcelas) é dado por:

$$S = \frac{a_1}{1 - q} = \frac{4}{1 - \dfrac{2}{3}} = \frac{4}{\dfrac{1}{3}} = 4 \cdot 3 = 12$$

Resposta:
$S = 12$

Exemplo 2

Calcule, utilizando uma progressão geométrica, a *geratriz* da dízima 2,4444... .

Obs.: geratriz de uma dízima é a fração equivalente a ela (ver exercício 6 do capítulo 1).

Solução:
Observe o significado de cada dígito dessa dízima:

$$2,4444\ldots = 2 + \frac{4}{10} + \frac{4}{10^2} + \frac{4}{10^3} + \ldots$$

Após a parte inteira, aparece uma PG infinita de razão $q = \dfrac{1}{10}$. Portanto, a fração equivalente a essa dízima é o limite da soma:

$$2,4444\ldots = 2 + \dfrac{\dfrac{4}{10}}{1 - \dfrac{1}{10}} = 2 + \dfrac{\dfrac{4}{10}}{\dfrac{9}{10}} = 2 + \dfrac{4}{9} = \dfrac{22}{9}$$

Resposta:

$$2,4444\ldots = \dfrac{22}{9}$$

Noções de matemática financeira

A matemática financeira é a matemática usada no manejo do dinheiro. Ela usa percentagens e termos como *capital, taxa de juros, financiamento, prestações, rendimento, lucro, prejuízo* etc., e está presente em nosso dia a dia. Um problema comum de matemática financeira é decidir sobre uma compra à vista ou a prazo. Apresentaremos aqui a decisão na qual o consumidor valoriza seu dinheiro, mas sabemos que nem sempre as coisas são simples assim. Se o consumidor não tiver disponível a quantia total, então a decisão pela compra a prazo já está tomada independentemente da matemática. Entretanto, é importante saber fazer corretamente as contas, sobretudo para conhecer as taxas de juros quando elas estão ocultas.

Variação percentual

Imagine que uma pessoa compre sempre a mesma marca de sabão em pó, tendo se acostumado a pagar, no supermercado, R$ 4,80 pelo pacote. Um dia, para sua surpresa, o preço do pacote apareceu aumentado para R$ 5,40. A pergunta que nos interessa é: quanto foi o aumento percentual?

Quando uma grandeza muda de valor, a *variação percentual* ou *variação relativa* é a diferença entre os dois valores, dividida pelo valor inicial. Se os valores inicial e final de uma grandeza são, respectivamente, I e F, então a variação percentual é:

$$p = \frac{F - I}{I}$$

No exemplo acima, a diferença $5,40 - 4,80 = R\$ 0,60$ é a variação absoluta. A variação relativa é $p = \dfrac{5,40 - 4,80}{4,80} = \dfrac{0,6}{4,80} = 0,125 = \dfrac{12,5}{100} = 12,5\%$. O preço do sabão em pó subiu bastante: 12,5%.

Exemplo
Um pen-drive que custava R\$ 80,00 pode ser comprado na promoção por R\$ 60,00. De quanto foi o desconto?

Solução:
Calculamos a variação percentual da mesma forma que no exemplo anterior:

$$p = \frac{F - I}{I} = \frac{60 - 80}{80} = -\frac{20}{80} = -0,25 = -\frac{25}{100} = -25\%$$

A variação percentual foi de -25%, ou seja, o desconto foi de 25%.

Resposta:
O desconto foi de 25%.

A operação básica

A operação básica da matemática financeira é a de empréstimo. Quando alguém possui um capital e o empresta a outra pessoa, deve receber, no final do prazo combinado, esse capital acrescido de uma remuneração pelo empréstimo. Essa remuneração é o *juro*.

Imagine que um capital C tenha sido emprestado por certo tempo com um juro combinado J. No final do período, a quantia devolvida será $M = C + J$, chamada *montante*. A razão $i = \dfrac{M - C}{C}$, que é o mesmo que $i = \dfrac{J}{C}$, é a *taxa de juros* e será sempre referida ao período do empréstimo.

Exemplo

João pediu um empréstimo de R$ 2.000,00 a um amigo e prometeu pagar esse valor no final de três meses, acrescidos de R$ 240,00 de juros. Qual é a taxa de juros?

Resposta:

A taxa de juros é $i = \dfrac{240}{2000} = 0,12 = 12\%$ ao trimestre.

É importante ter em mente que, no exemplo anterior, João e seu amigo concordaram que R$ 2.000,00 hoje valem R$ 2.240,00 três meses após. Para eles, quantias diferentes (R$ 2.000,00 e R$ 2.240,00) referidas a épocas diferentes têm o mesmo valor. São quantias chamadas *equivalentes*.

Em raciocínios financeiros, um hábito errado, porém muito comum, é tentar comparar quantias de épocas diferentes. Só podemos dizer que R$ 60,00 valem mais que R$ 50,00 se essas quantias estiverem referidas à mesma época. Não se pode dizer que R$ 60,00 de hoje valem mais que R$ 50,00 do ano passado. Por exemplo, R$ 100,00 de hoje, definitivamente, não têm o mesmo valor de R$ 100,00 de há 10 anos. Hoje, R$ 100,00 compram cerca de 36 litros de gasolina, ao passo que a mesma quantia comprava 125 litros de gasolina há 10 anos. Em dezembro de 2008, R$ 100,00 compravam US$ 42; em dezembro de 1998, essa quantia comprava US$ 83. De fato, quantias iguais em épocas diferentes não têm o mesmo valor.

Pelo que dissemos, não há, portanto, sentido em somar quantias de épocas diferentes. Se, por exemplo, alguém compra um carro pagando 36 prestações mensais de R$ 1.000,00, é erro pensar que, no final, terá pagado um total de R$ 36.000,00 pelo automóvel.

Juros simples

Marcelo pede ao pai R$ 100,00, comprometendo-se a pagar 10% ao mês. No final de um mês, ele não tinha o dinheiro para pagar e então disse ao pai: "Continuo te devendo R$ 100,00 mais R$ 10,00 de juros". "Tudo bem." Ocorre que no final do segundo mês Marcelo ainda não tinha o dinheiro e disse ao pai: "Continuo te devendo R$ 100,00 mais R$ 10,00 de juros do mês passado mais R$ 10,00 de juros deste mês, dando um total de R$ 120,00". O pai coçou a cabeça, mas resolveu esperar mais um mês. No final do terceiro mês, Marcelo não tinha o dinheiro e continuou sua conversa: "Reconheço que minha dívida está aumentando, já são 100 + 10 + 10 + 10 = R$ 130,00 no total".

Essa história ilustra o sistema de *juros simples*. Nesse caso, o juro incide sobre o capital inicial e é sempre igual todos os meses. Para calcular o total, basta multiplicar o juro mensal pelo número de meses em que o capital permaneceu emprestado.

Juros simples podem ser combinados em família, mas quase não existem na vida real. Em todas as operações de empréstimo do sistema financeiro, os juros são *compostos*.

Juros compostos

Marcelo pede ao pai R$ 100,00, comprometendo-se a pagar 10% ao mês. No final de um mês, ele não tinha o dinheiro para pagar e então disse ao pai: "Continuo te devendo R$ 100,00 mais R$ 10,00 de juros". "Tudo bem." Ocorre que no final do segundo mês Marcelo ainda não tinha o dinheiro. O pai então disse: "Você me devia R$ 110,00, e 10% de R$ 110,00 são R$ 11,00. Você então me deve 110 + 11 = R$ 121,00", e Marcelo naturalmente entendeu a lógica do raciocínio. No final do terceiro mês, Marcelo não tinha o dinheiro, mas já sabia argumentar corretamente: "Pai, eu te devia R$ 121,00, e os juros deste mês são 10% sobre esse valor, o que dá R$ 12,10. Então, o total de minha dívida até agora é de R$ 133,10".

Esse é o sistema de *juros compostos*. O juro incide sobre o capital devido no início do período e é cobrado no final do período.

Exemplo

Alberto tomou R$ 600,00 emprestados a juros de 8% ao mês em uma financeira. No fim do primeiro mês pagou R$ 200,00, no fim do segundo mês pagou mais R$ 200,00 e liquidou a dívida no final do terceiro mês. Qual foi o valor do último pagamento?

Solução:

A taxa de juros é $i = \dfrac{8}{100} = 0,08$.

Após um mês, a dívida era de R$ 600 + 0,08 · 600 = R$ 600 + 48 = R$ 648. Como R$ 200 foram pagos, o segundo mês se inicia com a dívida valendo R$ 448.

Após o segundo mês, a dívida era de R$ 448 + 0,08 · 448 = R$ 448 + 35,84 = R$ 483,84. Como novamente R$ 200 foram pagos, o terceiro mês se inicia com a dívida valendo R$ 283,84.

No final do terceiro mês a dívida era de:

R$ 283,84 + 0,08 · 283,84 = R$ 283,84 + 22,70 = R$ 306,54. Se a dívida foi integralmente paga, então esse foi o valor do último pagamento. Como se observa, o juro incide sobre o valor devido no início do período.

Resposta:

O último pagamento foi de R$ 306,54.

Imagine agora um capital C_0 aplicado a taxa de juros compostos i, referida a um certo tempo. No final de um período de tempo, a quantia transforma-se em $C_1 = C_0 + i \cdot C_0 = C_0(1+i)$. Portanto, o valor no final do período é igual ao valor no início do período multiplicado por $(1+i)$. Após mais um período, essa quantia C_1 será transformada em $C_2 = C_1(1+i) = C_0(1+i)(1+i) = C_0(1+i)^2$, e assim por diante. Então, os valores de C_0, C_1, C_2, ..., formam uma progressão geométrica cuja razão é $(1+i)$ e, dessa forma, o montante após n períodos é dado por:

$$C_n = C_0(1+i)^n$$

Exemplo

Carlos possui uma dívida no cartão de crédito de R$ 640,00 e o cartão cobra 12% de juros ao mês. Se demorar três meses para pagar, qual será o valor devido?

Solução:

A taxa de juros mensal é $i = \dfrac{12}{100} = 0,12$. Após três meses, o montante será:

$C_3 = 640 \cdot (1+0{,}12)^3 = 640 \cdot 1{,}12^3 \approx 899{,}15$.

Resposta:
O valor devido será de R$ 899,15.

O dinheiro viaja no tempo

A fórmula $C_n = C_0(1+i)^n$ permite uma leitura diferente e muito útil.

Um capital C_0 transforma-se após n períodos em $C_0(1+i)^n$, ou seja, uma quantia C_0 hoje equivalerá, depois de n períodos, a $C_0(1+i)^n$. A equivalência de capitais é feita pelas regras:

Para obter o valor futuro, basta multiplicar o atual por $(1+i)^n$.

Para obter o valor atual, basta dividir o futuro por $(1+i)^n$.

Exemplo 1

Geraldo tomou um empréstimo de R$ 300,00 a juros mensais de 5%. Dois meses depois, pagou R$ 150,00; um mês após esse pagamento, liquidou seu débito. Qual foi o valor do último pagamento?

Primeira solução:

O exemplo permite, sem grande trabalho, uma solução intuitiva, como fizemos em exemplo anterior.

No fim do segundo mês, a dívida era de $300 \cdot (1+0{,}05)^2 = 330{,}75$ reais. Como 150 reais foram pagos, a dívida passou a ser de 180,75 reais.

No fim de mais um mês, a dívida passou a ser de $180{,}75 \cdot 1{,}05 = 189{,}78$. Se ela foi quitada, esse é o valor do último pagamento.

Segunda solução:

Pensemos agora na equivalência de capitais. Os esquemas de pagamento a seguir mostram uma equivalência. Os números mostrados nas setas são as quantias e na linha de baixo aparece a época do pagamento (a época zero é hoje).

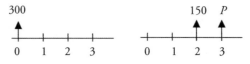

Os valores podem ser igualados em qualquer época. Vamos então escolher a época zero. No segundo esquema, o pagamento de R$ 150,00 deve retroceder dois meses e o pagamento final P deve retroceder três meses. Portanto, a equivalência na época zero fica assim:

$$300 = \frac{150}{(1+0,05)^2} + \frac{P}{(1+0,05)^3}$$

Fazendo as contas com uma calculadora, encontramos $P = 189,78$.

Resposta:
O último pagamento foi de R$ 189,78.

A equivalência permite sistematizar a viagem pelo tempo dos capitais, ora movendo para o futuro, ora trazendo para o passado. A igualdade pode ser feita em qualquer época. Por exemplo, para resolver o exemplo anterior igualando os capitais na época 3, o cálculo é o seguinte: $300 \cdot 1,05^3 = 150 \cdot 1,05 + P$.

Exemplo 2
Uma loja oferece duas opções de pagamento:
a) À vista com 10% de desconto.
b) Em duas prestações mensais iguais, sem desconto, a primeira sendo paga no ato da compra.
Qual é a taxa mensal de juros embutidos nas vendas a prazo?

Solução:
Em geral, nos financiamentos, há uma taxa de juros, mesmo que não declarada. Imagine um artigo com um preço fixado em 100 e os dois esquemas a seguir:

Igualando na época zero, temos:
$$90 = 50 + \frac{50}{1+i}$$

$$40 = \frac{50}{1+i}$$

$$1+i = \frac{50}{40} = 1,25$$

$$i = 0,25 = 25\%$$

Resposta:
A taxa de juros embutida é de 25%.

Exercícios resolvidos

1) a) Se a, b e c são três termos consecutivos de uma PA, mostre que $2b = a + c$.

b) Os três primeiros termos de uma PA são x, $2x + 2$, $x^2 - 6$. Determine o $10^{\underline{o}}$ termo.

Solução:
a) Sendo r a razão da PA, então $a = b - r$ e $c = b + r$. Logo:
$a + c = b - r + b + r = 2b$

b) Usando a propriedade do item anterior, temos:
$2(2x + 2) = x + x^2 - 6$
$x^2 - 3x - 10 = 0$
Essa equação possui duas raízes: $x = -2$ e $x = 5$.
Se $x = -2$, a PA é $(-2, -2, -2, ...)$ e o $10^{\underline{o}}$ termo é -2.
Se $x = 5$, a PA é $(5, 12, 19, ...)$ e o $10^{\underline{o}}$ termo é $a_{10} = 5 + 9 \cdot 7 = 68$.

Resposta:
O $10^{\underline{o}}$ termo é -2 ou 68.

2) a) Se a, b e c são três termos consecutivos de uma PG, mostre que $b^2 = ac$.
b) Os três primeiros termos de uma PG são $x = -3$, $2x - 2$, $3x + 15$. Determine o quarto termo.

Solução:
a) A razão de uma PG é o quociente entre cada termo e o anterior. Portanto, $\dfrac{b}{a} = \dfrac{c}{b}$, o que é o mesmo que $b^2 = ac$.

b) Utilizando a propriedade do item anterior, temos:
$$(2x-2)^2 = (x-3)(3x+15)$$
$$4x^2 - 8x + 4 = 3x^2 + 15x - 9x - 45$$
$$x^2 - 14x + 49 = 0$$
$$(x-7)^2 = 0$$
$$x = 7$$
A PG é $(4, 12, 36, \ldots)$. Como a razão é 3, o quarto termo é $a_4 = 36 \cdot 3 = 108$.

Resposta:
O quarto termo é 108.

3) Quantos múltiplos de 7 existem com três algarismos?

Solução:
O primeiro múltiplo de 7 com três algarismos é 105 e o último é 994. Todos os múltiplos de 7 formam, naturalmente, uma PA de razão 7. Para determinar o número de termos da PA $(105, 112, 119, \ldots, 994)$, usamos a fórmula do termo geral:
$$a_n = a_1 + (n-1)r$$
$$994 = 105 + (n-1)7$$
$$889 = (n-1)7$$
$$127 = n-1$$
$$n = 128$$

Resposta:
Existem128 múltiplos de 7 entre 100 e 1000.

4) Uma bomba de ar retira 20% do ar de um reservatório a cada minuto. Se certo reservatório possui 1000 litros de ar, qual será a quantidade de ar que restará no reservatório após 10 minutos de aplicação da bomba?

Solução:
Se a cada minuto a bomba retira 20% do ar do reservatório, então deixa 80% dentro dele. Assim, a cada minuto, a quantidade de ar que permanece no reservatório fica multiplicada por 0,8.

Quantidade inicial: 1000 litros $\quad a_1$

Após um minuto: $\quad 1000 \cdot 0,8 = 800$ litros $\quad a_2$

Após dois minutos: $\quad 800 \cdot 0,8 = 640$ litros $\quad a_3$

Etc.

A quantidade de ar após 10 minutos é:

$a_{11} = a_1 q^{10} = 1000 \cdot 0,8^{10} \approx 107,4$ litros

Resposta:

Aproximadamente 107,4 litros.

5) Calcule a soma de todos os números de dois algarismos que divididos por 5 deixam resto 2.

Solução:

Todos os números que deixam resto 2 quando divididos por 5 formam uma PA de razão 5. O menor número de dois algarismos que deixa resto 2 quando dividido por 5 é 12; em seguida, 17, 22, 27 etc. Como o último número é 97, vamos calcular inicialmente o número de termos dessa PA:

$a_n = a_1 + (n-1)r$

$97 = 12 + (n-1)5$

$85 = (n-1)5$

$17 = n-1$

$n = 18$

Aplicamos agora a fórmula da soma dos termos da PA:

$$S = \frac{(a_1 + a_n)n}{2} = \frac{(12+97)18}{2} = 981$$

Resposta:

A soma é 981.

6) Considere a soma: $5 + 10 + 20 + 40 + \cdots = 20475$. Determine o número de parcelas dessa soma.

Solução:
Temos a soma de termos de uma PG de razão 2 cujo primeiro termo é 5.
A soma de n termos dessa PG é:

$$S_n = \frac{a_1(q^n - 1)}{q - 1} = \frac{5(2^n - 1)}{2 - 1} = 5(2^n - 1) = 20475$$

Então, $2^n - 1 = 4095$, $2^n = 4096 = 2^{12}$, e $n = 12$.

Resposta:
A soma tem 12 parcelas.

7) Paulo tomou um empréstimo de R\$ 600,00 em uma financeira que cobra 6% de juros ao mês e comprometeu-se a pagar R\$ 150,00 a cada mês (com a primeira parcela um mês após o empréstimo) até a liquidação do débito. Determine:
a) Quantos meses demorou para pagar?
b) Qual foi o valor da última parcela?

Solução:
O juro incide sobre o saldo devedor. A tabela a seguir mostra a evolução da dívida e o período em que foi liquidada.

Época	Dívida	Pagamento	Saldo devedor
0	600,00		600,00
1	636,00	150,00	486,00
2	515,16	150,00	365,16
3	387,07	150,00	237,07
4	251,29	150,00	101,29
5	107,37	107,37	0,00

Entenda que, na tabela, o saldo devedor é multiplicado por 1,06 para formar a dívida no início do mês seguinte.

Resposta:
a) O empréstimo foi quitado em cinco meses.
b) A última parcela foi de R$ 107,37.

8) Uma loja cobra 10% de juros ao mês. Um artigo que custa R$ 100 pode ser comprado em duas parcelas iguais, com vencimentos em 30 e 60 dias após a compra. Qual é o valor de cada parcela?

Solução:
Os dois esquemas abaixo são equivalentes:

Temos que $1+i = 1+0,10 = 1,1$.
Igualando na época 2, temos:
$100 \cdot 1,1^2 = P \cdot 1,1 + P = P \cdot 2,1$
$$P = \frac{121}{2,1} = 57,62$$

Resposta:
Cada parcela será de R$ 57,62.

9) Em uma loja de eletrodomésticos, um aparelho de som pode ser comprado à vista por R$ 300,00 ou em duas parcelas de R$ 160,00 com vencimentos em 30 e 60 dias. Qual é a taxa de juros cobrada pela loja?

Solução:
Observe os sistemas equivalentes abaixo:

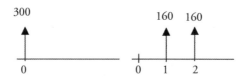

Igualando na época 2, temos:
$$300(1+i)^2 = 160(1+i)+160$$

Fazendo $X = 1+i$, temos a equação do segundo grau:
$$300X^2 - 160X - 160 = 0 \text{ ou}$$
$$15X^2 - 8X - 8 = 0$$
A raiz positiva dessa equação é:

$$X = \frac{8 + \sqrt{544}}{30} \approx 1,044$$

Portanto, $i = 0,044 = \dfrac{4,4}{100} = 4,4\%$.

Resposta:
A taxa de juros é de 4,4%.

Vamos resolver agora a situação proposta no início do capítulo:

10) Você deposita todos os meses R$ 200,00 em um fundo que rende 1% ao mês. Quanto você terá após ter feito o 12° depósito?

Solução:
Para facilitar o raciocínio, imagine que cada depósito é feito no primeiro dia útil de cada mês, a partir de janeiro. Como a taxa de juros é $i = 1\% = 0,01$, cada depósito fica multiplicado por 1,01 no mês seguinte.

O depósito feito em janeiro sofrerá 11 correções até dezembro. Neste mês ele valerá, portanto, $200 \cdot 1,01^{11}$.

O depósito feito em fevereiro sofrerá 10 correções até dezembro. Neste mês ele valerá, portanto, $200 \cdot 1,01^{10}$, e assim por diante.

O depósito feito em novembro sofrerá apenas uma correção, e o depósito de dezembro não sofrerá correção alguma. O montante após o depósito feito em dezembro será de:

$$M = 200 \cdot 1,01^{11} + 200 \cdot 1,01^{10} + 200 \cdot 1,01^9 + \ldots + 200 \cdot 1,01 + 200$$

ou

$$M = 200 \cdot (1,01^{11} + 1,01^{10} + 1,01^9 + \ldots + 1,01 + 1)$$

Observamos dentro dos parênteses a soma de uma PG de 12 termos com primeiro termo igual a 1 e razão $q = 1,01$. Então,

$$M = 200 \cdot \frac{1(1,01^{12} - 1)}{1,01 - 1} = 200 \cdot \frac{0,126825}{0,01} = 2.536,50$$

Resposta:
Você terá R$ 2.536,50.

8 Funções trigonométricas

Situação

Um retângulo está inscrito em um semicírculo de raio 2.

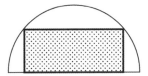

Qual é o valor máximo da área desse retângulo?

Medida de arcos

O número π

O famoso número π é o resultado da divisão do comprimento de uma circunferência pelo seu diâmetro. Esse resultado é sempre o mesmo para todas as circunferências porque todas as circunferências são semelhantes entre si.

Com um prato comum e uma fita métrica, fiz as medidas do diâmetro e da circunferência e encontrei 26 cm e 81,8 cm, respectivamente. A razão entre esses números é $\frac{81,8}{26} \approx 3,146$, que já é uma razoável aproximação para o número π.

Sendo C o comprimento de uma circunferência de raio R, definimos:

$$\frac{C}{2R} = \pi \approx 3,141592$$

O número π é irracional, ou seja, possui infinitas casas decimais que não se repetem em nenhum padrão. Hoje, já se conhecem alguns bilhões de casas decimais desse número.

O comprimento C de uma circunferência de raio R é, portanto,

$$C = 2\pi R$$

A medida em radianos de um arco

A medida de arcos e ângulos em graus é bastante conhecida. Qualquer circunferência mede 360 graus (360°) e a medida de cada arco é proporcional ao seu comprimento. Por exemplo, um arco igual à quarta parte da circunferência mede 90°.

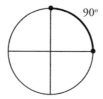

A medida em radianos de um arco é igual ao seu comprimento dividido pelo raio da circunferência.

Vamos dar um exemplo para que você entenda melhor esse conceito.

Imagine uma praça circular com 80 m de raio. Na calçada que circunda a praça, andei de um ponto A a um ponto B, percorrendo 100 m nessa caminhada, como mostra a figura:

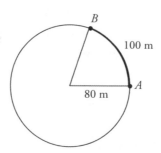

A medida em radianos do arco AB é o seu comprimento dividido pelo raio da circunferência, ou seja, $AB = \dfrac{100}{80} = 1,25$ radiano.

Definição

Se em uma circunferência de raio R um arco AB tem comprimento L, então a medida em radianos desse arco é $\alpha = \dfrac{L}{R}$.

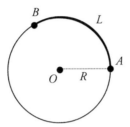

Qual é a medida em radianos da circunferência inteira?

Usemos a definição. Como o comprimento da circunferência é $2\pi R$, a medida em radianos da circunferência é $\dfrac{2\pi R}{R} = 2\pi$. Escrevemos então:

$$360° = 2\pi \text{ radianos}$$

Uma proporcionalidade permite relacionar as medidas de qualquer arco em graus e radianos. Os arcos mais comuns são:

$180° = \pi$ radianos

$90° = \dfrac{\pi}{2}$ radianos

$45° = \dfrac{\pi}{4}$ radianos

$60° = \dfrac{\pi}{3}$ radianos

$30° = \dfrac{\pi}{6}$ radianos

$120° = \dfrac{2\pi}{3}$ radianos

Para qualquer transformação, usamos uma simples regra de três, como mostram os exemplos a seguir.

Exemplo 1

Escreva $54°$ em radianos.

Solução:

Graus	Radianos
180	π
54	α

$$\alpha = \frac{54 \cdot \pi}{180} = \frac{3\pi}{10} \text{ radianos.}$$

Resposta:

$$54° = \frac{3\pi}{10} \text{ radianos.}$$

Exemplo 2

Determine, aproximadamente, o valor em graus do arco de 1 radiano.

Solução:

Vamos aqui usar uma aproximação do valor de π com quatro decimais: $\pi = 3{,}1416$.

Temos então a seguinte regra de três:

Graus	Radianos
180	$\pi = 3{,}1416$
x	1

$$x = \frac{1 \cdot 180}{3{,}1416} = 57{,}2956 \text{ graus.}$$

Como cada grau é dividido em 60 minutos, então 0,2956 grau equivale a 17,736 minutos; como cada minuto é dividido em 60 segundos, 0,736 minuto equivale a cerca de 44 segundos. Escrevemos então que 1 radiano é aproximadamente igual a $57° \ 17' \ 44''$. Na prática basta saber, na maioria das vezes, que 1 radiano é, aproximadamente, 57 graus.

Resposta:
1 radiano = 57° 17′ 44″.

A trigonometria do triângulo retângulo

A cada ângulo agudo (menor que 90 graus), vamos associar três números chamados *seno*, *cosseno* e *tangente* desse ângulo. Esses números são as razões trigonométricas desse ângulo.

Seja α um ângulo agudo de vértice *O*. Assinale um ponto *A* qualquer sobre um dos lados e tracemos *AB* perpendicular ao outro lado:

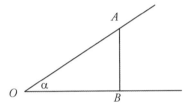

Considerando o triângulo retângulo *OAB*, podemos calcular os três números associados ao ângulo α.

O *seno* do ângulo α é a razão entre o cateto oposto a α e a hipotenusa do triângulo. Escrevemos $\sin \alpha = \dfrac{AB}{OA}$.

Nos livros em português, a abreviatura de *seno* é *sen*. Entretanto, em todas as calculadoras e computadores usa-se a abreviatura em inglês, *sin*, que vem de *sinus*. Neste texto vamos usar essa última notação, mas o leitor poderá escolher qualquer uma.

O *cosseno* do ângulo α é a razão entre o cateto adjacente a α e a hipotenusa do triângulo. Escrevemos $\cos \alpha = \dfrac{OB}{OA}$.

A *tangente* do ângulo α é a razão entre o cateto oposto a α e o cateto adjacente. Escrevemos $\tan \alpha = \dfrac{AB}{OB}$.

Estamos também utilizando a abreviatura de *tangente* como aparece nas calculadoras. Em português, a abreviatura é *tg*.

Exemplo

Os catetos de um triângulo retângulo medem 5,2 cm e 4,4 cm. Quais são as razões trigonométricas do menor ângulo desse triângulo?

Solução:

Inicialmente, vamos calcular a medida da hipotenusa utilizando o teorema de Pitágoras:

$OA^2 = OB^2 + AB^2$

$OA^2 = 5,2^2 + 4,4^2 = 27,04 + 19,36 = 46,4$

$OA = 6,81$

Nosso triângulo é o que está na figura a seguir, e α é o menor ângulo.

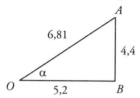

Aplicando as definições, temos:

$\sin \alpha = \dfrac{4,4}{6,81} = 0,646$

$\cos \alpha = \dfrac{5,2}{6,81} = 0,764$

$\tan \alpha = \dfrac{4,4}{5,2} = 0,846$

Portanto, todo ângulo (agudo) possui esses três números. Uma pergunta que pode ocorrer é se esses números não variam de acordo com o tamanho do triângulo. A resposta é não, pois todos os triângulos retângulos que possuem um ângulo agudo α são semelhantes entre si. Por isso, as razões são as mesmas para qualquer triângulo.

Geralmente, associamos o ângulo com sua medida. Assim, quando escrevemos $\sin 30°$ (seno de 30 graus), estamos querendo dizer "seno do ângulo que mede 30 graus". As razões trigonométricas são características do ângulo, e não importa a unidade em que esse ângulo é medido.

Os conhecidos ângulos de 30, 45 e 60 graus possuem razões trigonométricas que podemos calcular exatamente. Seus valores estão na tabela abaixo, que aparece em qualquer livro da primeira série do ensino médio.

	30°	45°	60°
seno	$\dfrac{1}{2}$	$\dfrac{\sqrt{2}}{2}$	$\dfrac{\sqrt{3}}{2}$
cosseno	$\dfrac{\sqrt{3}}{2}$	$\dfrac{\sqrt{2}}{2}$	$\dfrac{1}{2}$
tangente	$\dfrac{\sqrt{3}}{3}$	1	$\sqrt{3}$

As razões trigonométricas são úteis para resolver problemas que envolvem lados e ângulos de um triângulo. Observe o exemplo a seguir.

Exemplo
Uma escada de 8 m está encostada em uma parede e faz 30° com ela.
a) A que altura está o ponto mais alto da escada?
b) A que distância da parede está o pé da escada?

Solução:
Veja a figura.

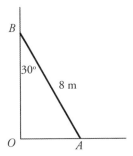

O cosseno do ângulo de 30 graus é a razão entre o cateto adjacente (*OB*) e a hipotenusa (*AB*). Porém, essa razão, observando a tabela acima, é igual a $\dfrac{\sqrt{3}}{2}$.

Escrevemos então: $\cos 30° = \dfrac{OB}{AB} = \dfrac{\sqrt{3}}{2}$.

$\dfrac{OB}{8} = \dfrac{\sqrt{3}}{2}$

$OB = 4\sqrt{3} \approx 6{,}92$

Por outro lado, calculando o seno do ângulo de 30 graus, temos:
$\sin 30° = \dfrac{OA}{AB} = \dfrac{1}{2}$.

$\dfrac{OA}{8} = \dfrac{1}{2}$

$OA = 4$

Respostas:

a) $OB = 6{,}92$ m b) $OA = 4$ m

Primeiras relações

Sejam α e β os ângulos agudos de um triângulo retângulo:

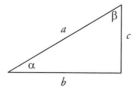

1) Se dois ângulos são complementares, o seno de um deles é igual ao cosseno do outro.

Para verificar essa afirmação, observe que os ângulos α e β da figura são complementares, ou seja, $\alpha + \beta = 90°$. Temos então:

$\sin \alpha = \dfrac{c}{a}$ e $\cos \beta = \dfrac{c}{a}$. Logo, $\sin \alpha = \cos \beta$.

$\cos \alpha = \dfrac{b}{a}$ e $\sin \beta = \dfrac{b}{a}$. Logo, $\cos \alpha = \sin \beta$.

2) Para qualquer ângulo α, tem-se $(\sin \alpha)^2 + (\cos \alpha)^2 = 1$ (relação fundamental)

Aplicando as definições de seno e cosseno e também o teorema de Pitágoras, temos:

$$(\sin\alpha)^2 + (\cos\alpha)^2 = \left(\frac{c}{a}\right)^2 + \left(\frac{b}{a}\right)^2 = \frac{c^2 + b^2}{a^2} = \frac{a^2}{a^2} = 1$$

Atenção: uma expressão como $(\sin\alpha)^2$ também pode ser escrita como $\sin^2\alpha$. Assim, a relação fundamental também se escreve: $\sin^2\alpha + \cos^2\alpha = 1$.

3) A tangente de um ângulo pode ser obtida dividindo-se o seno pelo cosseno.

Aplicando as definições das razões trigonométricas, temos:

$$\frac{\sin\alpha}{\cos\alpha} = \frac{\dfrac{c}{a}}{\dfrac{b}{a}} = \frac{c}{a} \cdot \frac{a}{b} = \frac{c}{b} = \tan\alpha$$

A tabela trigonométrica

Para resolver problemas que envolvem o triângulo retângulo, precisamos das razões trigonométricas dos ângulos agudos. Esses valores podem ser obtidos com uma calculadora científica ou consultando a tabela a seguir. Nela aparecem os valores do seno e do cosseno. Para a tangente, basta dividir um pelo outro.

Observe a tabela na próxima página e aprenda a usá-la. Ela leva em conta que, quando dois ângulos são complementares, o seno de um deles é igual ao cosseno do outro.

Tabela de razões trigonométricas

Ângulos em graus	Seno / Cosseno	Cosseno / Seno	Ângulos em graus
1	0,017	1,000	89
2	0,035	0,999	88
3	0,052	0,999	87
4	0,070	0,998	86
5	0,087	0,996	85
6	0,105	0,995	84
7	0,122	0,993	83
8	0,139	0,990	82
9	0,156	0,988	81
10	0,174	0,985	80
11	0,191	0,982	79
12	0,208	0,978	78
13	0,225	0,974	77
14	0,242	0,970	76
15	0,259	0,966	75
16	0,276	0,961	74
17	0,292	0,956	73
18	0,309	0,951	72
19	0,326	0,946	71
20	0,342	0,940	70
21	0,358	0,934	69
22	0,375	0,927	68
23	0,391	0,921	67
24	0,407	0,914	66
25	0,423	0,906	65
26	0,438	0,899	64
27	0,454	0,891	63
28	0,469	0,883	62
29	0,485	0,875	61
30	0,500	0,866	60
31	0,515	0,857	59
32	0,530	0,848	58
33	0,545	0,839	57
34	0,559	0,829	56
35	0,574	0,819	55
36	0,588	0,809	54
37	0,602	0,799	53
38	0,616	0,788	52
39	0,629	0,777	51
40	0,643	0,766	50
41	0,656	0,755	49
42	0,669	0,743	48
43	0,682	0,731	47
44	0,695	0,719	46
45	0,707	0,707	45

Exemplo
O muro para a contenção de uma encosta tem este perfil:

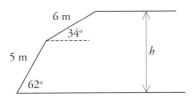

Determine a altura total (h) do muro.

Solução:
Observe os triângulos retângulos da figura:

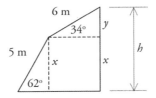

$\sin 62° = \dfrac{x}{5} = 0{,}883 \;\Rightarrow\; x = 4{,}415$

$\sin 34° = \dfrac{y}{6} = 0{,}559 \;\Rightarrow\; y = 3{,}354$

Logo, $h = x + y = 4{,}415 + 3{,}354 = 7{,}769$.

Resposta:
A altura do muro é de, aproximadamente, 7,77 m.

Funções trigonométricas

A circunferência trigonométrica

Para generalizar os conceitos de seno e cosseno, agora relacionados a um arco qualquer, precisamos de uma figura básica chamada de *circunferência trigonométrica*.

Consideremos uma circunferência de raio 1, dividida em quatro partes iguais por meio de dois diâmetros perpendiculares. Assinalamos nessa circunferência o ponto A, chamado *origem*, e estabelecemos como *sentido positivo* de percurso o anti-horário.

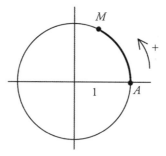

Todos os arcos terão origem em A. Um arco AM terá medida positiva se o sentido de percurso de A para M for feito no sentido anti-horário e terá medida negativa em caso contrário. O ponto M, extremidade do arco AM, pode percorrer livremente a circunferência, e não há limite para a medida do arco.

Observe, nas figuras seguintes, a circunferência trigonométrica graduada em graus e em radianos.

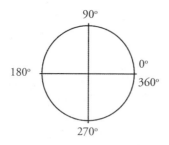
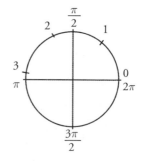

Como a circunferência trigonométrica tem raio 1, a medida em radianos de um arco é o seu comprimento acrescido de um sinal que depende do sentido de percurso. Portanto, dizer que um arco mede 2 radianos (veja a figura acima) é o mesmo que dizer que esse arco tem comprimento 2.

Consideremos finalmente um sistema de coordenadas com a origem no centro da circunferência.

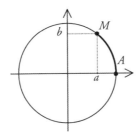

Nesse sistema, a origem do arco AM é o ponto $A = (1,0)$ e sua extremidade é o ponto $M = (a,b)$. Como a circunferência tem raio 1, fica claro que $a^2 + b^2 = 1$. Estamos agora prontos para definir seno e cosseno de um arco.

Definições

A abscissa a do ponto M é o cosseno do arco AM.

A ordenada b do ponto M é o seno do arco AM.

Convenção

Como o arco AM tem uma medida x (em graus ou radianos), escrevemos seno de x e cosseno de x no lugar de seno de AM e cosseno de AM.

Por exemplo, $\cos 60°$ significa o cosseno do arco cuja medida é 60 graus.

Exemplo

Observe a figura:

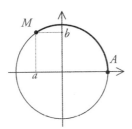

Na figura, $A = (0, 1)$ e o arco AM mede $122°$. As coordenadas do ponto $M = (a, b)$ são $a = -0,523$ e $b = 0,848$. Esses números são o cosseno e o seno de $122°$. Escrevemos, então, $\cos 122° = -0,523$ e $\sin 122° = 0,848$.

O arco de $122°$ é igual a 2,13 radianos (aproximadamente). Esses valores de a e b são, respectivamente, o cosseno e o seno do número real 2,13. Assim, escrevemos também $\cos 2,13 = -0,523$ e $\sin 2,13 = 0,848$.

As funções trigonométricas

As funções trigonométricas são também funções de variável real. Para fazer isso, convencionamos, por exemplo, que o seno de um número real x significa o seno de um arco que mede x radianos.

Exemplos

a) $\sin 1 = 0,842$ (o seno do número 1 é igual a 0,842)

Isso significa que, se o arco AM mede 1 radiano (aproximadamente $57°$), o ponto M tem ordenada 0,842.

b) $\cos \dfrac{\pi}{3} = 0,5$ (o cosseno do número $\dfrac{\pi}{3} \approx 1,047$ é igual a 0,5)

Isso significa que, se o arco AM mede $\dfrac{\pi}{3}$ radianos (ou 60 graus), o ponto M tem abscissa 0,5.

c) O arco AM de $220°$ é igual a 3,84 radianos (aproximadamente). As coordenadas do ponto M são $x = 0,766$ e $y = 0,643$, e esses valores são respectivamente o cosseno e o seno do número real 3,84. Escrevemos, assim, $\cos 3,84 = -0,766$ e $\sin 3,84 = 0,643$.

As funções seno e cosseno

Para todo $x \in \mathbb{R}$, $y = \sin x$ é o seno do número x, ou seja, o seno do arco que mede x radianos, e $y = \cos x$ é o cosseno do número x, ou seja, o cosseno do arco que mede x radianos. A imagem de ambas as funções é o intervalo $[-1, 1]$.

Veja os valores do seno e do cosseno em alguns pontos particulares:

x	0	$\dfrac{\pi}{2}$	π	$\dfrac{3\pi}{2}$
sin x	0	1	0	−1
cos x	1	0	−1	0

Os gráficos das funções seno e cosseno estão a seguir:

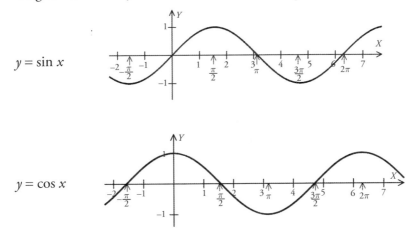

$y = \sin x$

$y = \cos x$

Observe os zeros de cada uma delas, os intervalos nos quais são crescentes ou decrescentes e os pontos de mínimo e máximo.

Definição (função periódica)

Uma função f é *periódica* quando existe um número $p > 0$ tal que, para todo x de seu domínio, tem-se $f(x+p) = f(x)$. O menor valor de p que satisfaz a essa condição é chamado *período* da função f.

Para dar um exemplo, imagine a função $f : \mathbb{N} \to \{0,1\}$ tal que $f(x)$ é o resto da divisão de x por 2. Assim, $f(10) = 0$ e $f(444) = 0$, pois 10 e 444 são números pares. Por outro lado, $f(5) = 1$ e $f(49) = 1$, pois 5 e 49 são ímpares. Agora, observe que para qualquer x natural vale que $f(x+2) = f(x)$. De fato, se x é par, então $x+2$ é par e o resto da divisão por 2 de ambos é zero. Se x é ímpar, então $x+2$ é ímpar e o resto de ambos é 1. Assim, a função f é periódica e seu período é igual a 2.

Com as funções seno e cosseno ocorre o mesmo. Quando percorremos a circunferência em uma segunda volta, os valores assumidos por essas funções são os mesmos da primeira volta ou de qualquer outra volta. É claro então que, para qualquer x real, $\sin(x + 2\pi) = \sin x$ e $\cos(x + 2\pi) = \cos x$. Isso significa que as funções seno e cosseno são periódicas com período 2π.

Observe novamente os gráficos com atenção nessa propriedade.

A função tangente

A tangente será definida como a razão entre o seno e o cosseno. Entretanto, essa função não estará definida quando o cosseno for zero.

Observe novamente o gráfico do cosseno e veja onde estão seus zeros. Temos $\cos x = 0$ para $x = \dfrac{\pi}{2}$, $\dfrac{\pi}{2} + \pi$, $\dfrac{\pi}{2} + 2\pi$ etc. Esses valores (que formam uma PA) podem ser resumidos na expressão $x = \dfrac{\pi}{2} + k\pi$, na qual k é um número inteiro qualquer.

Definimos então:

$$\tan x = \frac{\sin x}{\cos x} \quad x \neq \frac{\pi}{2} + k\pi \quad k \in \mathbb{Z}$$

A tangente de um número x pode ser visualizada geometricamente. Na figura a seguir, vemos o arco $AM = x$, um novo eixo tangente em A à circunferência trigonométrica e a reta OM que determina nesse novo eixo um ponto P de ordenada t.

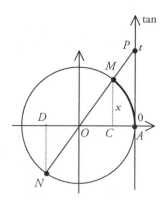

A semelhança entre os triângulos *OCM* e *OAP* fornece:

$$\frac{AP}{CM} = \frac{OA}{OC} \text{ ou}$$

$$\frac{t}{\sin x} = \frac{1}{\cos x}$$

$$t = \frac{\sin x}{\cos x} = \tan x$$

Na figura anterior aparece o diâmetro *MN*. O arco *AN* tem medida $x + \pi$ e a tangente desse arco é também *t*, pois os triângulos *OCM* e *ODN* são congruentes.

Portanto, $\tan(x + \pi) = \tan x$ e a função tangente tem período π.

Se *M* está no primeiro quadrante, mas *x* se aproxima de $\frac{\pi}{2}$, então $t = \tan x$ cresce indefinidamente. Dizemos que *t* tende para $+\infty$.

Se *M* está no quarto quadrante, mas *x* se aproxima de $-\frac{\pi}{2}$, então $t = \tan x$ decresce indefinidamente. Dizemos que *t* tende para $-\infty$. A imagem da função tangente é o conjunto dos números reais. Para qualquer $t \in \mathbb{R}$, existe sempre um número real *x* tal que $\tan x = t$.

A seguir, mostramos o gráfico da função tangente.

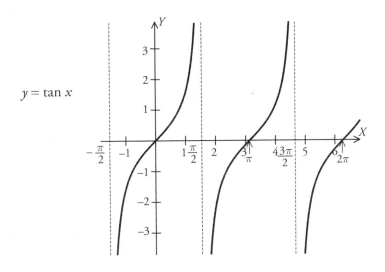

$y = \tan x$

Neste novo contexto, continua válida a relação fundamental: $\sin^2 x + \cos^2 x = 1$. Devemos lembrar que, agora, as funções seno, cosseno e tangente possuem sinais de acordo com o quadrante no qual se encontra a extremidade do arco. Esses sinais são os seguintes:

Exemplo

O arco x do segundo quadrante é tal que $\sin x = \dfrac{2}{3}$. Determine $\tan x$.

Solução:

Aplicando a relação fundamental, temos:
$$\sin^2 x + \cos^2 x = 1$$
$$\left(\frac{2}{3}\right)^2 + \cos^2 x = 1$$
$$\cos^2 x = 1 - \frac{4}{9} = \frac{5}{9}$$
$$\cos x = -\frac{\sqrt{5}}{3}$$

Observe que, ao extrair a raiz quadrada, decidimos pelo sinal negativo porque arcos do segundo quadrante possuem cosseno negativo (veja quadro acima). Calculamos então a tangente:

$$\tan x = \frac{\sin x}{\cos x} = \frac{\dfrac{2}{3}}{-\dfrac{\sqrt{5}}{3}} = -\frac{2}{\sqrt{5}}$$

Resposta:

$$\tan x = -\frac{2}{\sqrt{5}} \approx -0{,}894$$

As funções secundárias

As funções secundárias são a cossecante, a secante e a cotangente. Elas são simplesmente o inverso de cada uma das funções seno, cosseno e tangente.

As definições são:

❑ Cossecante: $\csc x = \dfrac{1}{\sin x}$ desde que $\sin x \neq 0$.

❑ Secante: $\sec x = \dfrac{1}{\cos x}$ desde que $\cos x \neq 0$.

❑ Cotangente: $\cot x = \dfrac{\cos x}{\sin x}$ desde que $\sin x \neq 0$.

Para $x \neq \dfrac{k\pi}{2}$, podemos escrever $\cot x = \dfrac{1}{\tan x}$.

Exemplos

a) $\sin 30° = \dfrac{1}{2} \quad \Rightarrow \quad \csc 30° = 2$

b) $\cos \dfrac{\pi}{4} = \dfrac{\sqrt{2}}{2} \quad \Rightarrow \quad \sec \dfrac{\pi}{4} = \dfrac{2}{\sqrt{2}} = \sqrt{2}$

c) $\tan 52° = 1,28 \quad \Rightarrow \quad \cot 52° = \dfrac{1}{1,28} = 0,781$

Duas novas relações ligam essas funções:

i) $\sec^2 x = 1 + \tan^2 x$

ii) $\csc^2 x = 1 + \cot^2 x$

Vamos ver a demonstração da primeira:

$$1 + \tan^2 x = 1 + \frac{\sin^2 x}{\cos^2 x} = \frac{\cos^2 x + \sin^2 x}{\cos^2 x} = \frac{1}{\cos^2 x} = \sec^2 x$$

A demonstração da segunda é idêntica.

As imagens dessas três funções secundárias estão abaixo:

Função	Imagem
Cossecante	$(-\infty, -1] \cup [1, +\infty)$
Secante	$(-\infty, -1] \cup [1, +\infty)$
Cotangente	$\mathbb{R}$

Por exemplo, resultados como $\csc x = 4$ ou $\sec x = -10$ são resultados possíveis. Esses valores são correspondentes a $\sin x = \dfrac{1}{4} = 0,25$ e $\cos x = \dfrac{1}{-10} = -0,1$, respectivamente. Por outro lado, resultados como $\csc x = -0,2$ ou $\sec x = \dfrac{1}{\sqrt{5}}$ são impossíveis.

Os sinais dessas funções são os mesmos das funções principais. Assim, repetimos o quadro de sinais, agora atualizado:

seno
cossecante

cosseno
secante

tangente
cotangente

Exemplo

O arco x está no terceiro quadrante e $\tan x = 3$. Determine o seno e o cosseno desse arco.

Solução:

Começamos aplicando a relação $\sec^2 x = 1 + \tan^2 x$.
$\sec^2 x = 1 + 3^2 = 10$

Então, $\sec x = -\sqrt{10}$. O sinal negativo foi colocado, pois, de acordo com o quadro de sinais, a secante, no terceiro quadrante, é negativa. Invertendo, temos: $\cos x = -\dfrac{1}{\sqrt{10}}$. Observe agora que se $\dfrac{\sin x}{\cos x} = \tan x$ então $\sin x = \cos x \cdot \tan x = -\dfrac{1}{\sqrt{10}} \cdot 3 = -\dfrac{3}{\sqrt{10}}$.

Resposta:

$\sin x = -\dfrac{3}{\sqrt{10}}$ e $\cos x = -\dfrac{1}{\sqrt{10}}$

Redução ao primeiro quadrante

Se a extremidade de um arco x está no segundo, no terceiro ou no quarto quadrante, sempre há, no primeiro, um arco com as mesmas funções trigonométricas que x, a menos do sinal. Observe atentamente os exemplos a seguir, pois não faremos aqui nenhuma teoria.

Exemplos

a) O arco de 140° está no *segundo* quadrante. O arco de $180° - 140° = 40°$ está no primeiro quadrante e suas extremidades possuem mesma ordenada.

$$\sin 140° = \sin 40°$$
$$\cos 140° = -\cos 40°$$

Para qualquer arco x, temos $\sin(180° - x) = \sin x$ e $\cos(180° - x) = \cos x$.

b) O arco de 230° está no *terceiro* quadrante. O arco de $230° - 180° = 50°$ está no primeiro quadrante e suas extremidades são diametralmente opostas.

$$\sin 230° = -\sin 50°$$
$$\cos 230° = -\cos 50°$$

Para qualquer arco x, temos $\sin(180° + x) = -\sin x$ e $\cos(180° + x) = -\cos x$.

c) O arco de 300° está no *quarto* quadrante. O arco de $360° - 300° = 60°$ está no primeiro quadrante e suas extremidades possuem a mesma abscissa.

$$\sin 300° = -\sin 60°$$
$$\cos 300° = \cos 60°$$

Para qualquer arco x, temos $\sin(360° + x) = -\sin x$ e $\cos(360° + x) = -\cos x$. Ainda, é muito importante observar essas mesmas relações escritas assim: $\sin(-x) = -\sin x$ e $\cos(-x) = \cos x$. A primeira nos informa que o seno é função *ímpar*; a segunda, que o cosseno é função *par*.

Fórmulas de adição

As fórmulas que mostraremos a seguir permitem calcular o seno e o cosseno da soma (ou diferença de dois arcos).

Repare que, por exemplo, $\sin(60° + 30°) = \sin 90° = 1$. Portanto, é obviamente errado escrever que $\sin(60° + 30°) = \sin 60° + \sin 30°$.

As fórmulas de adição que aparecem em qualquer livro da segunda série do ensino médio não serão demonstradas aqui. Elas são as seguintes:

$$\sin(a \pm b) = \sin a \cdot \cos b \pm \sin b \cdot \cos a$$
$$\cos(a \pm b) = \cos a \cdot \cos b \mp \sin a \cdot \sin b$$
$$\tan(a \pm b) = \frac{\tan a \pm \tan b}{1 \mp \tan a \cdot \tan b}$$

Elas podem não ser bonitas, mas são muito úteis. Veja os exemplos:

Exemplo 1

Qual é o valor exato de $\cos 75°$?

Solução:
Usando a relação $\cos(a + b) = \cos a \cdot \cos b - \sin a \cdot \sin b$, temos:

$$\cos 75° = \cos(45° + 30°) = \cos 45° \cdot \cos 30° - \sin 30° \cdot \sin 45°$$

$$\cos 75° = \frac{\sqrt{2}}{2} \cdot \frac{\sqrt{3}}{2} - \frac{1}{2} \cdot \frac{\sqrt{2}}{2} = \frac{\sqrt{6}}{4} - \frac{\sqrt{2}}{4} = \frac{\sqrt{6} - \sqrt{2}}{4}$$

Resposta:

$$\cos 75° = \frac{\sqrt{6} - \sqrt{2}}{4}$$

Exemplo 2

Determine para que valores de x do intervalo $[0, 2\pi)$ tem-se:

$$\sin\left(\frac{3\pi}{2} - x\right) = \sqrt{3} \cdot \sin x$$

Solução:
Para decidir o que representa o lado esquerdo dessa equação, você pode fazer uma figura ou desenvolver a expressão usando a fórmula apropriada:

$$\sin(a - b) = \sin a \cdot \cos b - \sin b \cdot \cos a$$

Temos então:
$$\sin\left(\frac{3\pi}{2} - x\right) = \sin\frac{3\pi}{2} \cdot \cos x - \sin x \cdot \cos\frac{3\pi}{2}$$
Como $\sin\frac{3\pi}{2} = -1$ e $\cos\frac{3\pi}{2} = 0$,
$$\sin\left(\frac{3\pi}{2} - x\right) = (-1) \cdot \cos x - 0 \cdot \cos\frac{3\pi}{2} = -\cos x$$

Assim, a equação dada é equivalente a $-\cos x = \sqrt{3} \cdot \sin x$, ou $\frac{\sin x}{\cos x} = -\frac{1}{\sqrt{3}}$, ou ainda, $\tan x = -\frac{1}{\sqrt{3}} = -\frac{\sqrt{3}}{3}$. Com o auxílio de uma figura, devemos localizar na circunferência os arcos que têm essa tangente.

Sabemos que $\tan\frac{\pi}{6} = \frac{\sqrt{3}}{3}$. Portanto, o arco do quarto quadrante $AM = 2\pi - \frac{\pi}{6} = \frac{11\pi}{6}$ tem tangente $t = -\frac{\sqrt{3}}{3}$.

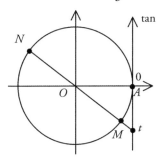

Observando na figura o ponto N, diametralmente oposto a M, vemos que o arco $AN = \pi - \frac{\pi}{6} = \frac{5\pi}{6}$ também tem tangente $t = -\frac{\sqrt{3}}{3}$. Assim, os arcos do intervalo $[0, 2\pi)$ que são soluções da equação dada são $x = \frac{5\pi}{6}$ e $x = \frac{11\pi}{6}$.

Resposta:
O conjunto solução da equação é $S = \left\{\frac{5\pi}{6}, \frac{11\pi}{6}\right\}$.

Exemplo 3
Sabe-se que os arcos x e y do intervalo $\left(0, \frac{\pi}{2}\right)$ são tais que $\tan x = \frac{1}{2}$ e $\tan y = \frac{1}{4}$. O arco $x + y$ é maior ou menor que $\frac{\pi}{4}$?

Solução:
Vamos calcular a tangente de $x + y$ usando a relação:

$$\tan(a+b) = \frac{\tan a + \tan b}{1 - \tan a \cdot \tan b}$$

$$\tan(x+y) = \frac{\tan x + \tan y}{1 - \tan x \cdot \tan y} = \frac{\frac{1}{2} + \frac{1}{4}}{1 - \frac{1}{2} \cdot \frac{1}{4}} = \frac{\frac{3}{4}}{1 - \frac{1}{8}} = \frac{\frac{3}{4}}{\frac{7}{8}} = \frac{3}{4} \cdot \frac{8}{7} = \frac{6}{7}$$

A tangente é uma função crescente no primeiro quadrante e $\tan \frac{\pi}{4} = 1$. Logo, se $\tan(x+y) = \frac{6}{7} < 1$, concluímos que $x + y < \frac{\pi}{4}$.

Resposta:
$x + y$ é menor que $\frac{\pi}{4}$.

Equações trigonométricas simples

Expressões gerais

Começamos lembrando que, neste capítulo, a letra k representa um número inteiro qualquer. Se o arco AM tem medida x (em graus), então o arco de medida $x + k \cdot 360°$ tem também extremidade M.

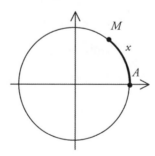

Todos esses arcos que possuem extremidade M são chamados *côngruos* e o símbolo que usaremos para designá-los é $\equiv$. Os arcos de 60°, 60° + 360° = 420°, 60° + 2 · 360° = 780° são côngruos. Escrevemos então, 60° ≡ 420° ≡ 780°. De forma geral, se dois arcos α e β são côngruos, a diferença entre eles é um número inteiro de voltas, ou seja, $\alpha - \beta = k \cdot 360°$.

Se estamos medindo os arcos em radianos, então, para qualquer arco x, o arco de medida $x + k \cdot 2\pi$ é côngruo com x e, de forma geral, se dois arcos α e β são côngruos, então $\alpha - \beta = 2k\pi$.

Exemplo

Os arcos $\alpha = 3x$ e $\beta = x + 40°$ são côngruos. Determine os três menores valores positivos de x.

Solução:

Se α e β são côngruos, então $\alpha - \beta = k \cdot 360°$. Portanto:

$3x - (x + 40°) = k \cdot 360°$

$2x = k \cdot 360° + 40°$

$x = k \cdot 180° + 20°$

Substituindo agora a letra k por 0, 1 e 2, obtemos os três menores valores positivos de x.

$k = 0 \ \Rightarrow \ x = 20°$

$k = 1 \ \Rightarrow \ x = 200°$

$k = 2 \ \Rightarrow \ x = 380°$

Resposta:

Os valores são 20°, 200° e 380°.

Uma *expressão geral* é uma fórmula que designa um conjunto de arcos (ou de números). Frequentemente, os elementos desse conjunto formam uma progressão aritmética infinita, como { ..., –90°, –40°, 10°, 60°, 110°, ... }. Uma fórmula que contém exatamente esses termos é $x = 10° + k \cdot 50°$, na qual k, naturalmente, é um número inteiro qualquer. Uma forma conveniente de encontrar a expressão geral para uma progressão aritmética infinita é escolher um termo qualquer e somar um múltiplo inteiro da razão. Observe que, no exemplo acima, fizemos exatamente isso.

Exemplo

Descreva a figura cujos vértices são as extremidades dos arcos $x = 30° + k \cdot 60°$.

Solução:

Substituindo k por números inteiros seguidos, vamos encontrando os diversos arcos desse conjunto:

$k = 0 \Rightarrow x = 30°$
$k = 1 \Rightarrow x = 90°$
$k = 2 \Rightarrow x = 150°$
$k = 3 \Rightarrow x = 210°$
$k = 4 \Rightarrow x = 270°$
$k = 5 \Rightarrow x = 330°$
$k = 6 \Rightarrow x = 390° \equiv 30°$

As extremidades dos arcos são vértices do hexágono regular que está a seguir.

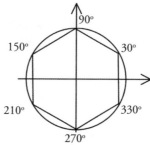

Resposta:

São os vértices de um hexágono regular.

Vamos agora examinar três tipos de equações trigonométricas.

a) Equação $\sin X = \sin Y$

Se dois arcos possuem mesmo seno, pode ser que eles sejam côngruos, ou seja, $X - Y = k \cdot 360°$ (ou $X - Y = 2k\pi$). Outra possibilidade é que eles sejam simétricos em relação ao eixo vertical, como mostra a figura ao lado, em que $\sin X = \sin Y = b$.

Nesse caso, temos:

$X + Y = 180° + k \cdot 360°$ (ou $X + Y = \pi + 2k\pi$)

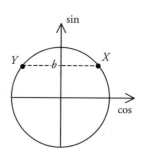

b) Equação cos X = cos Y

Se dois arcos possuem mesmo cosseno, pode ser que eles sejam côngruos, ou seja, $X - Y = k \cdot 360°$ (ou $X - Y = 2k\pi$). Outra possibilidade é que eles sejam simétricos em relação ao eixo horizontal, como mostra a figura ao lado, em que cos X = cos $Y = a$.

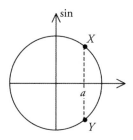

Nesse caso, temos:
$X + Y = 0° + k \cdot 360°$ (ou $X + Y = 0 + 2k\pi$)

c) Equação tan X = tan Y

Se dois arcos possuem mesma tangente, pode ser que eles sejam côngruos, ou seja, $X - Y = k \cdot 360°$ (ou $X - Y = 2k\pi$). Outra possibilidade é que eles sejam diametralmente opostos, como mostra a figura ao lado, em que tan X = tan $Y = t$.

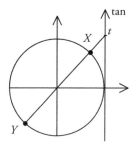

Nesse caso, temos:
$X - Y = 180° + k \cdot 360°$ (ou $X - Y = \pi + 2k\pi$)

Dois arcos possuem, então, mesma tangente sempre que a diferença entre eles é um número inteiro de meias-voltas. Assim, podemos resumir as duas condições anteriores em uma única: $X - Y = k \cdot 180°$ (ou $X - Y = k\pi$).

Exemplo 1

Resolva no intervalo [0°, 360°] a equação $\sin 2x = \dfrac{1}{2}$.

Solução:

A equação dada é a mesma que $\sin 2x = \sin 30°$. Aplicando as condições descritas no item (a), temos:

i) $2x - 30° = k \cdot 360°$
$2x = k \cdot 360° + 30°$
$x = k \cdot 180° + 15°$ → $\{15°, 195°\}$

ii) $2x + 30° = 180° + k \cdot 360°$
$2x = k \cdot 360° + 150°$
$x = k \cdot 180° + 75°$ → $\{75°, 255°\}$

A equação possui, portanto, quatro soluções no intervalo [0°, 360°).

Resposta:
O conjunto solução é {15°, 75°, 195°, 255°}.

Funções periódicas

Se f é uma função periódica com período p, então $g(x) = c \cdot f(x+b) + d$ tem também período p. De fato, a constante c multiplica as ordenadas, a constante b faz uma translação horizontal e a constante d uma translação vertical.

Por exemplo, compare abaixo os gráficos das funções $f(x) = \sin x$ e $g(x) = 2\sin\left(x - \dfrac{\pi}{3}\right) + 1$. O gráfico da função g é obtido a partir do gráfico de f multiplicando por 2 as ordenadas, fazendo uma translação de $\dfrac{\pi}{3}$ para a direita e outra translação de 1 para cima. As duas funções têm período 2π.

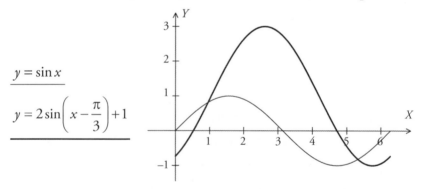

Considere agora um real $a > 0$. Se f é uma função periódica com período p, então $g(x) = f(ax)$ tem período $\dfrac{p}{a}$.

Para justificar esse fato, lembramos que, se f tem período p, então $f(x + p) = f(x)$ para qualquer x do domínio de f. Observe então que:

$$g\left(x + \frac{p}{a}\right) = f\left[a\left(x + \frac{p}{a}\right)\right] = f(ax + p) = f(ax) = g(x)$$

Isso significa que a função g tem período $\dfrac{p}{a}$.

Por exemplo, compare os gráficos de $f(x) = \cos x$ e $g(x) = \cos 3x$. Como o período de f é 2π, então a função g tem período $\dfrac{2\pi}{3} \approx 2{,}1$. No gráfico da função g, o que se vê no intervalo $\left[0, \dfrac{2\pi}{3}\right)$ é o mesmo que se vê em qualquer outro intervalo de mesmo comprimento, seguinte ou anterior.

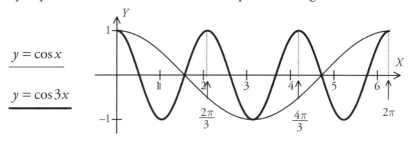

Exercícios resolvidos

1) Para chegar ao nível do estacionamento de um shopping, os carros devem subir uma rampa de 150 m de comprimento que faz ângulo de 12° com o plano horizontal. Determine a que altura está o estacionamento.

Solução:
Observe o desenho.

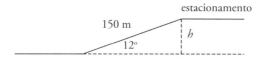

No triângulo retângulo, o seno é a função conveniente para calcular o cateto oposto ao ângulo de 12°. Consultando a tabela trigonométrica temos:

$\sin 12° = \dfrac{h}{150} = 0{,}208$

$h = 150 \cdot 0{,}208 = 31{,}2$

Resposta:
O estacionamento está a 31,2 m de altura.

2) Um observador de 1,80 m de altura vê o ponto mais alto de uma torre segundo um ângulo de 20° em relação ao plano horizontal que passa pelos seus olhos. Caminhando 100 m em direção à torre, passa a vê-la sob ângulo de 28°. Determine a altura da torre.

Solução:
Façamos um desenho para entender bem o problema.

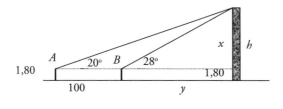

O observador estava em A e, após caminhar 100 m, ficou ma posição B. Seja x a altura do ponto mais alto da torre em relação ao plano dos olhos do observador e seja y a distância de B até a torre. Usaremos a função tangente nos dois triângulos retângulos que ficaram formados e a tabela trigonométrica para obter as tangentes dos dois ângulos dados.

$\tan 28° = \dfrac{x}{y} = 0{,}531 \quad \Rightarrow \quad x = 0{,}531 y$

$\tan 20° = \dfrac{x}{y+100} = 0{,}364 \quad \Rightarrow \quad x = 0{,}364(y+100)$

Substituindo, temos:
$0{,}531 y = 0{,}364 y + 36{,}4$
$0{,}531 y - 0{,}364 y = 36{,}4$
$0{,}167 y = 36{,}4$
$y = \dfrac{36{,}4}{0{,}167} = 218$

Portanto, $x = 0{,}531 y = 0{,}532 \cdot 218 = 115{,}76$

A altura da torre em relação ao solo é $h = 115{,}76 + 1{,}80 = 117{,}56$.

Resposta:
A altura da torre é de aproximadamente 117,6 m.

3) Se $\cos x = a$, calcule o valor de $y = \dfrac{\sec^2 x - \sec x \cdot \csc x}{1 - \cot x}$.

Solução:
Vamos, inicialmente, tentar simplificar a expressão dada. Uma ideia que costuma dar certo é escrever tudo apenas em função de seno e cosseno. Temos então:

$$y = \frac{\sec^2 x - \sec x \cdot \csc x}{1 - \cot x} = \frac{\sec x(\sec x - \csc x)}{1 - \cot x} = \frac{\dfrac{1}{\cos x}\left(\dfrac{1}{\cos x} - \dfrac{1}{\sin x}\right)}{1 - \dfrac{\cos x}{\sin x}}$$

$$y = \frac{\dfrac{1}{\cos x}\left(\dfrac{\sin x - \cos x}{\cos x \cdot \sin x}\right)}{\dfrac{\sin x - \cos x}{\sin x}} = \frac{1}{\cos x}\left(\frac{\sin x - \cos x}{\cos x \cdot \sin x}\right) \cdot \left(\frac{\sin x}{\sin x - \cos x}\right)$$

$$y = \frac{1}{\cos x} \cdot \frac{1}{\cos x} = \frac{1}{\cos^2 x} = \frac{1}{a^2}$$

Resposta:
$y = \dfrac{1}{a^2}$

4) Na figura a seguir, $A = (1, 0)$ e $t = -\dfrac{3}{2}$. Determine as coordenadas do ponto M.

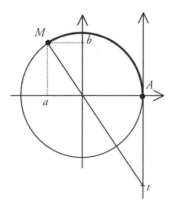

Solução:
O valor de t é a tangente do arco $AM = x$ e as coordenadas de M são o cosseno e o seno de x. Temos então:
$$\sec^2 x = 1 + \tan^2 x$$
$$\sec^2 x = 1 + \left(-\frac{3}{2}\right)^2 = 1 + \frac{9}{4} = \frac{13}{4}$$

Como M está no segundo quadrante, a secante (inversa do cosseno) é negativa. Então, $\sec x = -\dfrac{\sqrt{13}}{2}$ e $\cos x = -\dfrac{2}{\sqrt{13}}$.

Como $\dfrac{\sin x}{\cos x} = \tan x$, então $\sin x = \tan x \cdot \cos x = -\dfrac{3}{2} \cdot \left(-\dfrac{2}{\sqrt{13}}\right) = \dfrac{3}{\sqrt{13}}$.

De acordo com a figura, temos $a = -\dfrac{2}{\sqrt{13}}$ e $b = \dfrac{3}{\sqrt{13}}$.

Resposta:
$$M = \left(-\frac{2}{\sqrt{13}}, \frac{3}{\sqrt{13}}\right)$$

5) Faça um esboço, no intervalo $[0, 2\pi]$, do gráfico de $y = -2\sin x + 1$.

Solução:
Observe o passo a passo das transformações.

a) $y = 2\sin x$ é obtido a partir de $y = \sin x$ multiplicando as ordenadas por 2.

$y = \sin x$

$y = 2\sin x$

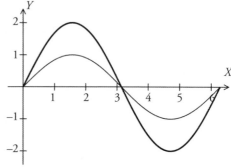

b) $y = -2\sin x$ é obtido a partir de $y = 2\sin x$ trocando o sinal das ordenadas.

$y = 2\sin x$

$y = -2\sin x$

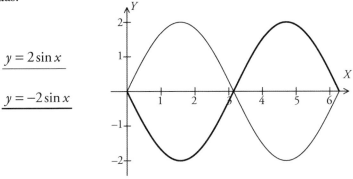

c) $y = -2\sin x + 1$ é obtido a partir de $y = -2\sin x$ fazendo uma translação de 1 unidade para cima.

$y = -2\sin x$

$y = -2\sin x + 1$

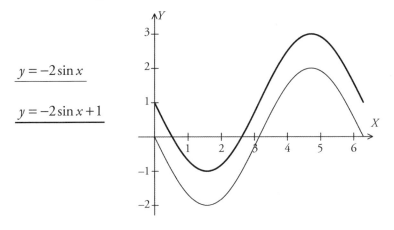

6) No intervalo $[0, 2\pi]$, determine os zeros da função $y = -2\sin x + 1$.

Solução:
O exercício anterior mostra o gráfico da função $y = -2\sin x + 1$. Vemos que, no intervalo $[0, 2\pi]$, existem dois pontos nos quais o gráfico corta o eixo X: um deles no intervalo $[0, 1]$ e outro no intervalo $[2, 3]$. Vamos determinar esses pontos resolvendo a equação $-2\sin x + 1 = 0$.

$-2\sin x = -1$

$\sin x = \dfrac{1}{2}$

O valor $\dfrac{1}{2}$ para o seno ocorre, na primeira volta da circunferência para os arcos de 30° e 150°, como vemos no desenho ao lado.

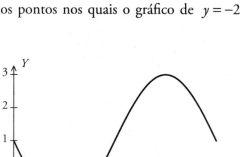

Em radianos, temos:

$30° = \dfrac{\pi}{6} \approx 0{,}524$

$150° = \dfrac{5\pi}{6} \approx 2{,}618$

Essas são as abscissas dos pontos nos quais o gráfico de $y = -2\sin x + 1$ corta o eixo X.

Resposta:

$\dfrac{\pi}{6} \approx 0{,}524$ e $\dfrac{5\pi}{6} \approx 2{,}618$

7) Determine para que valores de m existe um real x tal que $\cos x = \dfrac{1-2m}{3}$.

Solução:

Sabemos que $-1 \leq \cos x \leq 1$.

a) $\cos x \leq 1$

$\dfrac{1-2m}{3} \leq 1$

$$1 - 2m \leq 3$$
$$-2m \leq 2$$
$$2m \geq -2 \quad \Rightarrow \quad m \geq -1$$

b) $\cos x \geq -1$
$$\frac{1 - 2m}{3} \geq -1$$
$$1 - 2m \geq -3$$
$$-2m \geq -4$$
$$2m \leq 4 \quad \Rightarrow \quad m \leq 2$$

Como as duas condições devem ser cumpridas, temos $-1 \leq m \leq 2$.

Resposta:
m pode ser qualquer real do intervalo $[-1, 2]$.

8) Use a tabela e sua calculadora para determinar as funções trigonométricas de $128°$.

Solução:
Reduzindo ao primeiro quadrante, temos que $180° - 128° = 52°$. Para encontrar o seno e o cosseno de $52°$, procure esse valor na última coluna de nossa tabela trigonométrica. Na segunda coluna está o cosseno e na terceira o seno. Os valores são $\cos 52° = 0,616$ e $\sin 52° = 0,788$. Como $128°$ está no segundo quadrante, temos:
$$\sin 128° = \sin 52° = 0,788$$
$$\cos 128° = -\cos 52° = -0,616$$

Para a tangente, dividimos o seno pelo cosseno:
$$\tan 128° = \frac{0,788}{-0,616} = -1,279$$

Para as secundárias, basta inverter os resultados:
$$\sec 128° = \frac{1}{\cos 128°} = \frac{1}{-0,616} = -1,623$$
$$\csc 128° = \frac{1}{\sin 128°} = \frac{1}{0,788} = 1,269$$

$$\cot 128° = \frac{1}{\tan 128°} = \frac{1}{-1{,}279} = -0{,}782$$

Respostas:
$\sin 128° = 0{,}788$, $\cos 128° = -0{,}616$, $\tan 128° = -1{,}279$,
$\sec 128° = -1{,}623$, $\csc 128° = 1{,}269$, $\cot 128° = -0{,}782$

9) Faça uma estimativa do valor de cos 5 (cosseno do número real 5).

Solução:
O cosseno do número real 5 é o cosseno do arco de 5 radianos. Vamos determinar um valor aproximado em graus para esse arco usando a tradicional regra de três:

Graus	Radianos
180	3,1416
x	5

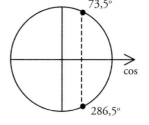

$$x = \frac{180 \cdot 5}{3{,}1416} \approx 286{,}5°$$

O cosseno desse arco é o mesmo cosseno de $360° - 286{,}5° = 73{,}5°$, que está no primeiro quadrante.
O cosseno de $73{,}5°$ é, muito aproximadamente, a média aritmética entre os cossenos de $73°$ e $74°$, e estes estão em nossa tabela trigonométrica: $\cos 73° = 0{,}292$ e $\cos 74° = 0{,}276$. A média é $\dfrac{0{,}292 + 0{,}276}{2} = 0{,}284$, que é nossa estimativa para o cosseno do número 5.

Resposta:
$\cos 5 = 0{,}284$

10) Sabendo que $\tan x \cdot \sec x = \dfrac{2}{3}$, calcule o valor de $\sin x$.

Solução:
Vamos escrever a equação usando apenas as funções seno e cosseno.
$$\tan x \cdot \sec x = \frac{2}{3}$$

$$\frac{\sin x}{\cos x} \cdot \frac{1}{\cos x} = \frac{2}{3}$$

$$3\sin x = 2\cos^2 x$$

Observe que, da relação fundamental $\sin^2 x + \cos^2 x = 1$, temos a substituição $\cos^2 x = 1 - \sin^2 x$, e nossa equação fica assim:

$$3\sin x = 2(1 - \sin^2 x)$$

$$3\sin x = 2 - 2\sin^2 x$$

$$2\sin^2 x + 3\sin x - 2 = 0$$

Essa é uma equação do segundo grau cuja incógnita é sin x. Resolvendo, temos:

$$\sin x = \frac{-3 \pm \sqrt{3^2 - 4 \cdot 2 \cdot (-2)}}{2 \cdot 2} = \frac{-3 \pm \sqrt{25}}{4} = \frac{-3 \pm 5}{4}$$

A raiz $\sin x = -2$ é impossível, porque esse não é um valor possível para um seno. A outra raiz é $\sin x = \frac{1}{2}$.

Resposta:

$$\sin x = \frac{1}{2}$$

11) Sabe-se que:

i) $0 < a < \dfrac{\pi}{2}$ ii) $\dfrac{\pi}{2} < b < \pi$ iii) $\sin a = \dfrac{5}{13}$ iv) $\sin b = \dfrac{12}{13}$

Calcule:

a) $\sin(a+b)$ b) $\cos(a-b)$

Solução:

Inicialmente, vamos calcular o cosseno de *a* e o cosseno de *b*.

$$\sin^2 a + \cos^2 a = 1$$

$$\left(\frac{5}{13}\right)^2 + \cos^2 a = 1$$

$$\cos^2 a = 1 - \frac{25}{169} = \frac{144}{169} \quad \Rightarrow \quad \cos a = \frac{12}{13}$$

$$\sin^2 b + \cos^2 b = 1$$

$$\left(\frac{12}{13}\right)^2 + \cos^2 b = 1$$

$$\cos^2 b = 1 - \frac{144}{169} = \frac{25}{169} \Rightarrow \cos b = -\frac{5}{13}$$

a) $\sin(a+b) = \sin a \cdot \cos b + \sin b \cdot \cos a = \frac{5}{13} \cdot \left(-\frac{5}{13}\right) + \frac{12}{13} \cdot \frac{12}{13} =$

$$= \frac{144-25}{169} = \frac{119}{169}$$

b) $\cos(a-b) = \cos a \cdot \cos b + \sin a \cdot \sin b = \frac{12}{13} \cdot \left(-\frac{5}{13}\right) + \frac{5}{13} \cdot \frac{12}{13} = 0$

Respostas:

a) $\sin(a+b) = \dfrac{119}{169} \approx 0,704$ \qquad\qquad b) $\cos(a-b) = 0$

12) Se $\tan\left(\dfrac{\pi}{4}+x\right) = 3$, calcule $\cos x$.

Solução:

$$\frac{\tan\dfrac{\pi}{4} + \tan x}{1 - \tan\dfrac{\pi}{4} \cdot \tan x} = 3$$

$$\frac{1 + \tan x}{1 - 1 \cdot \tan x} = 3$$

$$1 + \tan x = 3 - 3\tan x$$

$$4\tan x = 2$$

$$\tan x = \frac{1}{2}$$

Para calcular o cosseno, lembre que $\sec^2 x = 1 + \tan^2 x$. Logo:

$$\sec^2 x = 1 + \left(\frac{1}{2}\right)^2 = 1 + \frac{1}{4} = \frac{5}{4}$$

$$\cos^2 x = \frac{4}{5} \Rightarrow \cos x = \pm\frac{2}{\sqrt{5}}$$

Resposta:

$$\cos x = \pm\frac{2}{\sqrt{5}}$$

Funções trigonométricas

13) Determine os valores máximo e mínimo das funções:

a) $f(x) = 5 + 2\sin\left(\dfrac{x}{2} + \dfrac{\pi}{3}\right)$ b) $g(x) = \dfrac{6}{2 + \cos 3x}$

Solução:

a) O valor máximo do seno de *qualquer* arco é 1 e o valor mínimo é –1. Para que a função *f* atinja seu valor *máximo*, o seno deve também ser *máximo* e o mesmo ocorre com o *mínimo*. Então:

O valor máximo de *f* é $5 + 2 \cdot 1 = 7$.

O valor mínimo de *f* é $5 + 2 \cdot (-1) = 3$.

A imagem dessa função é, portanto, o intervalo $[3, 7]$.

b) O valor máximo do cosseno de *qualquer* arco é 1 e o valor mínimo é –1. Para que a função *g* atinja seu valor *máximo*, seu denominador deve ser *mínimo* e, para que atinja o *mínimo*, o denominador deve ser *máximo*. Então:

O valor máximo de *g* é $\dfrac{6}{2 + (-1)} = \dfrac{6}{1} = 6$.

O valor mínimo de *g* é $\dfrac{6}{2 + 1} = \dfrac{6}{3} = 2$.

A imagem dessa função é, portanto, o intervalo $[2, 6]$.

Respostas:

a) 7 e 3   b) 6 e 2

14) Determine o valor máximo da função $y = \sin x + \sqrt{3}\cos x$ e diga para que valor de *x* do intervalo $[0, 2\pi)$ ele ocorre.

Solução:

Observe o artifício que vamos usar. Dividimos por 2 todos os termos:

$$\frac{y}{2} = \frac{\sin x}{2} + \frac{\sqrt{3}\cos x}{2}$$

$$\frac{y}{2} = \sin x \cdot \frac{1}{2} + \frac{\sqrt{3}}{2} \cdot \cos x$$

$$\frac{y}{2} = \sin x \cdot \cos\frac{\pi}{3} + \sin\frac{\pi}{3} \cdot \cos x$$

O lado direito é idêntico à fórmula $\sin a \cdot \cos b + \sin b \cdot \cos a = \sin(a+b)$.
Portanto:

$$\frac{y}{2} = \sin\left(x + \frac{\pi}{3}\right) \Rightarrow y = 2\sin\left(x + \frac{\pi}{3}\right)$$

O valor máximo de y é 2, e esse valor ocorre para $x + \frac{\pi}{3} = \frac{\pi}{2}$, ou seja, para $x = \frac{\pi}{6}$.

Resposta:
O valor máximo é 2 quando $x = \frac{\pi}{6}$.

15) Mostre como obter $\sin 2x$ e $\cos 2x$ em função de $\sin x$ e $\cos x$.

Solução:
A partir das fórmulas
$\sin(a+b) = \sin a \cdot \cos b + \sin b \cdot \cos a$ e
$\cos(a+b) = \cos a \cdot \cos b - \sin a \cdot \sin b$,
basta fazer $a = b = x$ para encontrar:
$\sin 2x = 2\sin x \cos x$ e $\cos 2x = \cos^2 x - \sin^2 x$.

Respostas:
$\sin 2x = 2\sin x \cos x$ e $\cos 2x = \cos^2 x - \sin^2 x$.

Vamos agora resolver o problema da situação inicial do capítulo.

16) Um retângulo está inscrito em um semicírculo de raio 2.

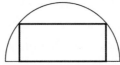

Qual é o valor máximo da área desse retângulo?

Solução:

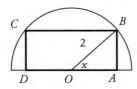

Traçamos OB e chamamos $AOB = x$. Temos $OA = 2\cos x$ e $AB = 2\sin x$. Portanto a base do retângulo é $AD = 4\cos x$ e a área é $S = AD \cdot AB = 4\cos x \cdot 2\sin x$. Veja agora que $S = 4 \cdot 2\sin x \cdot \cos x = 4\sin 2x$. Portanto, a área é máxima quando $\sin 2x = 1$. O valor máximo da área do retângulo é 4, e isso ocorre quando $2x = 90°$, ou seja, $x = 45°$.

Resposta:
O valor máximo da área do retângulo é 4.

17) Se $\cos x = \dfrac{2}{3}$, qual é o valor de $\cos 2x$?

Solução:
$$\cos 2x = \cos^2 x - \sin^2 x$$
$$\cos 2x = \cos^2 x - (1 - \cos^2 x)$$
$$\cos 2x = 2\cos^2 x - 1 = 2\left(\frac{2}{3}\right)^2 - 1 = \frac{8}{9} - 1 = -\frac{1}{9}$$

Resposta:
$$\cos 2x = -\frac{1}{9}$$

18) Determine, no intervalo $[0, 2\pi)$, as soluções da equação:
$$\sin 2x = \sin\left(x + \frac{\pi}{3}\right)$$

Solução:
A forma mais eficiente de resolver uma equação desse tipo não é desenvolver as expressões que aparecem nos dois lados da equação, mas aplicar os procedimentos que estão no item "Equações trigonométricas simples":
$\sin X = \sin Y$.
i) $X + Y = 2k\pi$
$$2x - \left(x + \frac{\pi}{3}\right) = 2k\pi$$

$$x = 2k\pi + \frac{\pi}{3}$$

Dessa expressão geral, apenas a solução $x_1 = \frac{\pi}{3}$ (obtida com $k = 0$) pertence ao intervalo $[0, 2\pi)$.

ii) $X - Y = 2k\pi + \pi$

$$2x + \left(x + \frac{\pi}{3} \right) = 2k\pi + \pi$$

$$3x = 2k\pi + \pi - \frac{\pi}{3}$$

$$3x = 2k\pi + \frac{2\pi}{3}$$

$$x = \frac{2k\pi}{3} + \frac{2\pi}{9} = \frac{6k\pi + 2\pi}{9}$$

Dessa expressão geral, devemos substituir k por números inteiros convenientes de forma que o resultado pertença ao intervalo $[0, 2\pi)$. Encontramos mais três soluções:

Com $k = 0$, $x_2 = \frac{2\pi}{9}$

Com $k = 1$, $x_3 = \frac{8\pi}{9}$

Com $k = 2$, $x_4 = \frac{14\pi}{9}$

A equação possui quatro soluções no intervalo $[0, 2\pi)$.

Resposta:
O conjunto solução é $S = \left\{ \frac{2\pi}{9}, \frac{\pi}{3}, \frac{8\pi}{9}, \frac{14\pi}{9} \right\}$.

9 Plano cartesiano

Situação

A base de um retângulo é o dobro de sua altura. Qual é o ângulo, aproximadamente, entre suas diagonais?

Esse é um problema de geometria. Vamos resolvê-lo usando as ferramentas da geometria analítica que desenvolveremos neste capítulo.

Pontos no plano cartesiano

Pontos sobre um eixo

Se o ponto P está na abscissa x de um eixo, escrevemos $P = (x)$.

Ponto médio de um segmento

Sobre um mesmo eixo, consideremos os pontos $A = (x_1)$ e $B = (x_2)$. O ponto médio do segmento AB é o ponto $M = \left(\dfrac{x_1 + x_2}{2}\right)$. A média das abscissas é a abscissa do ponto médio do segmento:

Por exemplo, se $A = (-2)$ e $B = (8)$, a média das abscissas é $\dfrac{-2+8}{2} = 3$. Logo, o ponto médio do segmento AB é $M = (3)$.

Divisão de um segmento em uma razão dada

Considere os pontos $A = (x_1)$ e $B = (x_2)$ e imagine $x_1 < x_2$ apenas para facilitar o entendimento. Sendo t um número entre 0 e 1, nosso problema é o de determinar a posição de um ponto P, interior ao segmento AB e tal que $\dfrac{AP}{AB} = t$.

Repare que essa condição é a mesma que $AP = t \cdot AB$, ou seja, AP é uma certa fração do segmento AB: $x - x_1 = t(x_2 - x_1)$.

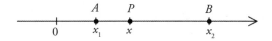

A abscissa x do ponto P é então dada por $x = x_1 + t(x_2 - x_1)$.

Por exemplo, dados $A = (-1)$ e $B = (8)$, imagine o problema de dividir o segmento AB em três partes iguais.

Como $\dfrac{AP}{AB} = \dfrac{1}{3}$ e $\dfrac{AQ}{AB} = \dfrac{2}{3}$, temos:

A abscissa de P é $x_1 = -1 + \dfrac{1}{3}(8 - (-1)) = -1 + \dfrac{1}{3} \cdot 9 = 2$.

A abscissa de Q é $x_2 = -1 + \dfrac{2}{3}(8 - (-1)) = -1 + \dfrac{2}{3} \cdot 9 = 5$.

Assim, $P = (2)$ e $Q = (5)$.

Pontos no plano cartesiano

Dados em um plano dois eixos perpendiculares, com a mesma origem e graduados na mesma unidade, cada ponto do plano possui uma abscissa e uma ordenada. Se o ponto P possui abscissa x e ordenada y, escrevemos $P = (x, y)$.

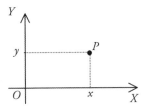

Ponto médio de um segmento

Dados os pontos $A = (x_1, y_1)$ e $B = (x_2, y_2)$, o ponto médio do segmento AB é o ponto $M = \left(\dfrac{x_1 + x_2}{2}, \dfrac{y_1 + y_2}{2} \right)$.

De fato, observando a figura a seguir, a abscissa do ponto M é a média das abscissas de A e B, e o mesmo se dá com as ordenadas.

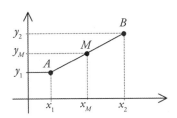

Por exemplo, se $A = (1, 2)$ e $B = (9, -4)$, o ponto médio do segmento AB é o ponto $M = \left(\dfrac{1+9}{2}, \dfrac{2+(-4)}{2} \right) = (5, -1)$.

Divisão de um segmento em uma razão dada

Dados um segmento AB e um número t entre 0 e 1, devemos encontrar um ponto P, interior ao segmento AB, tal que $\dfrac{AP}{AB} = t$.

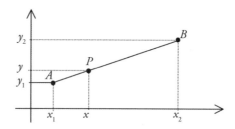

A condição $AP = t \cdot AB$ ocorre em cada uma das projeções nos eixos; ou seja, se $P = (x, y)$, devemos ter $x - x_1 = t(x_2 - x_1)$ e $y - y_1 = t(y_2 - y_1)$. Portanto, as coordenadas de P são:

$x = x_1 + t(x_2 - x_1)$
$y = y_1 + t(y_2 - y_1)$

Por exemplo, se $A = (0, 1)$ e $B = (10, 7)$, imagine o problema de dividir o segmento AB em duas partes AP e PB de forma que a segunda parte seja o triplo da primeira.

O desenho acima mostra a situação e a posição do ponto P. Como devemos ter $AP = \dfrac{1}{4} AB$, calculamos as coordenadas de P, usando, nas relações acima, $t = \dfrac{1}{4}$.

$x = 0 + \dfrac{1}{4}(10 - 0) = \dfrac{5}{2}$

$y = 1 + \dfrac{1}{4}(7 - 1) = 1 + \dfrac{3}{2} = \dfrac{5}{2}$

Portanto, $P = \left(\dfrac{5}{2}, \dfrac{5}{2}\right)$.

Distância entre dois pontos

Qual é a distância entre os pontos $A = (1, 2)$ e $B = (7, 2)$?

Observe que os dois pontos têm mesma ordenada. Logo, eles estão situados em uma mesma reta horizontal.

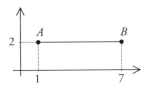

A distância entre eles é 7 − 1 = 6, e escrevemos, simplesmente, $AB = 6$. A distância entre $A = (x_1, y)$ e $B = (x_2, y)$ é $AB = |x_1 - x_2|$.

Se dois pontos possuem mesma abscissa, então eles estão situados em uma mesma reta vertical e, obviamente, a distância entre eles é o valor absoluto da diferença entre as ordenadas.

Vamos examinar agora o que ocorre com dois pontos A e B quaisquer.

No plano cartesiano, considere os pontos $A = (x_1, y_1)$ e $B = (x_2, y_2)$ e observe a figura a seguir:

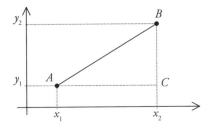

Os catetos do triângulo retângulo da figura acima medem $AC = |x_1 - x_2|$ e $CB = |y_1 - y_2|$. Então, pelo teorema de Pitágoras, $AB^2 = (x_1 - x_2)^2 + (y_1 - y_2)^2$, ou seja:

$$AB = \sqrt{(x_1 - x_2)^2 + (y_1 - y_2)^2}$$

Por exemplo, a distância entre os pontos $P = (1, 7)$ e $Q = (5, -1)$ é:
$PQ = \sqrt{(1-5)^2 + (7-(-1))^2} = \sqrt{(-4)^2 + 8^2} = \sqrt{16 + 64} = \sqrt{80} = 4\sqrt{5}$

Inclinação

Considere a reta r, não vertical, e dois de seus pontos: $A = (x_1, y_1)$ e $B = (x_2, y_2)$. A *inclinação* (ou *coeficiente angular*) da reta é definida por $m_r = \dfrac{y_2 - y_1}{x_2 - x_1}$. Essa fração, também representada frequentemente por $\dfrac{\Delta y}{\Delta x}$, é a razão entre a diferença das ordenadas e a diferença das abscissas (na mesma ordem).

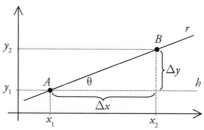

Se os eixos estiverem graduados na mesma unidade, a razão $\dfrac{\Delta y}{\Delta x}$ é a tangente do ângulo θ que qualquer reta horizontal faz com a reta r: $m = \dfrac{\Delta y}{\Delta x} = \tan \theta$.

Exemplos

a) A reta r que contém os pontos $A = (1, 2)$ e $B = (7, 4)$ tem inclinação:
$m = \dfrac{4-2}{7-1} = \dfrac{2}{6} = \dfrac{1}{3}$

b) A reta s que contém os pontos $A = (3,1)$ e $B = (5,1)$ é horizontal. Sua inclinação é: $m = \dfrac{1-1}{5-3} = 0$.

c) A reta t que contém os pontos $A = (2, 5)$ e $B = (6, 2)$ tem inclinação:
$m = \dfrac{2-5}{6-2} = -\dfrac{3}{4}$

Observe os desenhos abaixo para perceber as inclinações das retas r e t.

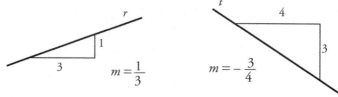

A equação da reta

Equação geral da reta

Existe uma única reta r que passa pelo ponto $A = (x_0, y_0)$ e tem inclinação m.

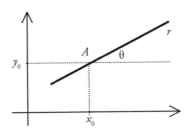

Imagine que $P = (x, y)$ seja um ponto qualquer dessa reta r, distinto de A. Como a inclinação da reta é a razão entre a diferença das ordenadas e a diferença das abscissas de dois quaisquer de seus pontos, temos: $\frac{y - y_0}{x - x_0} = m$, ou seja:

$$y - y_0 = m(x - x_0)$$

Essa é a equação da reta r. Essa equação representa todos os pontos da reta r. As coordenadas de qualquer ponto da reta r satisfazem essa equação; as coordenadas de qualquer ponto que não esteja na reta r não satisfazem essa equação.

Por exemplo, a reta r que contém o ponto $A = (3, 1)$ e tem inclinação $m = \frac{1}{2}$ tem equação $y - 1 = \frac{1}{2}(x - 3)$. Podemos arrumar essa equação da seguinte forma:

$y - 1 = \frac{1}{2}(x - 3)$
$2y - 2 = x - 3$
$-x + 2y = -1$
$x - 2y = 1$

Um ponto pertence à reta r se, e somente se, suas coordenadas satisfazem essa equação. O ponto $P = (15, 7)$ pertence à reta r; o ponto $Q = (3, 4)$ não pertence à reta r.

Observação:
A equação da reta horizontal na ordenada y_0 é $y = y_0$.
A equação da reta vertical na abscissa x_0 é $x = x_0$.

Exemplos

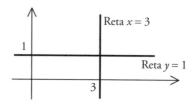

Quando arrumamos a equação $y - y_0 = m(x - x_0)$, encontramos uma equação equivalente na forma $ax + by = c$. Toda equação desse tipo representa uma reta (não vertical). Para justificar essa afirmação, observe que a equação $ax + by = c$ pode ser escrita como $\frac{a}{b}x + y = \frac{c}{b}$ ou $y - \frac{c}{b} = -\frac{a}{b}(x - 0)$. Isso significa que a equação $ax + by = c$ representa uma reta que contém o ponto $\left(0, \frac{c}{b}\right)$ e tem inclinação $-\frac{a}{b}$.

A equação $ax + by = c$ chama-se *equação geral* da reta. Observe os exemplos a seguir.

Exemplo 1

Faça um desenho da reta $2x + 3y = 12$.

Solução:
Para desenhar uma reta, basta conhecer dois de seus pontos. Para conhecer qualquer ponto de uma reta, quando conhecemos sua equação, devemos atribuir um valor qualquer a uma das variáveis e calcular a outra. Por exemplo, na equação $2x + 3y = 12$, se $x = 0$, encontramos $y = 4$, e se $y = 0$, encontramos $x = 6$. Isso é suficiente para fazer o desenho da reta.

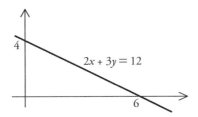

Exemplo 2

Encontre a equação da reta que contém os pontos $(-1, 4)$ e $(5, 0)$.

Solução:
A inclinação dessa reta é $\dfrac{0-4}{5-(-1)} = \dfrac{-4}{6} = -\dfrac{2}{3}$. Para escrever sua equação, podemos tomar qualquer um de seus pontos como referência (o ponto inicial). Tomando o ponto $(5, 0)$ como ponto de referência, sua equação é:

$$y - 0 = -\dfrac{2}{3}(x-5)$$
$$3y = -2x + 10$$
$$2x + 3y = 10$$

Equação reduzida da reta

A equação geral da reta $ax + by = c$ pode tomar outra forma. Se a reta não é vertical, então $b \neq 0$; dividindo por b, obtemos $\dfrac{ax}{b} + y = \dfrac{c}{b}$ ou $y = -\dfrac{a}{b}x + \dfrac{c}{b}$. Ora, $m = -\dfrac{a}{b}$ é a inclinação da reta e $p = \dfrac{c}{b}$ é o ponto no qual a reta corta o eixo Y.

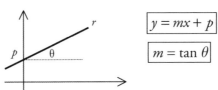

A equação $y = mx + p$ chama-se *equação reduzida* da reta. A inclinação (m) e o ponto de corte no eixo Y (p), visíveis nessa equação, permitem um rápido traçado do gráfico.

Por exemplo, a reta $y = \dfrac{2}{5}x + 1$ corta o eixo vertical em $y = 1$ e tem inclinação $\dfrac{2}{5}$.

Observe seu desenho:

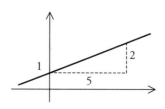

Retas paralelas

Duas retas de um plano são paralelas quando não possuem ponto comum. Na geometria analítica, esse fato significa que as duas retas possuem mesma inclinação e cortam o eixo Y em pontos diferentes. Não consideramos aqui os casos óbvios em que ambas as retas são horizontais ou verticais. Veja as retas r e s, que são paralelas:

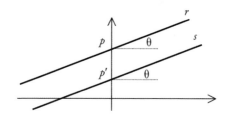

Consideremos as equações reduzidas das duas retas:
$r : y = mx + p$
$s : y = m'x + p'$
Essas retas são paralelas se, e somente se, $m = m'$ e $p \neq p'$.
Por exemplo, as retas $y = 2x + 1$ e $y = 2x + 3$ são paralelas.

Retas perpendiculares

Vamos examinar o que ocorre quando duas retas são perpendiculares. Naturalmente, se uma reta é vertical, então a outra é horizontal, e esse é o caso óbvio. No caso geral, a figura a seguir mostra duas retas r e s perpendiculares.

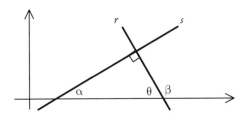

Se $m = \tan\alpha$ e $m' = \tan\beta$, então as equações das duas retas são:

$r: y = mx + p$

$s: y = m'x + p'$

Observe duas coisas importantes:

i) α e θ são complementares, ou seja, o seno de um deles é igual ao cosseno do outro.

ii) $\theta + \beta = 180°$, logo $\tan\theta = -\tan\beta$.

Vamos, agora, encontrar uma relação entre as inclinações das duas retas perpendiculares:

$$\tan\alpha = \frac{\sin\alpha}{\cos\alpha} = \frac{\cos\theta}{\sin\theta} = \cot\theta = \frac{1}{\tan\theta} = \frac{1}{-\tan\beta} = -\frac{1}{\tan\beta}$$

Portanto, $m = -\dfrac{1}{m'}$, ou seja, $m \cdot m' = -1$.

Podemos reverter a demonstração e mostrar que, se $m \cdot m' = -1$, então as retas r e s são perpendiculares.

Por exemplo, as retas $y = \dfrac{1}{2}x + 4$ e $y = -2x + 7$ são perpendiculares, pois $\dfrac{1}{2} \cdot (-2) = -1$.

Exemplo 1

Determine a equação da reta s paralela à reta $r: y = \dfrac{2}{3}x - 1$, que contém o ponto $(6, 5)$.

Solução:

A reta s tem equação $y = \dfrac{2}{3}x + p$, pois a inclinação é a mesma da reta r. Substituindo agora o ponto dado, temos:

$$5 = \frac{2}{3} \cdot 6 + p \implies p = 1$$

Assim, $s: y = \frac{2}{3}x + 1$

Resposta:

$$y = \frac{2}{3}x + 1$$

Exemplo 2

Determine a equação da reta s perpendicular à reta $r: y = \frac{2}{3}x - 1$, que contém o ponto (6, 5).

Solução:

Como a reta r tem inclinação $\frac{2}{3}$, então a reta s terá inclinação $-\frac{3}{2}$. Assim, a equação da reta s deve ser $y = -\frac{3}{2}x + p$. Substituindo agora o ponto dado, temos:

$$5 = -\frac{3}{2} \cdot 6 + p \implies p = 14$$

Assim, $s: y = -\frac{3}{2}x + 14$

Resposta:

$$y = -\frac{3}{2}x + 14$$

Ângulo entre duas retas

Duas retas concorrentes formam quatro ângulos de mesmo vértice, sendo iguais os opostos pelo vértice. A expressão *ângulo entre duas retas* designa o menor desses ângulos.

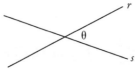

Na figura anterior, θ é o ângulo entre as retas *r* e *s*. O ângulo entre duas retas que não são paralelas nem perpendiculares será calculado a partir de sua tangente; como estamos tratando de um ângulo agudo, sua tangente é necessariamente positiva.

Consideremos então as retas *r* e *s* dadas por suas equações reduzidas: $r: y = mx + p$ e $s: y = m'x + p'$, em que $m = \tan\alpha$ e $m' = \tan\beta$. Veja a figura:

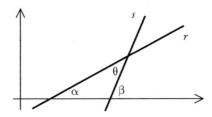

Sendo θ o ângulo entre as retas *r* e *s*, no triângulo formado pelas duas retas e o eixo *X* temos $\beta = \alpha + \theta$ ou $\theta = \beta - \alpha$. Se θ é um ângulo agudo, então $\tan\theta = |\tan(\beta - \alpha)| = \left|\dfrac{\tan\beta - \tan\alpha}{1 + \tan\beta \cdot \tan\alpha}\right| = \left|\dfrac{m' - m}{1 + m'm}\right|.$

Conhecendo as inclinações das duas retas, a tangente do ângulo formado por elas é dada por:

$$\tan\theta = \left|\dfrac{m - m'}{1 + mm'}\right|$$

Exemplo

Os vértices do triângulo *ABC* são $A = (1, 1)$, $B = (5, 3)$ e $C = (3, 6)$. Calcule a tangente do ângulo *A* desse triângulo.

Solução:

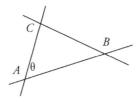

Observe que não é necessário encontrar as equações das retas — bastam suas inclinações. A inclinação da reta AB é $m = \dfrac{3-1}{5-1} = \dfrac{2}{4} = \dfrac{1}{2}$ e a inclinação da reta AC é $m' = \dfrac{6-1}{3-1} = \dfrac{5}{2}$. Portanto, se $\theta = B\hat{A}C$, temos:

$$\tan\theta = \left|\dfrac{\dfrac{1}{2} - \dfrac{5}{2}}{1 + \dfrac{1}{2}\cdot\dfrac{5}{2}}\right| = \left|\dfrac{-\dfrac{4}{2}}{\dfrac{9}{4}}\right| = \dfrac{4}{2}\cdot\dfrac{4}{9} = \dfrac{8}{9}$$

Resposta:
$\tan A = \dfrac{8}{9}$

Interseção de retas

O ponto de interseção de duas retas é a solução do sistema formado por suas equações.

Considere, por exemplo, as retas:
$r: 2x - y = 5$
$s: x + 3y = 13$

Vamos resolver o sistema para encontrar o ponto de interseção. Observando as duas equações, percebemos que podemos eliminar a incógnita y multiplicando a primeira equação por 3 e depois somando com a segunda:

$\begin{cases} 6x - 3y = 15 \\ x + 3y = 13 \end{cases}$

$7x = 28 \quad \Rightarrow \quad x = 4$

Substituindo esse valor na primeira equação:
$2 \cdot 4 - y = 5 \quad \Rightarrow \quad y = 3$

O ponto de interseção é $P = (4, 3)$. Veja o desenho da situação:

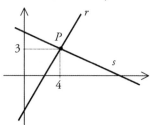

Equação da circunferência

Equação reduzida

Uma circunferência fica definida quando conhecemos a posição de seu centro e o valor do raio. Seja K a circunferência de centro $C = (x_0, y_0)$ e raio R.

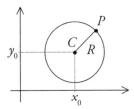

Se $P = (x, y)$ é um ponto qualquer da circunferência, então a distância entre C e P é igual a R. Assim, se $CP = R$, então $CP^2 = R^2$, ou seja:

$$(x - x_0)^2 + (y - y_0)^2 = R^2$$

Essa é a equação da circunferência de centro $C = (x_0, y_0)$ e raio R.

Por exemplo, a equação da circunferência de centro $C = (2, 3)$ e raio 4 é $(x - 2)^2 + (y - 3)^2 = 4^2$. Pois bem, essa equação pode ser desenvolvida e vai tomar uma forma um pouco diferente. Observe:

$(x - 2)^2 + (y - 3)^2 = 4^2$

$x^2 - 4x + 4 + y^2 - 6y + 9 = 16$

$x^2 + y^2 - 4x - 6y - 3 = 0$

Essa equação representa a mesma circunferência de centro $C = (2, 3)$ e raio 4. Ela se chama, naturalmente, equação *desenvolvida* da circunferência.

Um ponto pertence a uma circunferência se satisfaz sua equação e não pertence quando não satisfaz.

Exemplo

O ponto $P = (4, -1)$ pertence à circunferência $x^2 + y^2 - 5x + 6y + 7 = 0$?

Solução:

Substituindo as coordenadas de P na equação, temos:

$$4^2 + (-1)^2 - 5 \cdot 4 + 6(-1) + 7 = 16 + 1 - 20 - 6 + 7 = -2 \neq 0$$

Resposta:
O ponto P não pertence à circunferência.

Determinação do centro e do raio

A equação *reduzida* da circunferência tem esta forma:
$(x - x_0)^2 + (y - y_0)^2 = R^2$.

Nessa equação estão visíveis as coordenadas do centro e o valor do raio.

A equação *desenvolvida* da circunferência tem esta forma: $x^2 + y^2 + ax + by + c = 0$. Nessa equação não se percebem facilmente as coordenadas do centro, muito menos o valor do raio. A coisa é ainda pior, porque nem toda equação desse tipo representa uma circunferência. Mas vamos com calma para aprender a manejar a equação desenvolvida. Não vamos aqui deduzir fórmulas. Mostraremos que procedimento permite transformar a equação desenvolvida na equação reduzida trabalhando em um exemplo.

Exemplo
Determine o centro e o raio da circunferência $x^2 + y^2 - 10x + 6y - 6 = 0$.

Solução:
Vamos reconstituir os quadrados perfeitos que foram desmanchados. Observe a organização da equação dada:

$$x^2 - 10x + \dots + y^2 + 6y + \dots = 6 + \dots + \dots$$

Nos espaços do lado esquerdo, imagine que números completam as expressões dos quadrados perfeitos. Pense, desenvolva seu raciocínio e continue a leitura.

Completando os quadrados perfeitos e acrescentando do outro lado os mesmos números, temos:

$$x^2 - 10x + 25 + y^2 + 6y + 9 = 6 + 25 + 9$$
$$(x - 5)^2 + (y + 3)^2 = 40$$

Concluímos que o centro é o ponto $(5, -3)$ e o raio é $\sqrt{40} = 2\sqrt{10}$.

Uma equação da forma $x^2 + y^2 + ax + by + c = 0$ pode ainda representar apenas um ponto ou o conjunto vazio, como você verá nos exercícios resolvidos.

Posições relativas

Na geometria analítica, a reta e a circunferência são representadas por suas equações. Assim, dadas duas dessas figuras, saber se elas se cortam ou não é equivalente a verificar se o sistema formado por elas possui solução ou não.

No caso de uma reta e uma circunferência, três casos podem naturalmente ocorrer.

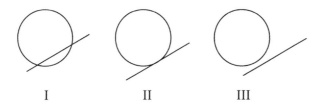

I   II   III

Caso I. A equação do segundo grau possui $\Delta > 0$ e, consequentemente, duas raízes reais distintas. A reta é *secante* à circunferência.

Caso II. A equação do segundo grau possui $\Delta = 0$ e, consequentemente, uma única raiz real. A reta é *tangente* à circunferência.

Caso III. A equação do segundo grau possui $\Delta < 0$ e, consequentemente, nenhuma raiz real. A reta é *exterior* à circunferência.

Exemplo

Determine a interseção entre a circunferência $x^2 + y^2 - 2y = 0$ e a reta $x + y = 2$.

Solução:

Da equação da reta tiramos $y = 2 - x$. Substituindo na equação da circunferência, ficamos com:

$x^2 + (2-x)^2 - 2(2-x) = 0$
$x^2 + 4 - 4x + x^2 - 4 + 2x = 0$
$2x^2 - 2x = 0$
$x(x-1) = 0$
$x = 0 \implies y = 2$
$x = 1 \implies y = 1$

Concluímos que a reta corta a circunferência nos pontos (0, 2) e (1, 1).

Resposta:
A interseção é $\{(0, 2), (1, 1)\}$.

Quando temos duas circunferências, há também três situações básicas:

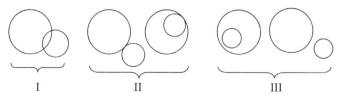

I   II   III

Cada situação corresponde a um caso da equação do segundo grau que calcula uma das incógnitas do sistema:

Caso I. A equação do segundo grau possui $\Delta > 0$ e, consequentemente, duas raízes reais distintas. As duas circunferências são *secantes*, ou seja, possuem dois pontos em comum.

Caso II. A equação do segundo grau possui $\Delta = 0$ e, consequentemente, uma única raiz real. As duas circunferências são *tangentes* exteriores ou interiores, ou seja, possuem um único ponto comum.

Caso III. A equação do segundo grau possui $\Delta < 0$ e, consequentemente, nenhuma raiz real. As duas circunferências não possuem ponto comum, podendo ser exteriores ou uma interior à outra.

Exemplo

Determine a interseção entre as circunferências $C_1 : x^2 + y^2 + 2x - 9 = 0$ e $C_2 : x^2 + y^2 - 8x - 10y + 21 = 0$.

Solução:
Para resolver um sistema desse tipo, inicialmente determinamos uma terceira equação por meio da diferença entre duas equações dadas:
$x^2 + y^2 - 8x - 10y + 21 - (x^2 + y^2 + 2x - 9) = 0$
$-10x - 10y + 30 = 0$
$y = -x + 3$

Essa equação representa uma reta e contém a solução do sistema. Se o sistema tiver solução, essa reta passa por essa interseção.

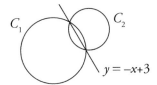

Vamos agora resolver um sistema bem mais simples:
$$\begin{cases} x^2 + y^2 + 2x - 9 = 0 \\ y = -x + 3 \end{cases}$$
Substituindo, temos:
$x^2 + (-x+3)^2 + 2x - 9 = 0$
$x^2 + x^2 - 6x + 9 + 2x - 9 = 0$
$2x^2 - 4x = 0$
$x(x-2) = 0$
$x = 0 \Rightarrow y = 3$
$x = 2 \Rightarrow y = 1$

As duas circunferências cortam-se em dois pontos: (0, 3) e (2, 1).
Resposta:
$C_1 \cap C_2 = \{(0, 3), (2, 1)\}$

Exercícios resolvidos

1) No triângulo ABC, $A = (1, 6)$, $B = (-1, 0)$ e $C = (7, -4)$. Determine o comprimento da mediana que contém o vértice A.

Solução:
A mediana que contém o vértice A também contém o ponto M, médio de BC. Temos então:
$$M = \left(\frac{-1+7}{2}, \frac{0+(-4)}{2} \right) = (3, -2)$$
Portanto,
$$AM = \sqrt{(3-1)^2 + (-2-6)^2} = \sqrt{2^2 + (-8)^2} = \sqrt{4+64} = \sqrt{68}$$

Resposta:
A mediana mede $\sqrt{68} \approx 8,25$.

2) Considerando os dados do exercício anterior, encontre o ponto G sobre a mediana AM de forma que $AG = \frac{2}{3} AM$.

Solução:
Do exercício anterior, $A = (1, 6)$ e $M = (3, -2)$. Sendo $G = (x, y)$, temos:
$$x = 1 + \frac{2}{3}(3-1) = 1 + \frac{4}{3} = \frac{7}{3}$$
$$y = 6 + \frac{2}{3}(-2-6) = 6 - \frac{16}{3} = \frac{2}{3}$$

Resposta:
$$G = \left(\frac{7}{3}, \frac{2}{3}\right)$$

Obs.: esse ponto G chama-se *baricentro* do triângulo ABC e é o ponto de interseção de suas medianas. Para justificar essa afirmação, vamos determinar um ponto G' sobre a mediana BN de forma que $BG' = \frac{2}{3} BN$. Você verá que G' é o mesmo ponto G do exercício anterior.

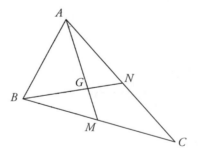

Do exercício 1, $A = (1, 6)$, $B = (-1, 0)$ e $C = (7, -4)$. Então:
$$N = \left(\frac{1+7}{2}, \frac{6+(-4)}{2}\right) = (4, 1)$$
Se $G' = (x, y)$, temos:

$$x = -1 + \frac{2}{3}\left(4 - (-1)\right) = -1 + \frac{10}{3} = \frac{7}{3}$$

$$y = 0 + \frac{2}{3}(1 - 0) = \frac{2}{3}$$

Assim, $G' = \left(\dfrac{7}{3}, \dfrac{2}{3}\right) = G.$

Os pontos G e G' coincidem; são o mesmo ponto. O leitor poderá verificar a mesma propriedade em relação à terceira mediana.

O baricentro de um triângulo é o ponto de interseção de suas medianas e divide cada uma delas na razão $\dfrac{2}{3}$ a partir do vértice.

3) Determine o valor de k para que os pontos $A = (-2, 1)$, $B = (3, 3)$ e $P = (18, k)$ sejam colineares.

Solução 1:

Esse é um problema clássico. Nesta primeira solução, vamos determinar a equação da reta AB e impor a condição para que P pertença a essa reta.

A inclinação da reta AB é $m = \dfrac{3 - 1}{3 - (-2)} = \dfrac{2}{5}$. Logo, a equação da reta AB que contém o ponto A e tem inclinação $\dfrac{2}{5}$ é:

$$y - 1 = \frac{2}{5}(x - (-2))$$

$$5y - 5 = 2x + 4$$

$$2x - 5y = -9$$

Se o ponto P deve pertencer a essa reta, então:

$$2 \cdot 18 - 5k = -9$$

$$5k = 45$$

$$k = 9$$

Solução 2:

Observe que os pontos A, B e P são colineares se, e somente se, as retas AP e AB têm mesma inclinação.

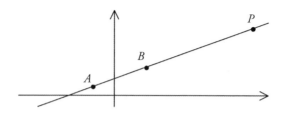

Escrevendo que $m_{AP} = m_{AB}$, temos:

$$\frac{k-1}{18-(-2)} = \frac{3-1}{3-(-2)}$$

$$\frac{k-1}{20} = \frac{2}{5}$$

$$\frac{k-1}{4} = 2$$

$$k - 1 = 8$$

$$k = 9$$

Resposta:
$k = 9$

4) São dados os pontos $A = (1,-1)$, $B = (7,2)$ e $C = (5,5)$. Determine o vértice D do paralelogramo $ABCD$.

Solução:
Façamos um desenho.

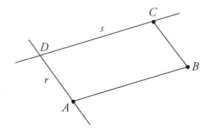

Observando a figura, vamos planejar a solução. Em primeiro lugar, vamos construir a reta r passando por A e paralela à BC. Em segundo lugar, vamos construir a reta *s* passando por *C* e paralela à *AB*. Depois, determinamos o vértice *D* fazendo a interseção das retas *r* e *s*.

As inclinações:

$$m_r = m_{BC} = \frac{5-2}{5-7} = -\frac{3}{2}$$

$$m_s = m_{AB} = \frac{2-(-1)}{7-1} = \frac{3}{6} = \frac{1}{2}$$

As retas:

Reta *r*: $\quad y+1 = -\frac{3}{2}(x-1)$

$$2y+2 = -3x+3$$

$$3x+2y = 1$$

Reta *s*: $\quad y-5 = \frac{1}{2}(x-5)$

$$2y-10 = x-5$$

$$-x+2y = 5$$

O sistema que determina o vértice *D*:

$$\begin{cases} 3x+2y = 1 \\ -x+2y = 5 \end{cases}$$

Para resolver, observe o sistema e perceba uma forma de eliminar uma das incógnitas:

$$\begin{cases} 3x+2y = 1 \\ x-2y = -5 \end{cases}$$

Somando, temos:

$$4x = -4 \quad \Rightarrow \quad x = -1$$

Substituindo esse valor na primeira equação, obtemos:

$$3(-1)+2y = 1 \quad \Rightarrow \quad y = 2$$

Resposta:
$$D = (-1, 2)$$

5) São dados: a reta $r : 5x-3y = 3$ e o ponto $A = (2, 6)$. Determine o pé da perpendicular traçada por *A* à reta *r*.

Solução:
O problema pede o ponto *P* do desenho a seguir:

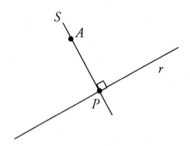

Devemos traçar a reta s, perpendicular à reta r e passando por A. A interseção das retas r e s é o ponto P procurado.

Como a inclinação de r é $\frac{5}{3}$, então a inclinação de s é $-\frac{3}{5}$. Assim, a equação de s é:

$y - 6 = -\frac{3}{5}(x - 2)$
$5y - 30 = -3x + 6$
$3x + 5y = 36$

Passamos agora a resolver o sistema formado pelas duas equações:
$$\begin{cases} 5x - 3y = 3 \\ 3x + 5y = 36 \end{cases}$$

Para eliminar y, vamos multiplicar a primeira equação por 5 e a segunda por 3:
$$\begin{cases} 25x - 15y = 15 \\ 9x + 15y = 108 \end{cases}$$

Somando, obtemos $x = \frac{123}{34}$. Substituindo esse valor na segunda equação, encontramos:

$3 \cdot \frac{123}{34} + 5y = 36$

$369 + 170y = 1224$

$170y = 855 \implies y = \frac{855}{170} = \frac{171}{34}$

Resposta:

$P = \left(\frac{123}{34}, \frac{171}{34} \right)$

Vamos resolver agora o problema inicial do capítulo.

6) A base de um retângulo é o dobro de sua altura. Qual é o ângulo, aproximadamente, entre suas diagonais?

Solução:
Seja $ABCD$ o nosso retângulo com $AB = 2a$ e $AD = a$. Vamos considerar um sistema de coordenadas com origem em A e eixos passando em B e D, como no desenho:

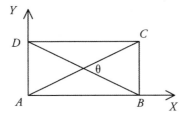

As coordenadas dos vértices são: $A = (0, 0)$, $B = (2a, 0)$, $C = (2a, a)$ e $D = (0, a)$. As inclinações das duas diagonais são:

$$m_{AC} = \frac{a-0}{2a-0} = \frac{1}{2}$$

$$m_{DB} = \frac{0-a}{2a-0} = -\frac{1}{2}$$

A tangente do ângulo formado por essas retas é:

$$\tan\theta = \left| \frac{\frac{1}{2} - \left(-\frac{1}{2}\right)}{1 + \frac{1}{2}\cdot\left(-\frac{1}{2}\right)} \right| = \frac{1}{1-\frac{1}{4}} = \frac{1}{\frac{3}{4}} = \frac{4}{3}$$

Para encontrar um valor aproximado da medida desse ângulo em graus sem uma calculadora científica, vamos calcular, por exemplo, seu cosseno:

$$\sec^2\theta = 1 + \tan^2\theta = 1 + \frac{16}{9} = \frac{25}{9}$$

$$\sec\theta = \frac{5}{3} \quad \Rightarrow \quad \cos\theta = \frac{3}{5} = 0{,}6$$

Consultando a tabela trigonométrica, vemos que esse ângulo é de, aproximadamente, 53°.

Resposta:
$\theta \approx 53°$

7) Determine o centro e o raio da circunferência $x^2 + y^2 - 3x + y - 2 = 0$.

Solução:
Lembre-se da técnica de completar os quadrados:
$$x^2 + y^2 - 3x + y - 2 = 0$$
$$x^2 - 3x + \ldots + y^2 + y + \ldots = 2 + \ldots + \ldots$$
$$x^2 - 2 \cdot \frac{3}{2}x + \ldots + y^2 + 2 \cdot \frac{1}{2}y + \ldots = 2 + \ldots + \ldots$$
$$x^2 - 2 \cdot \frac{3}{2}x + \frac{9}{4} + y^2 + 2 \cdot \frac{1}{2}y + \frac{1}{4} = 2 + \frac{9}{4} + \frac{1}{4}$$
$$\left(x - \frac{3}{2}\right)^2 + \left(y + \frac{1}{2}\right)^2 = \frac{18}{4}$$

Agora, vemos que o centro é $\left(\frac{3}{2}, -\frac{1}{2}\right)$ e o raio é $\sqrt{\frac{18}{4}} = \frac{3\sqrt{2}}{2}$.

Resposta:
$$C = \left(\frac{3}{2}, -\frac{1}{2}\right) \text{ e } R = \frac{3\sqrt{2}}{2}$$

8) Determine para que valores de m a equação $x^2 + y^2 - 6x + 10y + m = 0$ representa:
a) uma circunferência;
b) um ponto;
c) o conjunto vazio.

Solução:
Vamos completar os quadrados, e a resposta ficará clara:
$$x^2 + y^2 - 6x + 10y + m = 0$$
$$x^2 - 6x + 9 + y^2 + 10y + 25 = -m + 9 + 25$$
$$(x - 3)^2 + (y + 5)^2 = 34 - m$$

a) Se $34 - m > 0$, ou seja, $m < 34$, a equação dada representa uma circunferência de centro $(3,-5)$ e raio $\sqrt{34-m}$.

b) Se $34 - m = 0$, ou seja, $m = 34$, a equação dada representa apenas o ponto $(3,-5)$.

c) Se $34 - m < 0$, ou seja, $m > 34$, a equação dada é impossível. Ela nada representa.

Resposta:

a) $m < 34$

b) $m = 34$

c) $m > 34$

9) Determine para que valores de k a reta $r : 2x + y = k$ e a circunferência $C : (x-2)^2 + y^2 = 5$ são:

a) tangentes;

b) secantes;

c) exteriores.

Solução:

O problema consiste em determinar a interseção das duas figuras. Vamos, então, resolver e analisar o sistema formado pelas equações $y = k - 2x$ e $(x-2)^2 + y^2 = 5$.

Substituindo a primeira na segunda:

$(x-2)^2 + (k-2x)^2 = 5$

$x^2 - 4x + 4 + k^2 - 4kx + 4x^2 - 5 = 0$

$5x^2 - 4(1+k)x + k^2 - 1 = 0$

Para que a reta seja tangente à circunferência, essa equação deve ter uma só raiz, ou seja, seu discriminante deve ser 0.

$16(k+1)^2 - 4 \cdot 5(k^2 - 1) = 0$

$4(k+1)^2 - 5(k^2 - 1) = 0$

$4k^2 + 8k + 4 - 5k^2 + 5 = 0$

$-k^2 + 8k + 9 = 0$

$k^2 - 8k - 9 = 0$

Resolvendo, encontramos $k = -1$ e $k = 9$. Para esses valores, a reta é tangente à circunferência.

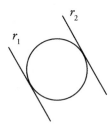

Quando k varia entre -1 e 9, a reta se desloca, paralelamente a si, da posição r_1 do desenho acima para a posição r_2. Logo, para esses valores, a reta será secante à circunferência. Finalmente, se k não pertence ao intervalo $[-1, 9]$, a reta não terá ponto comum com a circunferência.

Resposta:
a) $k = -1$ e $k = 9$
b) $-1 < k < 9$
c) $k < -1$ ou $k > 9$

10) Sejam $A = (0, 0)$ e $B = (3, 0)$. Identifique o conjunto dos pontos que possuem a seguinte propriedade: "A distância de cada ponto do conjunto ao ponto A é o dobro de sua distância ao ponto B".

Solução:
Seja $P = (x, y)$. Como devemos ter $PA = 2 \cdot PB$, então:
$$\sqrt{(x-0)^2 + (y-0)^2} = 2\sqrt{(x-3)^2 + (y-0)^2}$$
Elevando ao quadrado e desenvolvendo:
$x^2 + y^2 = 4x^2 - 24x + 36 + 4y^2$
$3x^2 + 3y^2 - 24x + 36 = 0$
$x^2 + y^2 - 8x + 12 = 0$
Essa equação sugere uma circunferência. Vamos completar o quadrado para verificar:
$x^2 - 8x + 16 + y^2 = -12 + 16$
$(x - 4)^2 + y^2 = 4$
Essa é a equação da circunferência de centro $(4, 0)$ e raio 2.

Resposta:
O conjunto é a circunferência de centro (4, 0) e raio 2.

11) A circunferência *C* tem centro (2, 1) e é tangente ao eixo *X*. Determine a equação da reta que passa na origem e é tangente à *C*.

Solução:
Vamos fazer um desenho para compreender o problema:

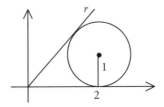

Como o centro é o ponto (2, 1), o raio da circunferência é 1. A equação dessa circunferência é $(x-2)^2 + (y-1)^2 = 1$.
Toda reta que passa na origem tem equação da forma $y = mx$, em que m é sua inclinação.
Façamos a interseção entre a reta e a circunferência:
$(x-2)^2 + (mx-1)^2 = 1$
$x^2 - 4x + 4 + m^2x^2 - 2mx + 1 = 1$
$(1+m^2)x^2 - 2(2+m)x + 4 = 0$
Como a reta é tangente à circunferência, devemos ter $\Delta = 0$.
$4(2+m)^2 - 4(1+m^2)4 = 0$
$(2+m)^2 - 4(1+m^2) = 0$
$4 + 4m + m^2 - 4 - 4m^2 = 0$
$4m - 3m^2 = 0$
$m(4-3m) = 0 \Rightarrow m = 0$ ou $m = \dfrac{4}{3}$
Para $m = 0$, a reta é $y = 0$, ou seja, o eixo *X*.
Para $m = \dfrac{4}{3}$, a reta é $y = \dfrac{4x}{3}$.

Resposta:
$y = 0$ ou $y = \dfrac{4x}{3}$

10 Matrizes e sistemas lineares

Situação

Em uma loja, Pedro escolheu um tipo de bermuda, um modelo de tênis e um tipo de camiseta. Comprando duas bermudas, um tênis e três camisetas, pagará R$ 240,00; comprando uma bermuda, dois tênis e quatro camisetas, pagará R$ 300,00. Quanto pagará por oito bermudas, sete tênis e 17 camisetas?

Essa é uma situação que envolve um sistema indeterminado. Neste capítulo estudaremos as matrizes e os sistemas lineares; nos exercícios resolvidos, você verá como resolver o problema acima.

Conceitos iniciais

Definições

Matriz é qualquer quadro retangular de números dispostos em linhas e colunas. Por exemplo,

$$A = \begin{bmatrix} 3 & -1 & 7 & 0 \\ 1 & 5 & 1 & 2 \\ -2 & 0 & 0 & 4 \end{bmatrix}$$

é uma matriz que possui três linhas e quatro colunas.

As linhas são numeradas de cima para baixo, ou seja, a *primeira* linha da matriz é [3 −1 7 0]; a *segunda*, [1 5 1 2]; a *terceira*, [−2 0 0 4].

As colunas são numeradas da esquerda para a direita, ou seja, a *primeira*

coluna é $\begin{bmatrix} 3 \\ 1 \\ -2 \end{bmatrix}$; a *segunda*, $\begin{bmatrix} -1 \\ 5 \\ 0 \end{bmatrix}$, e assim por diante.

O elemento da matriz que está na linha i e na coluna j é representado por a_{ij} (lê-se simplesmente a, i, j). Assim, na matriz A do exemplo anterior, tem-se: $a_{23} = 1$, $a_{32} = 0$, $a_{11} = 3$, $a_{34} = 4$ etc.

Se uma matriz possui m linhas e n colunas, dizemos que ela tem *ordem* $m \times n$ (lê-se m por n). Assim, a matriz A tem ordem 3×4 e, se queremos deixar isso claro desde o início, podemos escrever $A_{3 \times 4}$.

De forma *genérica*, uma matriz $m \times n$ escreve-se assim:

$$M = \begin{bmatrix} a_{11} & a_{12} & a_{13} & \cdots & a_{1n} \\ a_{21} & a_{22} & a_{23} & \cdots & a_{2n} \\ a_{31} & a_{32} & a_{33} & \cdots & a_{3n} \\ \vdots & \vdots & \vdots & \ddots & \vdots \\ a_{m1} & a_{m2} & a_{m3} & \cdots & a_{mn} \end{bmatrix}$$

Quando uma matriz M é representada dessa forma, podemos escrever $M = (a_{ij})_{m \times n}$.

A *matriz nula* é a que possui todos os elementos iguais a zero. Existe matriz nula de todos os tamanhos, por exemplo,

$$O_{2 \times 3} = \begin{bmatrix} 0 & 0 & 0 \\ 0 & 0 & 0 \end{bmatrix} \qquad O_{1 \times 4} = \begin{bmatrix} 0 & 0 & 0 & 0 \end{bmatrix} \qquad O_{3 \times 1} = \begin{bmatrix} 0 \\ 0 \\ 0 \end{bmatrix}$$

Igualdade

Duas matrizes são iguais quando os elementos que estão nas mesmas posições são iguais. Isso implica, naturalmente, que duas matrizes iguais possuem mesmo tamanho (mesma ordem).

Transposta

A matriz *transposta* de uma matriz A é a matriz A^{T}, cujas colunas são as linhas de A.

Por exemplo, se $A = \begin{bmatrix} 3 & -1 & 7 & 0 \\ 1 & 5 & 1 & 2 \\ -2 & 0 & 0 & 4 \end{bmatrix}$, sua transposta é:

$$A^{\mathrm{T}} = \begin{bmatrix} 3 & 1 & -2 \\ -1 & 5 & 0 \\ 7 & 1 & 0 \\ 0 & 2 & 4 \end{bmatrix}$$

De forma genérica, se $A = (a_{ij})_{m \times n}$, então $A^{\mathrm{T}} = (a_{ji})_{n \times m}$.

Matrizes quadradas

Uma matriz quadrada é a que possui, naturalmente, número de linhas igual ao número de colunas. Quando uma matriz possui n linhas e n colunas, podemos dizer *matriz de ordem $n \times n$* ou *matriz quadrada de ordem n*.

Por exemplo, uma matriz genérica quadrada de ordem 4 é assim:

$$A = \begin{bmatrix} a_{11} & a_{12} & a_{13} & a_{14} \\ a_{21} & a_{22} & a_{23} & a_{24} \\ a_{31} & a_{32} & a_{33} & a_{34} \\ a_{41} & a_{42} & a_{43} & a_{44} \end{bmatrix}$$

Os elementos que possuem os dois índices iguais, a_{11}, a_{22}, a_{33}, a_{44}, formam a *diagonal* da matriz. Os elementos que estão acima da diagonal possuem o primeiro índice menor do que o segundo; os que estão abaixo possuem o primeiro índice maior do que o segundo. Observe.

A matriz *identidade* possui todos os elementos da diagonal iguais a 1 e todos os demais 0. Veja os exemplos:

$$I_2 = \begin{bmatrix} 1 & 0 \\ 0 & 1 \end{bmatrix} \qquad\qquad I_3 = \begin{bmatrix} 1 & 0 & 0 \\ 0 & 1 & 0 \\ 0 & 0 & 1 \end{bmatrix}$$

Para os que gostam de símbolos, diremos que a matriz identidade é a matriz I_n, em que $a_{ij} = 1$ se $i = j$ e $a_{ij} = 0$ se $i \neq j$.

Uma matriz é *simétrica* quando os elementos simétricos em relação à diagonal são iguais. Então, $a_{12} = a_{21}$, $a_{23} = a_{32}$ etc. De forma bem sintética, dizemos que uma matriz é simétrica quando $a_{ij} = a_{ji}$. Veja como é uma matriz simétrica de ordem 4:

$$A = \begin{bmatrix} x & a & b & c \\ a & y & d & e \\ b & d & z & f \\ c & e & f & w \end{bmatrix}$$

Escreva agora a transposta dessa matriz. Você acaba de verificar que $A^{T} = A$.

Tabelas

Matrizes são usadas na vida cotidiana como uma tabela para reunir informações. Por exemplo, imagine que os times A, B, e C (entre outros) estejam disputando o campeonato estadual e, em cada momento, gostamos de conhecer, para cada um deles, o número de partidas jogadas (J), o número de vitórias (V), empates (E), derrotas (D) e o saldo de gols (S):

	J	V	E	D	S
A	5	3	1	1	4
B	4	3	0	1	6
C	4	1	1	2	–3

É fácil compreender o significado de cada elemento da tabela acima. Também é muito conhecida dos alunos a matriz (tabela) que mostra, para cada aluno de uma turma, as notas finais em cada matéria:

	Port	Mat	Fís	Quím	Bio	Hist	Geo
Alberto							
Amanda							
Beatriz							
......							
Vítor							

As matrizes, entretanto, não são apenas tabelas ou quadros que reúnem informações. Existe uma álgebra das matrizes com muitas aplicações em diversas áreas da matemática. Vamos ver alguns aspectos dessa álgebra.

Operações

Adição

Podemos somar duas matrizes apenas no caso em que tenham mesma ordem. Nesse caso, a operação é feita com os elementos que estão nas mesmas posições. Por exemplo:

$$\begin{bmatrix} 2 & 4 & -1 \\ 0 & 5 & 1 \end{bmatrix} + \begin{bmatrix} 3 & -3 & 2 \\ 1 & -2 & 6 \end{bmatrix} = \begin{bmatrix} 5 & 1 & 1 \\ 1 & 3 & 7 \end{bmatrix}$$

Usando símbolos, se $A = (a_{ij})$ e $B = (b_{ij})$ são matrizes de mesma ordem, então $A + B = (a_{ij} + b_{ij})$.

Multiplicação por número real

Multiplicar uma matriz por um número real significa multiplicar todos os elementos da matriz por esse número.

Por exemplo, se $A = \begin{bmatrix} 1 & 2 \\ 3 & 4 \end{bmatrix}$, então $3A = \begin{bmatrix} 3 & 6 \\ 9 & 12 \end{bmatrix}$. Em particular, para qualquer matriz A, a matriz $-A = (-1)A$ é a matriz *oposta* de A.

Produto de uma linha por uma coluna

Consideremos agora uma matriz linha A e uma matriz coluna B com o mesmo número de elementos:

$$A = \begin{bmatrix} a_1 & a_2 & a_3 & \cdots & a_n \end{bmatrix} \quad \text{e} \quad B = \begin{bmatrix} b_1 \\ b_2 \\ b_3 \\ \vdots \\ b_n \end{bmatrix}$$

Definimos o produto da linha pela coluna da seguinte forma:

$$AB = \left[a_1 b_1 + a_2 b_2 + a_3 b_3 + \cdots + a_n b_n \right]$$

A matriz AB tem ordem 1×1 que se identifica com o número real $a_1 b_1 + a_2 b_2 + a_3 b_3 + \cdots + a_n b_n$.

Por exemplo, se $A = \begin{bmatrix} 1 & 2 & 3 \end{bmatrix}$ e $B = \begin{bmatrix} 5 \\ 4 \\ -2 \end{bmatrix}$, o produto da linha pela coluna é:

$$AB = \left[1 \cdot 5 + 2 \cdot 4 + 3(-2) \right] = \left[5 + 8 - 6 \right] = \left[7 \right] = 7$$

Produto de matrizes

A definição do produto de matrizes pode parecer não intuitiva a princípio, mas, no decorrer do capítulo, vendo as aplicações, você vai perceber por que o produto foi inventado dessa forma.

i) Uma matriz só pode ser multiplicada por outra se o número de colunas da primeira for igual ao número de linhas da segunda. Assim, a matriz $A_{3 \times 4}$ poderá ser multiplicada pela matriz $A_{4 \times 6}$, pois a primeira tem quatro colunas e a segunda tem quatro linhas. Repare que essas matrizes não podem ser multiplicadas na ordem inversa, porque essa primeira condição não é obedecida.

ii) O produto da matriz $A = (a_{ij})_{m \times n}$ pela matriz $B = (b_{ij})_{n \times p}$ é a matriz $AB = (c_{ij})_{m \times p}$, em que c_{ij} é o produto da linha i da matriz A pela coluna j da matriz B:

$$c_{ij} = a_{i1} b_{1j} + a_{i2} b_{2j} + \ldots + a_{in} b_{nj}$$

Vamos mostrar um exemplo numérico para que as coisas fiquem mais claras.

Exemplo

Dadas as matrizes $A = \begin{bmatrix} 1 & -2 & 4 \\ 2 & 0 & 1 \end{bmatrix}$ e $B = \begin{bmatrix} 3 & 2 \\ 1 & 5 \\ 1 & -1 \end{bmatrix}$, calcule os produtos AB e BA.

Solução:

a) O produto AB

O produto da matriz $A_{2\times3}$ pela matriz $B_{3\times2}$ é a matriz $(AB)_{2\times2}$. Chamando c_{ij} cada elemento da matriz AB, temos, pela definição:

$$c_{11} = \begin{bmatrix} 1 & -2 & 4 \end{bmatrix} \begin{bmatrix} 3 \\ 1 \\ 1 \end{bmatrix} = 1\cdot3 + (-2)\cdot1 + 4\cdot1 = 5$$

$$c_{12} = \begin{bmatrix} 1 & -2 & 4 \end{bmatrix} \begin{bmatrix} 2 \\ 5 \\ -1 \end{bmatrix} = 1\cdot2 + (-2)\cdot5 + 4\cdot(-1) = -12$$

$$c_{21} = \begin{bmatrix} 2 & 0 & 1 \end{bmatrix} \begin{bmatrix} 3 \\ 1 \\ 1 \end{bmatrix} = 2\cdot3 + 0\cdot1 + 1\cdot1 = 7$$

$$c_{22} = \begin{bmatrix} 2 & 0 & 1 \end{bmatrix} \begin{bmatrix} 2 \\ 5 \\ -1 \end{bmatrix} = 2\cdot2 + 0\cdot5 + 1\cdot(-1) = 3$$

Assim, $AB = \begin{bmatrix} c_{11} & c_{12} \\ c_{21} & c_{22} \end{bmatrix} = \begin{bmatrix} 5 & -12 \\ 7 & 3 \end{bmatrix}$.

Uma forma prática de efetuar o produto AB é a do diagrama a seguir:

		3	2	= B
		1	5	
		1	-1	
$A =$	1 -2 4	5	-12	= AB
	2 0 1	7	3	

Veja que cada elemento da matriz AB é o produto da linha que está à esquerda com a coluna que está acima.

b) O produto BA

O produto da matriz $B_{3\times2}$ pela matriz $A_{2\times3}$ é a matriz $(BA)_{3\times3}$. Aplicando a definição, cada elemento c_{ij} da matriz BA é o produto da linha i da matriz B pela coluna j da matriz A. Por exemplo, o elemento c_{11} da matriz BA é o produto da linha 1 da matriz B pela coluna 1 da matriz A, ou seja,

$$c_{11} = \begin{bmatrix} 3 & 2 \end{bmatrix} \begin{bmatrix} 1 \\ 2 \end{bmatrix} = 3 \cdot 1 + 2 \cdot 2 = 7$$

e assim por diante.

Mostramos a seguir o produto BA utilizando o diagrama:

		1	−2	4		$= A$
		2	0	1		
	3	2	7	−6	14	
$B =$	1	5	11	−2	9	$= AB$
	1	−1	−1	−2	3	

Os produtos AB e BA, como você pode ver, são totalmente diferentes. Mesmo que as matrizes A e B sejam $n \times n$, os produtos AB e BA também são $n \times n$, mas em geral são diferentes.

Suponha que A, B e C sejam matrizes quadradas de mesma ordem. Se $A = B$, então é certo que $CA = CB$, e isso se chama multiplicação por C pela esquerda. Da mesma forma, também é certo que $AC = BC$, que é a multiplicação pela direita. É necessário enfatizar que, se $A = B$, então *não* vale $AC = CB$, pois o produto de matrizes não é comutativo.

Propriedades

Vamos enunciar diversas propriedades operatórias das matrizes. Não daremos aqui as demonstrações. Elas poderão ser encontradas em um livro de álgebra linear. Mostraremos apenas exemplos para que você veja como elas funcionam.

a) Se A é matriz quadrada de ordem n e se I é a identidade de ordem n, então: $AI = A$ e $IA = A$

Exemplo

Seja $A = \begin{bmatrix} a & b \\ c & d \end{bmatrix}$. Observe os produtos a seguir, em que utilizamos o diagrama já bastante simplificado:

$$A = \begin{array}{c|c} & \begin{array}{cc} 1 & 0 \\ 0 & 1 \end{array} \\ \hline \begin{array}{cc} a & b \\ c & d \end{array} & \begin{array}{cc} a & b \\ c & d \end{array} \end{array} = I \qquad = AI = A$$

$$I = \begin{array}{c|c} & \begin{array}{cc} a & b \\ c & d \end{array} \\ \hline \begin{array}{cc} 1 & 0 \\ 0 & 1 \end{array} & \begin{array}{cc} a & b \\ c & d \end{array} \end{array} = A \qquad = AI = A$$

A matriz identidade faz o papel do número 1 comparando com os números reais. Se a é um número real qualquer, então $a \cdot 1 = 1 \cdot a = a$. Com uma matriz quadrada A, a propriedade é a mesma: $AI = IA = A$.

b) Se A é uma matriz $m \times n$ e se B e C são matrizes $n \times p$, então:
$$A(B + C) = AB + AC \qquad e \qquad (B + C)A = BA + CA$$

Exemplo

Vamos mostrar esse exemplo com matrizes 2×2 para ilustrar a propriedade distributiva. Sendo $A = \begin{bmatrix} 1 & 2 \\ 4 & 3 \end{bmatrix}$, $B = \begin{bmatrix} 2 & -1 \\ 1 & 5 \end{bmatrix}$ e $C = \begin{bmatrix} -3 & 0 \\ 3 & 2 \end{bmatrix}$, temos:

$$B + C = \begin{bmatrix} -1 & -1 \\ 4 & 7 \end{bmatrix} \quad e \quad A(B + C) = \begin{bmatrix} 1 & 2 \\ 4 & 3 \end{bmatrix}\begin{bmatrix} -1 & -1 \\ 4 & 7 \end{bmatrix} = \begin{bmatrix} 7 & 13 \\ 8 & 17 \end{bmatrix}$$

Nesse último produto dispensamos o diagrama, mas você deve fazê-lo se ainda não está seguro da operação. O ideal é que você adquira prática suficiente para fazer mentalmente as operações de produto de linha por coluna.

Vamos agora calcular $AB + AC$:

$$AB + AC = \begin{bmatrix} 1 & 2 \\ 4 & 3 \end{bmatrix}\begin{bmatrix} 2 & -1 \\ 1 & 5 \end{bmatrix} + \begin{bmatrix} 1 & 2 \\ 4 & 3 \end{bmatrix}\begin{bmatrix} -3 & 0 \\ 3 & 2 \end{bmatrix} = \begin{bmatrix} 4 & 9 \\ 11 & 11 \end{bmatrix} + \begin{bmatrix} 3 & 4 \\ -3 & 6 \end{bmatrix} = \begin{bmatrix} 7 & 13 \\ 8 & 17 \end{bmatrix}$$

Confira os cálculos e observe que encontramos resultados iguais. Fique atento em perceber que isso não é nenhuma demonstração. Trata-se apenas de um exemplo para ilustrar a propriedade.

c) Se A é uma matriz $m \times n$, B uma matriz $n \times p$, e x um real qualquer, então: $A(xB) = (xA)B = x(AB)$

Exemplo

Para ilustrar, consideremos $A = \begin{bmatrix} 2 & 1 \\ -3 & 1 \end{bmatrix}$, $B = \begin{bmatrix} -1 & 1 & 3 \\ 5 & 2 & -2 \end{bmatrix}$ e $x = 2$.

$$A(2B) = \begin{bmatrix} 2 & 1 \\ -3 & 1 \end{bmatrix} \begin{bmatrix} -2 & 2 & 6 \\ 10 & 4 & -4 \end{bmatrix} = \begin{bmatrix} 6 & 8 & 8 \\ 16 & -2 & -22 \end{bmatrix}$$

$$(2A)B = \begin{bmatrix} 4 & 2 \\ -6 & 2 \end{bmatrix} \begin{bmatrix} -1 & 1 & 3 \\ 5 & 2 & -2 \end{bmatrix} = \begin{bmatrix} 6 & 8 & 8 \\ 16 & -2 & -22 \end{bmatrix}$$

$$2(AB) = 2 \begin{bmatrix} 2 & 1 \\ -3 & 1 \end{bmatrix} \begin{bmatrix} -1 & 1 & 3 \\ 5 & 2 & -2 \end{bmatrix} = 2 \begin{bmatrix} 3 & 4 & 4 \\ 8 & -1 & -11 \end{bmatrix} = \begin{bmatrix} 6 & 8 & 8 \\ 16 & -2 & -22 \end{bmatrix}$$

d) Se A, B e C são matrizes de forma que existem os produtos AB e BC, então: $(AB)C = A(BC)$.

Exemplo

Consideremos as matrizes: $A = \begin{bmatrix} 3 & 2 \\ 1 & 1 \end{bmatrix}$, $B = \begin{bmatrix} 0 & -2 \\ 2 & 3 \end{bmatrix}$ e $C = \begin{bmatrix} 1 & 4 \\ -1 & -2 \end{bmatrix}$.

$$AB = \begin{bmatrix} 3 & 2 \\ 1 & 1 \end{bmatrix} \begin{bmatrix} 0 & -2 \\ 2 & 3 \end{bmatrix} = \begin{bmatrix} 4 & 0 \\ 2 & 1 \end{bmatrix} \text{ e}$$

$$(AB)C = \begin{bmatrix} 4 & 0 \\ 2 & 1 \end{bmatrix} \begin{bmatrix} 1 & 4 \\ -1 & -2 \end{bmatrix} = \begin{bmatrix} 4 & 16 \\ 1 & 6 \end{bmatrix}$$

Por outro lado:

$$BC = \begin{bmatrix} 0 & -2 \\ 2 & 3 \end{bmatrix} \begin{bmatrix} 1 & 4 \\ -1 & -2 \end{bmatrix} = \begin{bmatrix} 2 & 4 \\ -1 & 2 \end{bmatrix} \text{ e}$$

$$A(BC) = \begin{bmatrix} 3 & 2 \\ 1 & 1 \end{bmatrix} \begin{bmatrix} 2 & 4 \\ -1 & 2 \end{bmatrix} = \begin{bmatrix} 4 & 16 \\ 1 & 6 \end{bmatrix}$$

Como $(AB)C = A(BC)$, podemos escrever o produto das três matrizes simplesmente como ABC, pois é indiferente que multiplicação será feita primeiro.

e) Se A é uma matriz $m \times n$ e B uma matriz $n \times p$, então:
$$(AB)^{\mathrm{T}} = B^{\mathrm{T}} A^{\mathrm{T}}$$

Exemplo

Sejam $A = \begin{bmatrix} 1 & 2 & 3 \\ 0 & -1 & 1 \end{bmatrix}$ e $B = \begin{bmatrix} 3 & 1 \\ -1 & 1 \\ 1 & 2 \end{bmatrix}$.

$$AB = \begin{bmatrix} 1 & 2 & 3 \\ 0 & -1 & 1 \end{bmatrix} \begin{bmatrix} 3 & 1 \\ -1 & 1 \\ 1 & 2 \end{bmatrix} = \begin{bmatrix} 4 & 9 \\ 2 & 1 \end{bmatrix} \text{ e } (AB)^{\mathrm{T}} = \begin{bmatrix} 4 & 2 \\ 9 & 1 \end{bmatrix}$$

Por outro lado:

$$B^{\mathrm{T}} A^{\mathrm{T}} = \begin{bmatrix} 3 & -1 & 1 \\ 1 & 1 & 2 \end{bmatrix} \begin{bmatrix} 1 & 0 \\ 2 & -1 \\ 3 & 1 \end{bmatrix} = \begin{bmatrix} 4 & 2 \\ 9 & 1 \end{bmatrix}$$

A matriz inversa

Seja A uma matriz quadrada. Se existe uma matriz B tal que $AB = BA = I$, então a matriz B chama-se *inversa* de A e pode ser representada por A^{-1}.

Por exemplo, se $A = \begin{bmatrix} 2 & 1 \\ 5 & 3 \end{bmatrix}$ e $B = \begin{bmatrix} 3 & -1 \\ -5 & 2 \end{bmatrix}$, então:

$$AB = \begin{bmatrix} 2 & 1 \\ 5 & 3 \end{bmatrix} \begin{bmatrix} 3 & -1 \\ -5 & 2 \end{bmatrix} = \begin{bmatrix} 1 & 0 \\ 0 & 1 \end{bmatrix} \text{ e } BA = \begin{bmatrix} 3 & -1 \\ -5 & 2 \end{bmatrix} \begin{bmatrix} 2 & 1 \\ 5 & 3 \end{bmatrix} = \begin{bmatrix} 1 & 0 \\ 0 & 1 \end{bmatrix}$$

Portanto, podemos escrever que a matriz $A^{-1} = \begin{bmatrix} 3 & -1 \\ -5 & 2 \end{bmatrix}$ é a matriz inversa de $A = \begin{bmatrix} 2 & 1 \\ 5 & 3 \end{bmatrix}$.

Se A^{-1} é a inversa de uma matriz A, então $AA^{-1} = I$ e $A^{-1}A = I$, e a matriz A é chamada *invertível*.

Ocorre aqui algo semelhante com o que acontece com os números reais. Dizemos que a^{-1} é o inverso do número real a quando $a \cdot a^{-1} = 1$.

Quando trabalhamos com números reais, podemos escrever $a^{-1} = \dfrac{1}{a}$, mas com matrizes, *não* podemos escrever $A^{-1} = \dfrac{I}{A}$, pois a operação de divisão *não existe* com as matrizes. Nos reais, somente o zero não possui inverso, mas muitas matrizes não possuem uma inversa. Vamos ver isso a seguir.

Encontrar a matriz inversa de uma matriz 2×2 não é difícil. Consideremos a matriz $A = \begin{bmatrix} a & b \\ c & d \end{bmatrix}$. Sua inversa será a matriz $A^{-1} = \begin{bmatrix} x & y \\ z & w \end{bmatrix}$ tal que $\begin{bmatrix} a & b \\ c & d \end{bmatrix} \begin{bmatrix} x & y \\ z & w \end{bmatrix} = \begin{bmatrix} 1 & 0 \\ 0 & 1 \end{bmatrix}$.

Observando as regras do produto de matrizes, temos dois sistemas lineares:

$$\begin{cases} ax + bz = 1 \\ cx + dz = 0 \end{cases} \text{ e } \begin{cases} ay + bw = 0 \\ cy + dw = 1 \end{cases}$$

Vamos resolver o primeiro. Multiplicando a primeira equação por $-c$ e a segunda por a, ficamos com:

$$\begin{cases} -acx - bcz = -c \\ acx + adz = 0 \end{cases}$$

Somando, temos $(ad - bc)z = -c$ e, se $ad - bc \neq 0$, determinamos

$$z = \frac{-c}{ad - bc}.$$

Voltando ao primeiro sistema, multiplicando a primeira equação por d e a segunda por $-b$, ficamos com:

$$\begin{cases} adx + bdz = d \\ -bcx - bdz = 0 \end{cases}$$

Somando, temos $(ad - bc)x = d$ e, se $ad - bc \neq 0$, determinamos

$$x = \frac{d}{ad - bc}.$$

Usando o mesmo procedimento no segundo sistema, encontramos

$$y = \frac{-b}{ad - bc} \text{ e } w = \frac{a}{ad - bc}.$$

Assim, dada a matriz $A = \begin{bmatrix} a & b \\ c & d \end{bmatrix}$ com $ad - bc \neq 0$, sua inversa é

$$A^{-1} = \frac{1}{ad - bc} \begin{bmatrix} d & -b \\ -c & a \end{bmatrix}.$$

Se $ad - bc = 0$, a matriz A não possui inversa, ou seja, não é invertível.

Exemplo 1

Qual é a inversa da matriz $A = \begin{bmatrix} 1 & 3 \\ 1 & 3 \end{bmatrix}$?

Resposta:

A matriz A não possui inversa, pois $ad - bc = 0$.

Exemplo 2

Qual é a inversa da matriz $A = \begin{bmatrix} 1 & 2 \\ 3 & 4 \end{bmatrix}$?

Solução:

Como $ad - bc = 1 \cdot 4 - 2 \cdot 3 = -2$, utilizamos o que deduzimos acima:

$$A^{-1} = \frac{1}{-2} \begin{bmatrix} 4 & -2 \\ -3 & 1 \end{bmatrix} = \begin{bmatrix} \dfrac{4}{-2} & \dfrac{-2}{-2} \\ \dfrac{-3}{-2} & \dfrac{1}{-2} \end{bmatrix} = \begin{bmatrix} -2 & 1 \\ \dfrac{3}{2} & -\dfrac{1}{2} \end{bmatrix}$$

Resposta:

$$A^{-1} = \begin{bmatrix} -2 & 1 \\ \dfrac{3}{2} & -\dfrac{1}{2} \end{bmatrix}$$

Não é tão fácil encontrar a inversa de uma matriz 3×3 (ou maior). Vamos resolver um desses casos nos exercícios resolvidos.

Propriedade

A inversa do produto de duas matrizes é o produto das inversas na ordem contrária.

Sejam A e B matrizes invertíveis. Consideremos o produto AB e a matriz inversa desse produto, que é $(AB)^{-1}$. Assim, devemos ter $AB(AB)^{-1} = I$. Multiplicamos por A^{-1} pela esquerda:

$A^{-1}AB(AB)^{-1} = A^{-1}I$

$IB(AB)^{-1} = A^{-1}$

$B(AB)^{-1} = A^{-1}$

Multiplicamos em seguida por B^{-1} pela esquerda:

$$B^{-1}B(AB)^{-1} = B^{-1}A^{-1}$$
$$I(AB)^{-1} = B^{-1}A^{-1}$$
$$(AB)^{-1} = B^{-1}A^{-1}$$

Sistemas lineares

Sistemas de duas equações e duas incógnitas

Anteriormente já tivemos necessidade, várias vezes, de resolver sistemas lineares de duas equações e duas incógnitas. Fizemos sempre soluções intuitivas, procurando eliminar uma das incógnitas para calcular a outra. É assim que deve ser. Não há necessidade aqui de decorar nada. Para dar mais um exemplo, considere o sistema:

$$\begin{cases} ax + by = c \\ a'x + b'y = c' \end{cases}$$

Se desejamos calcular, digamos, a incógnita x, procuramos eliminar y. Assim, multiplicamos a primeira equação por b' e a segunda por $-b$:

$$\begin{cases} ab'x + bb'y = cb' \\ -ba'x - bb'y = -bc' \end{cases}$$

Somando, ficamos com $(a'b - ba')x = cb' - bc'$ e, se $a'b - ba' \neq 0$, temos que: $x = \dfrac{cb' - bc'}{a'b - ba'}$

Se, por outro lado, desejamos calcular y, procuramos eliminar x e, fazendo as contas de forma análoga, encontramos:

$$y = \frac{ca' - ac'}{a'b - ba'}$$

Esses resultados nos mostram que nem todo sistema possui uma única solução. É necessário que a expressão que aparece no denominador seja diferente de zero. Para entender melhor, vamos estudar o sistema 2×2 com a ajuda da geometria analítica.

Discussão

Podemos olhar o sistema 2×2 do ponto de vista geométrico, em que cada equação representa uma reta no plano cartesiano. Chamemos essas retas de r e r'.

$$r : \begin{cases} ax + by = c \\ a'x + b'y = c' \end{cases}$$
$$r' :$$

Há três casos possíveis:

1) *As retas são concorrentes*

Neste caso, o sistema possui uma única solução, que é o ponto de interseção das retas. O sistema é *determinado*. Na figura a seguir,

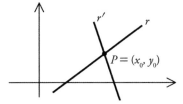

a inclinação (coeficiente angular) da reta $ax + by = c$ é $-\dfrac{a}{b}$. Para que as retas sejam concorrentes, basta que tenham inclinações diferentes, ou seja, $-\dfrac{a}{b} \neq -\dfrac{a'}{b'}$. Portanto, o sistema será *determinado* se, e somente se,

$$\frac{a}{a'} \neq \frac{b}{b'}$$

2) *As retas coincidem*

Neste caso, as duas equações representam a mesma reta. O sistema é *indeterminado*. Todo ponto que satisfaz uma equação satisfaz também a outra, portanto o sistema indeterminado possui infinitas soluções.

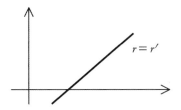

Para que duas equações representem a mesma reta, uma delas é necessariamente igual à outra multiplicada por uma constante (diferente de zero): $a' = ka$, $b' = kb$ e $c' = kc$. Assim, o sistema é *indeterminado* se, e somente se,

$$\frac{a}{a'} = \frac{b}{b'} = \frac{c}{c'}$$

3) *As retas são paralelas*
Neste caso, as equações são incompatíveis, não existe um ponto que pertença a ambas. O sistema é *impossível* e, portanto, não possui solução.

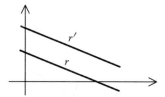

As equações na forma reduzida são $y = -\frac{a}{b}x + \frac{c}{b}$ e $y = -\frac{a'}{b'}x + \frac{c'}{b'}$.

As retas têm mesma inclinação, logo $-\frac{a}{b} = -\frac{a'}{b'}$, ou seja, $\frac{a}{a'} = \frac{b}{b'}$. Por outro lado, as retas cortam o eixo Y em pontos diferentes, logo $\frac{c}{b} \neq \frac{c'}{b'}$, ou seja, $\frac{c}{c'} \neq \frac{b}{b'}$.

Assim, o sistema é *impossível* se, e somente se,

$$\frac{a}{a'} = \frac{b}{b'} \neq \frac{c}{c'}$$

Acompanhe atentamente os exemplos a seguir para entender os três tipos de sistemas.

Exemplo 1
Resolva o sistema $\begin{cases} 3x + 5y = 9 \\ 4x + 7y = 11 \end{cases}$

Solução:

Como $\dfrac{3}{4} \neq \dfrac{5}{7}$ sabemos que o sistema é determinado. Vamos eliminar a incógnita x multiplicando a primeira equação por -4 e a segunda por 3.

$$\begin{cases} -12x - 20y = -36 \\ 12x + 21y = 33 \end{cases}$$

Somando, encontramos $y = -3$ e, substituindo esse valor em qualquer uma das equações, encontramos $x = 8$.

Resposta:

O conjunto solução é $S = \{(8, -3)\}$.

Exemplo 2

Resolva o sistema $\begin{cases} x + 2y = 3 \\ 3x + 6y = 9 \end{cases}$

Solução:

As equações são proporcionais: $\dfrac{1}{3} = \dfrac{2}{6} = \dfrac{3}{9}$. O sistema é indeterminado, portanto só há uma equação: $x + 2y = 3$. Todos os pontos que satisfazem essa equação são soluções do sistema (porque satisfazem também a outra). Por exemplo, são soluções do sistema $(3, 0)$, $(1, 1)$, $(-5, 4)$ etc.

Para exibir todas as soluções, dê um valor genérico para uma das incógnitas e calcule a outra. Por exemplo, se $y = t$, temos $x = 3 - 2t$; dessa forma, para qualquer t real esses valores de x e y são soluções do sistema.

Resposta:

O conjunto solução é $S = \{(3 - 2t, t); t \in \mathbb{R}\}$.

Exemplo 3

Resolva o sistema $\begin{cases} 2x - 3y = 5 \\ 4x - 6y = 9 \end{cases}$

Solução:

O sistema é impossível, pois $\dfrac{2}{4} = \dfrac{3}{6} \neq \dfrac{5}{9}$.

Resposta:

O conjunto solução é $S = \phi$.

Sistemas de duas equações e três incógnitas

Uma equação do tipo $ax + by + cz = d$ possui naturalmente infinitas soluções. Dizemos que ela tem *grau de liberdade* 2, pois podemos atribuir valores quaisquer a duas das incógnitas e calcular a terceira para obter uma solução. Por exemplo, para obter uma solução da equação $x + 2y + 3z = 4$, podemos atribuir os valores, digamos, $y = -2$ e $z = 1$ e calcular $x = 5$. Assim, o terno $(5, -2, 1)$ é uma das infinitas soluções da equação $x + 2y + 3z = 4$.

Observe agora um sistema formado por duas equações desse tipo:

$$\begin{cases} ax + by + cz = d \\ a'x + b'y + c'z = d' \end{cases}$$

O sistema será impossível se $\dfrac{a}{a'} = \dfrac{b}{b'} = \dfrac{c}{c'} \neq \dfrac{d}{d'}$; caso contrário, será indeterminado. Observe atentamente os exemplos a seguir.

Exemplo 1
Resolva o sistema $\begin{cases} x + y + z = 1 \\ x + y + z = 2 \end{cases}$

Solução:
O sistema é claramente impossível: $\dfrac{1}{1} = \dfrac{1}{1} = \dfrac{1}{1} \neq \dfrac{1}{2}$.

Resposta:
O conjunto solução é $S = \phi$.

Exemplo 2
Resolva o sistema $\begin{cases} x + y + z = 1 \\ x - y + 3z = 5 \end{cases}$

Solução:
Atribuindo um valor genérico a uma das variáveis, ficamos com um sistema 2×2 que podemos discutir como anteriormente. Fazendo $z = t$, obtemos o sistema

$$\begin{cases} x + y = 1 - t \\ x - y = 5 - 3t \end{cases}$$

A fim de resolver esse sistema, basta somar as duas equações para encontrar $2x = 6 - 4t$, ou seja, $x = 3 - 2t$. Substituindo esse valor em uma das equações, encontramos $y = -2 + t$. Assim, para qualquer t real, esses valores de x, y e z são soluções do sistema. Por exemplo, para $t = 0$, temos a solução $(3, -2, 0)$; para $t = 3$, temos a solução $(-3, 1, 3)$ etc.

Resposta:
O conjunto solução é $S = \left\{ (3 - 2t, -2 + t, t) ; t \in \mathbb{R} \right\}$.

Sistemas de três equações e três incógnitas

Agora, as coisas começam a ficar mais complicadas. Para sistemas 3×3 ou maiores, devemos usar um método mais geral. Vamos aprender o *escalonamento*, que é o método mais eficiente para resolver ou discutir um sistema linear.

Um sistema linear está escalonado quando o primeiro termo não nulo de qualquer equação está à direita do primeiro termo não nulo da equação anterior.

Por exemplo, o sistema de 3 equações e 3 incógnitas abaixo está escalonado:

$$\begin{cases} x + 2y - z = 2 \\ \qquad y + z = 5 \\ \qquad\quad 2z = 6 \end{cases}$$

A vantagem do sistema escalonado é que percebemos imediatamente se possui solução ou não. No sistema do exemplo, a última equação dá $z = 3$; substituindo esse valor na segunda equação, encontramos $y = 2$, e substituindo esses dois valores na primeira equação, encontramos $x = 1$. Então, o sistema é determinado e sua solução é o terno $(1, 2, 3)$.

Vamos aprender a escalonar um sistema. Para isso, lembre-se de duas coisas importantes sobre a solução de um sistema: multiplicar uma equação por um número $(\neq 0)$ não altera suas soluções e, se somarmos duas equações do sistema, qualquer solução de ambas é também solução da nova equação.

Assim, as regras básicas para o escalonamento são:

❏ Você pode, a qualquer momento, trocar a ordem das equações do sistema.

❏ Qualquer equação pode ser substituída pela soma dela com um múltiplo de outra.

O objetivo é transformar o sistema dado em um sistema do estilo do que está no exemplo acima.

O procedimento para escalonar um sistema será mostrado no exemplo a seguir.

Exemplo

Escalonar e resolver o sistema $\begin{cases} 2x - y + 3z = 1 \\ x + 2y - z = 4 \\ 3x + y + 4z = 9 \end{cases}$

Solução:

É muito conveniente que o primeiro coeficiente da primeira equação seja 1. Isso simplifica as contas. Então, vamos trocar de posição a primeira e a segunda equações.

$$\begin{cases} x + 2y - z = 4 \\ 2x - y + 3z = 1 \\ 3x + y + 4z = 9 \end{cases}$$

Inicialmente, vamos eliminar a incógnita x da segunda e da terceira equações. Para isso, vamos substituir a segunda equação por ela mais a primeira multiplicada por -2. Essa operação é indicada sinteticamente por $E_2 \rightarrow E_2 - 2E_1$.

$$\begin{cases} x + 2y - z = 4 \\ -5y + 5z = -7 \\ 3x + y + 4z = 9 \end{cases}$$

Agora, vamos substituir a terceira equação por ela mais a primeira multiplicada por -3. Essa operação é indicada sinteticamente por $E_3 \rightarrow E_3 - 3E_1$.

$$\begin{cases} x + 2y - z = 4 \\ -5y + 5z = -7 \\ -5y + 7z = -3 \end{cases}$$

Finalmente, vamos eliminar a incógnita y da terceira equação. Para isso, a terceira equação será substituída por ela menos a segunda, e indicamos essa operação assim: $E_3 \to E_3 - E_2$.

$$\begin{cases} x + 2y - z = 4 \\ \quad -5y + 5z = -7 \\ \qquad\qquad 2z = 4 \end{cases}$$

O sistema está escalonado. A solução é imediata. Da terceira equação, temos $z = 2$. Substituindo na segunda equação, encontramos $y = \dfrac{17}{5}$ e, colocando esses valores na primeira equação, calculamos $x = -\dfrac{4}{5}$. A solução do sistema é o terno $\left(-\dfrac{4}{5}, \dfrac{17}{5}, 2 \right)$.

Escalonar um sistema depende de atenção e prática; treinando bastante, conseguimos realizar a operação em um tempo bem curto. Mas observe que foi total perda de tempo escrever, a todo momento, as incógnitas x, y e z. Vamos então tornar as incógnitas invisíveis e escrever apenas os números na forma de uma matriz:

$$\begin{bmatrix} 2 & -1 & 3 & 1 \\ 1 & 2 & -1 & 4 \\ 3 & 1 & 4 & 9 \end{bmatrix}$$

Essa matriz representa nosso sistema. Os coeficientes das incógnitas estão nas mesmas posições e a última coluna é formada pelos termos independentes. Podemos então escalonar essa matriz exatamente da mesma forma como fizemos com as equações, e as equações agora serão as linhas da matriz. Veja novamente a operação de escalonamento, agora realizada na matriz acima. Repare que inicialmente trocaremos de posição as duas primeiras linhas (como fizemos com as equações).

$$\begin{bmatrix} 1 & 2 & -1 & 4 \\ 2 & -1 & 3 & 1 \\ 3 & 1 & 4 & 9 \end{bmatrix} \xrightarrow[L_3 - 3L_1]{L_2 - 2L_1} \begin{bmatrix} 1 & 2 & -1 & 4 \\ 0 & -5 & 5 & -7 \\ 0 & -5 & 7 & -3 \end{bmatrix} \xrightarrow{L_3 - L_2} \begin{bmatrix} 1 & 2 & -1 & 4 \\ 0 & -5 & 5 & -7 \\ 0 & 0 & 2 & 4 \end{bmatrix}$$

Sabemos que a terceira linha representa a equação $2z = 4$, que a segunda linha representa a equação $-5y + 5z = -7$ e que a primeira linha representa a equação $x + 2y - z = 4$.

O escalonamento é o processo mais eficiente não só para resolver um sistema linear, como também para discutir a existência de soluções. Vamos ver isso a seguir.

Discussão

Um sistema 3×3 pode ser determinado, indeterminado ou impossível caso tenha, respectivamente, uma única solução, uma infinidade de soluções ou nenhuma solução. O exemplo que vimos mostrou um sistema *determinado*. Vamos agora aprender a reconhecer um sistema indeterminado.

Exemplo

Resolva o sistema $\begin{cases} x - y + 2z = 1 \\ 2x + y - z = 3 \\ 4x - y + 3z = 5 \end{cases}$

Solução:

Escalonamos a matriz do sistema:

$$\begin{bmatrix} 1 & -1 & 2 & 1 \\ 2 & 1 & -1 & 3 \\ 4 & -1 & 3 & 5 \end{bmatrix} \overset{L_2 - 2L_1}{\underset{L_3 - 4L_1}{\to}} \begin{bmatrix} 1 & -1 & 2 & 1 \\ 0 & 3 & -5 & 1 \\ 0 & 3 & -5 & 1 \end{bmatrix} \overset{L_3 - L_2}{\to} \begin{bmatrix} 1 & -1 & 2 & 1 \\ 0 & 3 & -5 & 1 \\ 0 & 0 & 0 & 0 \end{bmatrix}$$

Veja o que aconteceu. A terceira linha desapareceu. Isso significa que a terceira equação é supérflua; ela não dá nenhuma informação realmente nova a respeito das incógnitas, mas nós não sabíamos disso quando começamos a trabalhar. Temos aqui um sistema *indeterminado*, formado apenas por duas equações e três incógnitas:

$$\begin{cases} x - y + 2z = 1 \\ 3y - 5z = 1 \end{cases}$$

Já sabemos como fazer para mostrar o conjunto solução. Pondo $z = t$, temos $y = \dfrac{1 + 5t}{3}$; substituindo esses valores na primeira equação, calculamos $x = \dfrac{4 - t}{3}$. O conjunto solução é, portanto, $S = \left\{ \left(\dfrac{4 - t}{3}, \dfrac{1 + 5t}{3}, t \right); t \in \mathbb{R} \right\}$.

O conjunto solução de um sistema indeterminado pode ser apresentado de uma infinidade de maneiras. Como temos a liberdade de atribuir qualquer valor real a uma das incógnitas, nada impede que façamos, por exemplo, $y = 5t + 2$. Qualquer número real pode ser representado por $5t + 2$, em que t é outro número real. Observe que, substituindo na segunda equação, ficamos com:

$3(5t + 2) - 5z = 1$
$15t + 6 - 1 = 5z$
$15t - 5 = 5z$
$z = 3t - 1$

Substituindo essas duas expressões na primeira equação, ficamos com:

$x - (5t + 2) + 2(3t - 1) = 1$
$x - 5t - 2 + 6t - 2 = 1$
$x = 4 - t$

Assim, o conjunto solução do sistema pode ser apresentado assim:

$S = \{(4 - t, 5t + 2, 3t - 1); t \in \mathbb{R}\}$.

Esse conjunto é exatamente o mesmo que foi apresentado anteriormente: contém os mesmos ternos que são as infinitas soluções do sistema, apenas estão apresentados de forma diferente.

Vamos agora, para terminar, aprender a reconhecer um sistema impossível.

Exemplo

Resolva o sistema $\begin{cases} x + y - z = 2 \\ x - y + 2z = 3 \\ 2x \quad + z = 1 \end{cases}$

Solução:

Escalonamos a matriz do sistema:

$$\begin{bmatrix} 1 & 1 & -1 & 2 \\ 1 & -1 & 2 & 3 \\ 2 & 0 & 1 & 1 \end{bmatrix} \begin{array}{c} L_2 - L_1 \\ \to \\ L_3 - 2L_1 \end{array} \begin{bmatrix} 1 & 1 & -1 & 2 \\ 0 & -2 & 3 & 1 \\ 0 & -2 & 3 & -3 \end{bmatrix} \begin{array}{c} L_3 - L_2 \\ \to \end{array} \begin{bmatrix} 1 & 1 & -1 & 2 \\ 0 & -2 & 3 & 1 \\ 0 & 0 & 0 & -4 \end{bmatrix}$$

Veja a terceira linha. Ela representa a equação $0x + 0y + 0z = -4$, que é, obviamente, impossível. Assim reconhecemos um sistema *impossível* na matriz escalonada: uma linha cheia de zeros com o último elemento diferente de zero.

Determinantes

Definições

Determinante de segunda ordem

A toda matriz $A = \begin{bmatrix} a_1 & b_1 \\ a_2 & b_2 \end{bmatrix}$ associamos um número chamado *determinante* de A, que é definido da seguinte forma:

$$\det A = \begin{vmatrix} a_1 & b_1 \\ a_2 & b_2 \end{vmatrix} = a_1 b_2 - a_2 b_1$$

O motivo dessa definição vem do fato de que, quando resolvemos o sistema

$$\begin{cases} a_1 x + b_1 y = c_1 \\ a_2 x + b_2 y = c_2 \end{cases}$$

encontramos as soluções $x = \dfrac{c_1 b_2 - c_2 b_1}{a_1 b_2 - a_2 b_1}$ e $y = \dfrac{a_1 c_2 - a_2 c_1}{a_1 b_2 - a_2 b_1}$. Para que o sistema tenha solução única, o denominador deve ser diferente de zero, e então esse número $a_1 b_2 - a_2 b_1$ *determina* quando o sistema tem uma única solução ou não. Ele foi chamado de determinante do sistema e é o número que aparece no denominador da solução. O cálculo, nesse caso, é muito simples, por exemplo:

a) $\begin{vmatrix} 2 & 7 \\ 3 & 9 \end{vmatrix} = 2 \cdot 9 - 3 \cdot 7 = 18 - 21 = -3$

b) $\begin{vmatrix} 2 & -4 \\ -3 & 6 \end{vmatrix} = 2 \cdot 6 - (-3)(-4) = 12 - 12 = 0$

Determinante de terceira ordem

A toda matriz $A = \begin{bmatrix} a_1 & b_1 & c_1 \\ a_2 & b_2 & c_2 \\ a_3 & b_3 & c_3 \end{bmatrix}$ associamos um número chamado *determinante* de A, que é definido da seguinte forma:

$$\det A = \begin{vmatrix} a_1 & b_1 & c_1 \\ a_2 & b_2 & c_2 \\ a_3 & b_3 & c_3 \end{vmatrix} = a_1b_2c_3 + a_3b_1c_2 + a_2b_3c_1 - a_3b_2c_1 - a_1b_3c_2 - a_2b_1c_3$$

O determinante é formado por seis parcelas, cada uma das quais é um produto de três fatores, cada um pertencendo a uma linha e uma coluna diferentes. Assim, cada parcela é um produto do tipo *abc* com índices variando sobre as permutações dos três índices.

Na figura ao lado, quando percorremos os números no sentido horário, 123, 231, 312, obtemos os índices dos termos que estão precedidos do sinal +; quando percorremos os números no sentido anti-horário, 132, 213, 321, obtemos os índices dos termos que estão precedidos do sinal –.

Uma forma prática de calcular o determinante de terceira ordem é o dispositivo conhecido como *regra de Sarrus*. Na figura abaixo, repetimos as duas colunas à direita da matriz, e sobre cada uma das retas aparece um dos produtos da definição.

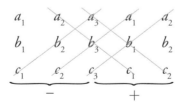

A motivação dessa definição é a mesma da anterior. Resolvendo um sistema literal, esse número é o que aparece no denominador da solução — ele determina se o sistema tem solução única ou não.

Exemplo

Calcule o determinante $\begin{vmatrix} 2 & 3 & -1 \\ 4 & 1 & 1 \\ -2 & 5 & 6 \end{vmatrix}$

Solução:
Vamos aplicar a regra de Sarrus:

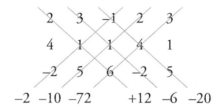

Portanto,

$\begin{vmatrix} 2 & 3 & -1 \\ 4 & 1 & 1 \\ -2 & 5 & 6 \end{vmatrix} = -2 - 10 - 72 + 12 - 6 - 20 = -98$

O determinante de terceira ordem possui uma propriedade que será usada como definição dos determinantes de ordem maior que 3. Essa propriedade é conhecida como o *desenvolvimento de Laplace pela primeira linha*.

$$\Delta = \begin{vmatrix} a_1 & b_1 & c_1 \\ a_2 & b_2 & c_2 \\ a_3 & b_3 & c_3 \end{vmatrix} = a_1 \begin{vmatrix} b_2 & c_2 \\ b_3 & c_3 \end{vmatrix} - b_1 \begin{vmatrix} a_2 & c_2 \\ a_3 & c_3 \end{vmatrix} + c_1 \begin{vmatrix} a_2 & b_2 \\ a_3 & b_3 \end{vmatrix}$$

Em primeiro lugar, observe que, desenvolvendo o lado direito da igualdade acima, encontramos exatamente a expressão que usamos de determinante de terceira ordem: $a_1b_2c_3 + a_3b_1c_2 + a_2b_3c_1 - a_3b_2c_1 - a_1b_3c_2 - a_2b_1c_3$.

O desenvolvimento de Laplace é feito da seguinte forma: cada elemento da primeira linha é multiplicado pelo determinante que sobra quando a linha e a coluna desse elemento são omitidas.

Por exemplo, o termo a_1 será multiplicado pelo determinante $A_1 = \begin{vmatrix} b_2 & c_2 \\ b_3 & c_3 \end{vmatrix}$, obtido quando a linha e a coluna do elemento a_1 foram cortadas. As outras parcelas são obtidas da mesma forma e, finalmente, um último detalhe: os sinais das parcelas são alternados, sendo o primeiro positivo.

O desenvolvimento de Laplace é uma boa opção para calcular o determinante de terceira ordem. Veja o exemplo.

Exemplo

Calcule o determinante da matriz $A = \begin{bmatrix} 1 & 2 & 3 \\ 3 & 1 & 2 \\ 2 & -1 & 4 \end{bmatrix}$

Solução:

Pelo desenvolvimento de Laplace,

$$\det A = 1 \cdot \begin{vmatrix} 1 & 2 \\ -1 & 4 \end{vmatrix} - 2 \cdot \begin{vmatrix} 3 & 2 \\ 2 & 4 \end{vmatrix} + 3 \cdot \begin{vmatrix} 3 & 1 \\ 2 & -1 \end{vmatrix} = 1 \cdot 6 - 2 \cdot 8 + 3(-5) = 6 - 16 - 15 = -25$$

O determinante que sobra quando cortamos a linha e a coluna de um elemento é chamado de *determinante menor complementar desse elemento*.

Na matriz $A = \begin{bmatrix} a_1 & b_1 & c_1 \\ a_2 & b_2 & c_2 \\ a_3 & b_3 & c_3 \end{bmatrix}$, o determinante menor complementar do

elemento a_1 é $\begin{vmatrix} b_2 & c_2 \\ b_3 & c_3 \end{vmatrix}$, que representaremos por A_1. Representando da

mesma forma os menores complementares dos outros elementos da primeira linha, podemos escrever de forma sintética que o determinante da matriz A, de terceira ordem, é dado por: $\det A = a_1 A_1 - b_1 B_1 + c_1 C_1$.

Determinante de quarta ordem

Definiremos o determinante de quarta ordem usando os conceitos e notações que estabelecemos no item anterior.

Se $A = \begin{bmatrix} a_1 & b_1 & c_1 & d_1 \\ a_2 & b_2 & c_2 & d_2 \\ a_3 & b_3 & c_3 & d_3 \\ a_4 & b_4 & c_4 & d_4 \end{bmatrix}$, definimos:

$$\det A = \begin{vmatrix} a_1 & b_1 & c_1 & d_1 \\ a_2 & b_2 & c_2 & d_2 \\ a_3 & b_3 & c_3 & d_3 \\ a_4 & b_4 & c_4 & d_4 \end{vmatrix} = a_1 A_1 - b_1 B_1 + c_1 C_1 - d_1 D_1$$

Essa forma de definir determinante estende-se para qualquer ordem.

O trabalho computacional de calcular um determinante aumenta muito rapidamente. Enquanto um determinante de terceira ordem é calculado por uma soma de seis parcelas, em que cada uma é um produto de três números, o determinante de quarta ordem é calculado por uma soma de 24 parcelas, em que cada uma é um produto de quatro números. A definição que se estende naturalmente para o determinante de quinta ordem; só que nesse caso seu cálculo será feito por uma soma de 120 parcelas, em que cada uma é um produto de cinco números.

Propriedades dos determinantes

Nas propriedades que se seguem, o termo *fila* significa linha ou coluna. Justificaremos cada uma com um determinante de terceira ordem, mas elas são gerais, valem para determinante de qualquer ordem.

1) O determinante de uma matriz é igual ao de sua transposta ($\det A = \det A^{\mathrm{T}}$).

$$\begin{vmatrix} a & b & c \\ m & n & p \\ x & y & z \end{vmatrix} = \begin{vmatrix} a & m & x \\ b & n & y \\ c & p & z \end{vmatrix}$$

Para justificar, basta calcular os dois determinantes e verificar que eles têm os mesmos termos.

2) A troca de posição de duas filas paralelas muda o sinal do determinante.

$$\begin{vmatrix} a & b & c \\ m & n & p \\ x & y & z \end{vmatrix} = - \begin{vmatrix} m & n & p \\ a & b & c \\ x & y & z \end{vmatrix}$$

Para justificar, basta desenvolver e calcular os dois lados:

$$anz + bpx + cmy - cnx - apy - bmz = -(bmz + cnx + apy - bpx - cmy - anz)$$

A igualdade é correta.

3) Multiplicando uma fila por um número, o determinante fica multiplicado por esse número.

$$\begin{vmatrix} ka & kb & kc \\ m & n & p \\ x & y & z \end{vmatrix} = k \begin{vmatrix} a & b & c \\ m & n & p \\ x & y & z \end{vmatrix}$$

De fato, calculando o determinante da esquerda, todos os elementos terão o fator k, que, colocado em evidência, dá o determinante da direita.

4) Se duas filas paralelas são proporcionais, o determinante é nulo.

$$\begin{vmatrix} a & b & c \\ ka & kb & kc \\ x & y & z \end{vmatrix} = 0$$

De fato, calculando o determinante, encontramos:

$$\begin{vmatrix} a & b & c \\ ka & kb & kc \\ x & y & z \end{vmatrix} = k \begin{vmatrix} a & b & c \\ a & b & c \\ x & y & z \end{vmatrix} = k(abz + bcx + cay - bcx - cay - abz) = 0$$

5) Dois determinantes de ordem n podem ser somados quando possuem $n-1$ filas paralelas respectivamente iguais.

$$\begin{vmatrix} a & b & c \\ m & n & p \\ x & y & z \end{vmatrix} + \begin{vmatrix} a' & b' & c' \\ m & n & p \\ x & y & z \end{vmatrix} = \begin{vmatrix} a+a' & b+b' & c+c' \\ m & n & p \\ x & y & z \end{vmatrix}$$

Para justificar, observe que, calculando os determinantes e escrevendo os termos na mesma ordem, temos que o primeiro termo de cada determinante fornece a igualdade $anz + a'nz = (a + a')nz$, que é obviamente verdadeira. O mesmo vai acontecer com todos os outros termos, o que justifica a propriedade.

Exemplos

a) Calculamos $\begin{vmatrix} -1 & 0 & 1 \\ 0 & 1 & 2 \\ 1 & 2 & 4 \end{vmatrix} = -1.$ Observe os seguintes determinantes:

$$\begin{vmatrix} 1 & 2 & 4 \\ 0 & 1 & 2 \\ -1 & 0 & 1 \end{vmatrix} = 1,$$ pois foi obtido do primeiro pela troca da primeira

linha com a terceira;

$$\begin{vmatrix} 2 & 1 & 4 \\ 1 & 0 & 2 \\ 0 & -1 & 1 \end{vmatrix} = -1,$$ que foi obtido deste pela troca da primeira coluna

com a segunda.

b) Calcule $\begin{vmatrix} 15 & 6 & 9 \\ -10 & 0 & 4 \\ 5 & 1 & 1 \end{vmatrix}$

Solução:

Para simplificar os cálculos, podemos observar que os elementos da primeira linha possuem o fator 3 em comum e os elementos da primeira coluna possuem o fator 5 em comum. Então, aplicando a propriedade 3, podemos calcular um determinante mais simples. Veja:

$$\begin{vmatrix} 15 & 6 & 9 \\ -10 & 0 & 4 \\ 5 & 1 & 1 \end{vmatrix} = 5 \begin{vmatrix} 3 & 6 & 9 \\ -2 & 0 & 4 \\ 1 & 1 & 1 \end{vmatrix} = 5 \cdot 3 \cdot \begin{vmatrix} 1 & 2 & 3 \\ -2 & 0 & 4 \\ 1 & 1 & 1 \end{vmatrix} = 5 \cdot 3 \cdot 2 = 30$$

A regra de Cramer

A regra de Cramer é um método que permite resolver um sistema linear de mesmo número de equações e incógnitas usando determinantes. Esse processo, apesar de ser muito difundido no Brasil, não é prático do ponto de vista computacional. Ele pode ser usado em sistemas de duas ou três incógnitas, mas a quantidade de cálculos o torna ineficiente além disso. Nós recomendamos sempre o escalonamento como método preferencial.

Entretanto, como faz parte da tradição brasileira, vamos apenas descrever esse antigo método.

Resolvendo o sistema $\begin{cases} a_1 x + b_1 y = c_1 \\ a_2 x + b_2 y = c_2 \end{cases}$, encontramos as soluções

$x = \dfrac{c_1 b_2 - c_2 b_1}{a_1 b_2 - a_2 b_1}$ e $y = \dfrac{a_1 c_2 - a_2 c_1}{a_1 b_2 - a_2 b_1}$ se $a_1 b_2 - a_2 b_1 \neq 0$. Veja que cada uma das expressões pode ser escrita como a razão de dois determinantes:

$$x = \frac{\begin{vmatrix} c_1 & b_1 \\ c_2 & b_2 \end{vmatrix}}{\begin{vmatrix} a_1 & b_1 \\ a_2 & b_2 \end{vmatrix}} \quad \text{e} \quad y = \frac{\begin{vmatrix} a_1 & c_1 \\ a_2 & c_2 \end{vmatrix}}{\begin{vmatrix} a_1 & b_1 \\ a_2 & b_2 \end{vmatrix}}$$

Adote agora as notações em relação ao sistema $\begin{cases} a_1 x + b_1 y = c_1 \\ a_2 x + b_2 y = c_2 \end{cases}$

Δ é o determinante do sistema, ou seja, o determinante formado pelos coeficientes das incógnitas: $\Delta = \begin{vmatrix} a_1 & b_1 \\ a_2 & b_2 \end{vmatrix}$.

Δ_x é o determinante obtido a partir de Δ, substituindo-se a coluna dos coeficientes de x pela coluna dos termos independentes: $\Delta_x = \begin{vmatrix} c_1 & b_1 \\ c_2 & b_2 \end{vmatrix}$.

Δ_y é o determinante obtido a partir de Δ, substituindo-se a coluna dos coeficientes de y pela coluna dos termos independentes: $\Delta_y = \begin{vmatrix} a_1 & c_1 \\ a_2 & c_2 \end{vmatrix}$.

Assim, a solução de nosso sistema é dada por $x = \dfrac{\Delta_x}{\Delta}$ e $y = \dfrac{\Delta_y}{\Delta}$.

A regra de Cramer é a mesma para um sistema linear de n equações e n incógnitas. Não é possível fazer aqui a demonstração geral, pois não temos recursos da álgebra linear. Entretanto, se o leitor desejar, poderá usá-la em sistemas de três equações e três incógnitas. No caso em que $\Delta \neq 0$ (sistema determinado), as incógnitas são dadas por:

$$x = \frac{\Delta_x}{\Delta} \quad y = \frac{\Delta_y}{\Delta} \quad z = \frac{\Delta_z}{\Delta}$$

Exercícios resolvidos

1) O departamento de economia de uma empresa tem sete economistas. Todo ano eles elegem o diretor do departamento, que deve ser um de seus membros, e cada pessoa pode votar em até duas pessoas. Os votos são declarados oralmente, e a matriz a seguir registra a votação. Nesta matriz, $a_{ij} = 1$ se a pessoa i votou na pessoa j e $a_{ij} = 0$ em caso contrário.

$$\begin{bmatrix} 0 & 1 & 0 & 0 & 0 & 1 & 0 \\ 0 & 0 & 1 & 0 & 1 & 0 & 0 \\ 0 & 0 & 1 & 0 & 0 & 0 & 1 \\ 1 & 0 & 0 & 0 & 1 & 0 & 0 \\ 0 & 0 & 0 & 0 & 1 & 1 & 0 \\ 1 & 0 & 0 & 0 & 1 & 0 & 0 \\ 0 & 0 & 0 & 0 & 0 & 1 & 0 \end{bmatrix}$$

Pergunta-se:
a) Quem ganhou a eleição?
b) Quem chegou em segundo lugar?
c) Quantas pessoas votaram em si mesmas?
d) Quem não recebeu nenhum voto?
e) Alguma pessoa deu apenas um voto?

Solução:
Esse problema utiliza a matriz como um banco de dados. Todas as informações sobre a votação estão guardadas nessa matriz. Os votos dados estão nas linhas; os recebidos, nas colunas. O vencedor é o que tem a coluna com a maior soma. Portanto, a pessoa 5 ganhou a eleição, pois

recebeu quatro votos. Em segundo lugar ficou a pessoa 6, com três votos. Na diagonal vemos as pessoas que votaram em si mesmas. Podemos verificar que as pessoas 3 e 5 votaram em si. A pessoa 4 não recebeu nenhum voto, porque sua coluna está vazia, e a pessoa 7 só deu um voto.

Respostas:

a) 5

b) 6

c) 2

d) 4

e) 7

2) Determine os valores de x e y na equação matricial abaixo:

$$\begin{bmatrix} 2 & 1 \\ 5 & 3 \end{bmatrix} \begin{bmatrix} x \\ y \end{bmatrix} = \begin{bmatrix} 30 \\ 70 \end{bmatrix}$$

Solução:

Essa equação matricial é equivalente ao sistema:

$$\begin{cases} 2x + y = 30 \\ 5x + 3y = 70 \end{cases}$$

Eliminaremos a incógnita y multiplicando a primeira equação por -3.

$$\begin{cases} -6x - 3y = -90 \\ 5x + 3y = 70 \end{cases}$$

Somando, encontramos $x = 20$, e uma fácil substituição dá $y = -10$.

Resposta:

$x = 20$ e $y = -10$

3) São dadas as matrizes $A = \begin{bmatrix} 3 & 2 \\ 7 & 5 \end{bmatrix}$ e $B = \begin{bmatrix} 1 & 1 \\ 2 & 3 \end{bmatrix}$. Determine a matriz X tal que $AX = B$.

Primeira solução:

Uma primeira ideia, muito correta, é imaginar a matriz $X = \begin{bmatrix} a & b \\ c & d \end{bmatrix}$ e fazer as contas. O produto $\begin{bmatrix} 3 & 2 \\ 7 & 5 \end{bmatrix}\begin{bmatrix} a & b \\ c & d \end{bmatrix} = \begin{bmatrix} 1 & 1 \\ 2 & 3 \end{bmatrix}$ fornece dois sistemas:

$$\begin{cases} 3a + 2c = 1 \\ 7a + 5c = 2 \end{cases} e \begin{cases} 3b + 2d = 1 \\ 7b + 5d = 3 \end{cases}$$

Resolvendo esses sistemas, a matriz X estará determinada. Pedimos ao leitor que faça as contas e encontre a matriz X para comparar à outra solução que daremos em seguida.

Segunda solução:

Observe que a matriz A possui inversa. Note a multiplicação da equação dada por A^{-1} pela esquerda:

$AX = B$

$A^{-1}AX = A^{-1}B$

O produto $A^{-1}A$ é a matriz identidade:

$IX = A^{-1}B$

$X = A^{-1}B$

Para encontrar a matriz X, podemos multiplicar a matriz inversa de A pela matriz B. A matriz inversa de A é:

$$A^{-1} = \frac{1}{3 \cdot 5 - 2 \cdot 7}\begin{bmatrix} 5 & -2 \\ -7 & 3 \end{bmatrix} = \begin{bmatrix} 5 & -2 \\ -7 & 3 \end{bmatrix}$$

Então,

$$X = \begin{bmatrix} 5 & -2 \\ -7 & 3 \end{bmatrix}\begin{bmatrix} 1 & 1 \\ 2 & 3 \end{bmatrix} = \begin{bmatrix} 1 & -1 \\ -1 & 2 \end{bmatrix}$$

Resposta:

$$X = \begin{bmatrix} 1 & -1 \\ -1 & 2 \end{bmatrix}$$

4) Seja $A = (a_{ij})_{3 \times 3}$ tal que $a_{ij} = i + j$ se $i > j$ e $a_{ij} = 2i - j$ se $i \le j$. Calcule o determinante de A.

Solução:

Termos com $i > j$:

$a_{21} = 2 + 1 = 3$
$a_{31} = 3 + 1 = 4$
$a_{32} = 3 + 2 = 5$

Termos com $i \le j$:

$a_{11} = 2 \cdot 1 - 1 = 1$
$a_{22} = 2 \cdot 2 - 2 = 2$
$a_{33} = 2 \cdot 3 - 3 = 3$

$a_{12} = 2 \cdot 1 - 2 = 0$
$a_{23} = 2 \cdot 2 - 3 = 1$
$a_{13} = 2 \cdot 1 - 3 = -1$

Colocando os termos em seus lugares:

$$A = \begin{bmatrix} a_{11} & a_{12} & a_{13} \\ a_{21} & a_{22} & a_{23} \\ a_{31} & a_{32} & a_{33} \end{bmatrix} = \begin{bmatrix} 1 & 0 & -1 \\ 3 & 2 & 1 \\ 4 & 5 & 3 \end{bmatrix}$$

O determinante de A é:

$\det A = 1(6 - 5) + (-1)(15 - 8) = 1 - 7 = -6$

Resposta:

$\det A = -6$

5) As matrizes A e B são quadradas de mesma ordem. É verdadeira ou falsa a afirmação:

$(A + B)^2 = A^2 + 2AB + B^2$?

Solução:

Façamos as contas tendo em vista as propriedades das matrizes:

$(A + B)^2 = (A + B)(A + B) = AA + AB + BA + BB = A^2 + AB + BA + B^2$

Como $BA \ne AB$, então $AB + BA$ não é igual a $2AB$. A afirmação é falsa.

Resposta:

Falsa.

6) Dada a matriz $A = \begin{bmatrix} 1 & 2 \\ 1 & 3 \end{bmatrix}$, calcule A^2 e A^3.

Solução:

A^2 é o produto de A por A, e A^3 é o produto de A^2 por A. O diagrama a seguir mostra como obter as potências de uma matriz quadrada.

$$
\begin{array}{cc|cc|cc}
 & & 1 & 2 & 1 & 2 \\
 & & 1 & 3 & 1 & 3 \\
\hline
1 & 2 & 3 & 8 & 11 & 30 \\
1 & 3 & 4 & 11 & 15 & 41 \\
\underbrace{}_{A} & & \underbrace{}_{A^2} & & \underbrace{}_{A^3} &
\end{array}
$$

Resposta:

$$A^2 = \begin{bmatrix} 3 & 8 \\ 4 & 11 \end{bmatrix} \text{ e } A^3 = \begin{bmatrix} 11 & 30 \\ 15 & 41 \end{bmatrix}$$

7) Determine a inversa da matriz $A = \begin{bmatrix} 1 & 0 & 1 \\ -1 & 1 & 0 \\ 1 & 1 & 1 \end{bmatrix}$

Solução:

Consideremos uma matriz $B = \begin{bmatrix} x_1 & y_1 & z_1 \\ x_2 & y_2 & z_2 \\ x_3 & y_3 & z_3 \end{bmatrix}$ e tentemos calcular os elementos dessa matriz de forma que $AB = I$.

$$\begin{bmatrix} 1 & 0 & 1 \\ -1 & 1 & 0 \\ 1 & 1 & 1 \end{bmatrix} \begin{bmatrix} x_1 & y_1 & z_1 \\ x_2 & y_2 & z_2 \\ x_3 & y_3 & z_3 \end{bmatrix} = \begin{bmatrix} 1 & 0 & 0 \\ 0 & 1 & 0 \\ 0 & 0 & 1 \end{bmatrix}$$

Essa equação matricial dá origem a três sistemas:

$$\begin{cases} x_1 + x_3 = 1 \\ -x_1 + x_2 = 0 \\ x_1 + x_2 + x_3 = 0 \end{cases}$$

$$\begin{cases} y_1 + y_3 = 0 \\ -y_1 + y_2 = 1 \\ y_1 + y_2 + y_3 = 0 \end{cases}$$

$$\begin{cases} z_1 + z_3 = 0 \\ -z_1 + z_2 = 0 \\ z_1 + z_2 + z_3 = 1 \end{cases}$$

Não é difícil; é apenas trabalhoso. Resolvendo cada sistema, encontramos:

$(x_1\ x_2\ x_3) = (-1\ \ -1\ \ 2)$

$(y_1\ y_2\ y_3) = (-1\ \ 0\ \ 1)$

$(z_1\ z_2\ z_3) = (1\ \ 1\ \ -1)$

Como os sistemas são determinados, a matriz B é a inversa de A. Colocando as incógnitas em seus lugares, temos:

Resposta:

$$A^{-1} = \begin{bmatrix} -1 & -1 & 1 \\ -1 & 0 & 1 \\ 2 & 1 & -1 \end{bmatrix}$$

8) Dada a matriz $A = \begin{bmatrix} 0 & -1 \\ 1 & 0 \end{bmatrix}$, calcule A^{99}.

Solução:

Nem sempre podemos calcular com facilidade uma potência alta de uma matriz. Entretanto, para a matriz dada, vemos que:

$$A^2 = \begin{bmatrix} 0 & -1 \\ 1 & 0 \end{bmatrix}\begin{bmatrix} 0 & -1 \\ 1 & 0 \end{bmatrix} = \begin{bmatrix} -1 & 0 \\ 0 & -1 \end{bmatrix} = -I.$$

Assim, $A^4 = A^2 A^2 = (-I)(-I) = I$. A matriz A é periódica e percebemos que, quando o expoente é múltiplo de 4, o resultado é a identidade. Dessa forma, concluímos que:

$A^5 = A^4 A = IA = A$

$$A^6 = A^4 A^2 = I(-I) = -I$$
$$A^7 = A^6 A = (-I)A = -A$$
$$A^8 = I$$

Como 96 é múltiplo de 4, temos que $A^{96} = I$ e, pelo que vimos, $A^{99} = -A$.

Resposta:

$$A^{99} = \begin{bmatrix} 0 & 1 \\ -1 & 0 \end{bmatrix}$$

9) Discuta o sistema $\begin{cases} 4x + 5y = 12 \\ 6x + my = n \end{cases}$ em função dos parâmetros m e n.

Solução:

Recorde a teoria.

Para que o sistema seja determinado, devemos ter $\dfrac{4}{6} \neq \dfrac{5}{m}$, ou seja,

$$m \neq \frac{15}{2}.$$

Para que o sistema seja indeterminado, devemos ter $\dfrac{4}{6} = \dfrac{5}{m} = \dfrac{12}{n}$, ou seja,

$$m = \frac{15}{2} \text{ e } n = 18.$$

Para que o sistema seja impossível, devemos ter $\dfrac{4}{6} = \dfrac{5}{m} \neq \dfrac{12}{n}$, ou seja,

$$m = \frac{15}{2} \text{ e } n \neq 18.$$

Resposta:

Determinado: $m \neq \dfrac{15}{2}$.

Indeterminado: $m = \dfrac{15}{2}$ e $n = 18$.

Impossível: $m = \dfrac{15}{2}$ e $n \neq 18$.

MATRIZES E SISTEMAS LINEARES

10) Resolva o sistema $\begin{cases} x+y=8 \\ 2x-y=7 \\ 7x-10y=5 \end{cases}$

Solução:

Temos aqui um sistema em que o número de equações é maior do que o de incógnitas. Nesse caso, devemos separar um sistema menor, com mesmo número de equações e incógnitas, resolvê-lo e testar os resultados nas equações que não foram utilizadas.

Consideremos então o sistema menor formado pelas duas primeiras equações:

$$\begin{cases} x+y=8 \\ 2x-y=7 \end{cases}$$

Esse sistema é simples e sua solução é $x=5$ e $y=3$. Substituindo esses valores na terceira equação, temos $7\cdot5-10\cdot3=5$, confirmando a igualdade. Assim, os valores encontrados formam a solução de todo o sistema dado.

Resposta:
$S=\{(5,3)\}$

11) Resolva o sistema $\begin{cases} x+3y-z=4 \\ 2x+5y+2z=11 \\ x+4y-5z=1 \end{cases}$

Solução:

Façamos o escalonamento.

$$\begin{bmatrix} 1 & 3 & -1 & 4 \\ 2 & 5 & 2 & 11 \\ 1 & 4 & -5 & 1 \end{bmatrix} \begin{smallmatrix} L_2-2L_1 \\ \rightarrow \\ L_3-L_1 \end{smallmatrix} \begin{bmatrix} 1 & 3 & -1 & 4 \\ 0 & -1 & 4 & 3 \\ 0 & 1 & -4 & -3 \end{bmatrix} \begin{smallmatrix} L_3+L_2 \\ \rightarrow \end{smallmatrix} \begin{bmatrix} 1 & 3 & -1 & 4 \\ 0 & -1 & 4 & 3 \\ 0 & 0 & 0 & 0 \end{bmatrix}$$

O sistema é indeterminado. Para encontrar todas as soluções, façamos $z=t$. Na segunda equação, temos $-y+4t=3$ ou $y=4t-3$. Substituindo na primeira equação, temos $x+3(4t-3)-t=4$ ou $x=13-11t$, em que t é qualquer valor real.

Resposta:
$S = \{(13 - 11t, 4t - 3t); t \in \mathbb{R}\}.$

12) Discuta o sistema $\begin{cases} x - y - z = 1 \\ x + y - 3z = 5 \\ -x + 2y + mz = n \end{cases}$

Solução:
Façamos o escalonamento:

$$\begin{bmatrix} 1 & -1 & -1 & 1 \\ 1 & 1 & -3 & 5 \\ -1 & 2 & m & n \end{bmatrix} \overset{L_2 - L_1}{\underset{L_3 + L_1}{\longrightarrow}} \begin{bmatrix} 1 & -1 & -1 & 1 \\ 0 & 2 & -2 & 4 \\ 0 & 1 & m-1 & n+1 \end{bmatrix} \overset{L_2 / 2}{\longrightarrow} \begin{bmatrix} 1 & -1 & -1 & 1 \\ 0 & 1 & -1 & 2 \\ 0 & 1 & m-1 & n+1 \end{bmatrix}$$

$$\overset{L_3 - L_2}{\longrightarrow} \begin{bmatrix} 1 & -1 & -1 & 1 \\ 0 & 1 & -1 & 2 \\ 0 & 0 & m & n-1 \end{bmatrix}$$

A última equação é $mz = n - 1$.

Se $m \neq 0$, temos $z = \dfrac{n-1}{m}$ e as outras incógnitas podem ser calculadas. O sistema é determinado, nesse caso.

Se $m = 0$ e $n = 1$, a última equação assume a forma $0z = 0$, o que mostra que z pode ser qualquer número real, sendo as outras incógnitas calculadas em função desse valor. O sistema é indeterminado.

Se $m = 0$ e $n \neq 1$, a última equação assume a forma $0z \neq 0$, que não tem solução. O sistema é impossível.

Resposta:
Sistema determinado: $m \neq 0$.
Sistema indeterminado: $m = 0$ e $n = 1$.
Sistema impossível: $m = 0$ e $n \neq 1$.

13) Em uma fazenda há 100 animais entre galinhas e coelhos. Se o número total de patas desses animais é 254, calcule o número de coelhos.

MATRIZES E SISTEMAS LINEARES

Solução:

Sejam G e C os números de galinhas e coelhos, respectivamente. Calculando o número total de patas desses animais, temos $2G + 4C = 254$ ou $G + 2C = 127$. Temos então o sistema:

$$\begin{cases} G + C = 100 \\ G + 2C = 127 \end{cases}$$

Subtraindo, encontramos $C = 27$.

Resposta:

São 27 coelhos.

Resolveremos agora o problema inicial deste capítulo.

14) Em uma loja, Pedro escolheu um tipo de bermuda, um modelo de tênis e um tipo de camiseta. Comprando duas bermudas, um tênis e três camisetas, pagará R\$ 240,00; comprando uma bermuda, dois tênis e quatro camisetas, pagará R\$ 300,00. Quanto pagará por oito bermudas, sete tênis e 17 camisetas?

Solução:

Sejam B, T e C os preços de uma bermuda, um tênis e uma camiseta. Os dados nos conduzem ao sistema:

$$\begin{cases} 2B + T + 3C = 240 \\ B + 2T + 4C = 300 \end{cases}$$

Como o sistema é indeterminado, vamos calcular os valores de B e T em função de C:

$$\begin{cases} 2B + T = 240 - 3C \\ B + 2T = 300 - 4C \end{cases}$$

Multiplicando a primeira equação por (-1) e a segunda por (2), temos:

$$\begin{cases} -2B - T = -240 + 3C \\ 2B + 4T = 600 - 8C \end{cases}$$

Somando, calculamos $3T = 360 - 5C$ ou $T = 120 - \dfrac{5C}{3}$. Substituindo na segunda equação do sistema, temos:

$$B + 2\left(120 - \frac{5C}{3}\right) = 300 - 4C$$

$$B + 240 - \frac{10C}{3} = 300 - 4C$$

$$B = 60 - 4C + \frac{10C}{3}$$

$$B = 60 - \frac{2C}{3}$$

Verificaremos agora se é possível calcular o preço total de oito bermudas, sete tênis e 17 camisetas.

$$P = 8\left(60 - \frac{2C}{3}\right) + 7\left(120 - \frac{5C}{3}\right) + 17C = 480 - \frac{16C}{3} + 840 - \frac{35C}{3} + 17C =$$
$$= 1320 - 17C + 17C = 1320$$

Foi possível responder à pergunta. É preciso deixar claro que, nesse problema, não conseguimos responder a qualquer pergunta. Por exemplo, não se pode saber o preço de uma bermuda mais um tênis mais uma camiseta.

Resposta:
R$ 1.320,00

15) Resolva a equação $\begin{vmatrix} 2 & -1 & x \\ 1 & 3 & -2 \\ 4 & x & 1 \end{vmatrix} = 0$.

Solução:
Vamos desenvolver o determinante.

$$2 \cdot \begin{vmatrix} 3 & -2 \\ x & 1 \end{vmatrix} - (-1) \begin{vmatrix} 1 & -2 \\ 4 & 1 \end{vmatrix} + x \cdot \begin{vmatrix} 1 & 3 \\ 4 & x \end{vmatrix} = 0$$

$$2(3 + 2x) + 9 + x(x - 12) = 0$$
$$6 + 4x + 9 + x^2 - 12x = 0$$
$$x^2 - 8x + 15 = 0$$

Resolvendo, encontramos $x = 3$ e $x = 5$.

Resposta:
$S = \{3, 5\}$

16) Calcule $\begin{vmatrix} 1 & 2 & 4 \\ 1 & 2 & 3 \\ 16 & 27 & 73 \end{vmatrix}$

Solução:

Como as duas primeiras linhas são muito parecidas, vamos usar a propriedade da soma de determinantes:

$$\begin{vmatrix} 1 & 2 & 4 \\ 1 & 2 & 3 \\ 16 & 27 & 73 \end{vmatrix} = \begin{vmatrix} 1+0 & 2+0 & 3+1 \\ 1 & 2 & 3 \\ 16 & 27 & 73 \end{vmatrix} = \begin{vmatrix} 1 & 2 & 3 \\ 1 & 2 & 3 \\ 16 & 27 & 73 \end{vmatrix} + \begin{vmatrix} 0 & 0 & 1 \\ 1 & 2 & 3 \\ 16 & 27 & 73 \end{vmatrix} =$$

$$= 0 - 1 \cdot \begin{vmatrix} 1 & 2 \\ 16 & 27 \end{vmatrix} = 32 - 27 = 5$$

Observe que o primeiro determinante da soma é nulo porque possui duas linhas iguais.

Resposta:

O determinante é igual a 5.

11 Combinatória

Situação

Os funcionários de uma empresa precisam cadastrar uma senha formada por quatro dígitos, mas não são permitidas senhas com três (ou quatro) dígitos iguais.

Quantas são as senhas possíveis?

A combinatória dedica-se aos problemas de contagem, ou seja, de determinar de quantas maneiras certos objetos podem ser classificados nas condições dadas. A situação acima é típica da combinatória e será resolvida nos exercícios do final do capítulo.

A ferramenta básica é o *princípio da multiplicação*, que enunciaremos a seguir.

Princípio da multiplicação (ou princípio multiplicativo)

Se uma decisão D_1 pode ser tomada de x maneiras diferentes e se, uma vez tomada a decisão D_1, a decisão D_2 pode ser tomada de y maneiras, então o número de maneiras de tomar consecutivamente as decisões D_1 e D_2 é xy.

Exemplo 1

Em uma sala há quatro homens e três mulheres. De quantas formas é possível selecionar um casal homem-mulher?

Solução:

Podemos representar os homens por A, B, C e D, e as mulheres por 1, 2 e 3. O conjunto dos casais homem-mulher é:

{A1, A2, A3, B1, B2, B3, C1, C2, C3, D1, D2, D3}

Observe que são 12 possibilidades. O princípio da multiplicação permite obter o número de elementos desse conjunto sem enumerá-los. Para formar um casal, serão tomadas duas decisões:

D_1 = escolha do homem: quatro maneiras

D_2 = escolha da mulher: três maneiras

Assim, o número de maneiras de formar um casal (isto é, de tomar as decisões D_1 e D_2) é $3 \cdot 4 = 12$.

O princípio multiplicativo pode, na realidade, ser aplicado quando temos diversas etapas de decisão. Se o número de possibilidades de cada etapa não depende das decisões anteriores, basta multiplicá-los para encontrar o número total de possibilidades.

Exemplo 2

Para pintar a bandeira abaixo há quatro cores disponíveis. De quantas maneiras ela pode ser pintada de modo que regiões vizinhas não tenham a mesma cor?

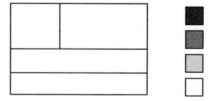

Solução:

O primeiro passo é escolher a ordem em que vamos pintar a bandeira. Por exemplo, vamos primeiro pintar o quadrado, depois o retângulo ao lado e prosseguir de cima para baixo. Frequentemente, essa ordem pode ser qualquer uma (como nesse exemplo), mas há situações em que uma ordem mal-escolhida conduz a uma solução desnecessariamente complicada.

O quadrado pode ser pintado com qualquer uma das quatro cores. Para o retângulo ao lado podemos escolher qualquer cor exceto a que foi usada no quadrado. Há, portanto, três possibilidades para a escolha da cor do retângulo de cima. Para a primeira faixa logo abaixo há apenas duas cores possíveis, uma vez que sua cor deve ser diferente das duas acima. Finalmente, para a última faixa, há três possibilidades, uma vez que sua cor só deve ser diferente da faixa acima dela. Assim, o número total de possibilidades para a pintura da bandeira é 4 · 3 · 2 · 3 = 72.

Exemplo 3

O conjunto A tem n elementos e o conjunto B tem m elementos. Quantas funções $f : A \to B$ existem?

Solução:

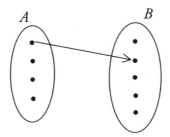

Se a é um elemento do conjunto A, então $f(a)$ pode ser qualquer elemento do conjunto B. Há, portanto, m possibilidades para a escolha de $f(a)$, e isso se repete para cada elemento do conjunto A. O número total de possibilidades é $m \cdot m \cdot m \ldots m$, com n fatores nessa multiplicação. Assim, a resposta é m^n.

Permutações

Permutações simples

De quantas maneiras é possível colocar n objetos distintos em uma fila? Por exemplo, só há duas possibilidades de duas pessoas formarem uma fila: AB ou BA. Entretanto, se três pessoas devem fazer uma fila, há seis possibilidades: ABC, ACB, BAC, BCA, CAB, CBA.

Cada ordenação simples de n objetos chama-se uma *permutação simples*, e o número de permutações simples de n objetos é representado por P_n.

Para ordenar n objetos precisamos escolher o objeto que ocupará o primeiro lugar na fila, e essa decisão pode ser tomada de n maneiras. Para escolher o objeto que ocupará o segundo lugar da fila há $n-1$ maneiras de tomar essa decisão, e assim por diante.

Logo, o número de maneiras de ordenar n objetos é $n(n-1)(n-2)\cdots 1$.

Esse número é chamado de *fatorial* de n (ou simplesmente n fatorial) e é representado por $n!$.

$$P_n = n! = n(n-1)(n-2)\cdots 1$$

Por exemplo, o número de maneiras em que cinco pessoas podem ser colocadas em fila é $P_5 = 5! = 5\cdot 4\cdot 3\cdot 2\cdot 1 = 120$.

Por conveniência futura, definimos $0! = 1$.

Observe ainda que $n! = n(n-1)!$, ou seja,

$10! = 10\cdot 9! = 10\cdot 9\cdot 8! = 10\cdot 9\cdot 8\cdot 7! = \cdots$. Dessa forma, podemos simplificar expressões com fatoriais, como $\dfrac{13!}{11!}$. Não há necessidade de calcularmos numerador e denominador (que são números enormes). Podemos escrever $\dfrac{13!}{11!} = \dfrac{13\cdot 12\cdot 11!}{11!} = 13\cdot 12 = 156$.

Um *anagrama* de uma palavra é uma permutação de suas letras. Um anagrama forma uma "palavra" que não precisa fazer sentido em português — trata-se apenas da mudança da ordem de suas letras. Por exemplo, LARBIS é um anagrama de BRASIL.

Exemplo 4

a) Quantos são os anagramas da palavra BRASIL?

b) Quantos são os anagramas da palavra BRASIL em que as duas vogais estão juntas?

Solução:

a) A palavra BRASIL tem seis letras, e os anagramas da palavra são as permutações das letras. Temos, então, $P_6 = 6! = 6\cdot 5\cdot 4\cdot 3\cdot 2\cdot 1 = 720$.

b) Inicialmente, devemos considerar as duas vogais juntas como um único símbolo: $\underline{B}$ $\underline{R}$ $\underline{S}$ $\underline{L}$ $\underline{AI}$. Podemos permutar esses cinco símbolos, mas devemos lembrar que, para cada permutação, as duas vogais podem mudar de posição. O número correto é, portanto, $5!\cdot 2! = 5\cdot 4\cdot 3\cdot 2\cdot 1\cdot 2 = 240$.

Permutações com elementos nem todos distintos

Quantos são os anagramas da palavra ABACATE? Essa palavra tem sete letras, mas a resposta não é P_7. De fato, se em cada anagrama as três letras A mudarem de posição, a "palavra" não se altera. Assim, cada permutação terá sido contada $3!$ vezes. O número de anagramas da palavra ABACATE será representado por P_7^3 (permutação de sete letras com três repetidas) e é igual a $\dfrac{7!}{3!} = 7 \cdot 6 \cdot 5 \cdot 4 = 840$.

De forma geral, se temos n objetos em que n_1 são iguais a a_1, n_2 são iguais a a_2, ..., n_k são iguais a a_k $(n_1 + n_2 + ... + n_k = n)$, o número de permutações desses elementos é dado por:

$$P_n^{n_1, n_2, ..., n_k} = \frac{n!}{n_1! \cdot n_2! \cdot \, \cdots \, \cdot n_k!}$$

Exemplo 5

Quantos são os anagramas de BANANA?

Solução:

Essa palavra possui seis letras, sendo que a letra A aparece três vezes e a letra N, duas vezes. A resposta é, portanto, $P_6^{3,2} = \dfrac{6!}{3! \cdot 2!} = \dfrac{6 \cdot 5 \cdot 4 \cdot 3!}{3! \cdot 2 \cdot 1} = 60$.

Permutações circulares

De quantos modos podemos colocar n objetos distintos em n posições igualmente espaçadas em torno de um círculo se considerarmos equivalentes disposições que possam coincidir por rotação?

A resposta para esse problema será representada por PC_n, que é o número de permutações circulares de n objetos distintos.

Observe que, para $n = 3$, as três posições abaixo são equivalentes.

Da mesma forma, as três posições a seguir são também equivalentes:

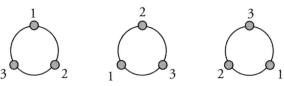

Concluímos, portanto, que só há duas maneiras de colocar três objetos em volta de um círculo, ou seja, $PC_3 = 2$.

Como só importam as posições relativas dos objetos, coloque um dos objetos (digamos, o objeto A) em um dos lugares e, a partir dele, no sentido horário, por exemplo, faça uma fila com os $n - 1$ objetos restantes para ocupar os outros $n - 1$ lugares. Concluímos que o número de permutações circulares com n elementos é:

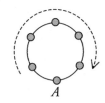

$$PC_n = (n-1)!$$

Formando filas menores

Imagine a seguinte situação: com nove pessoas, quantas filas de quatro pessoas podem ser formadas?

Representando as pessoas por A, B, C, D, E, F, G, H, I, queremos saber quantos são os objetos do tipo: BFCA, HCDI etc., ou seja, filas com quatro elementos. Naturalmente, as mesmas quatro pessoas podem formar filas diferentes de acordo com a ordem em que elas aparecem. Assim, a fila ABCD é diferente da fila BDCA.

Cada fila de quatro pessoas é chamada de *arranjo* de classe quatro das nove pessoas, ou ainda, um arranjo das nove pessoas tomadas quatro a quatro. O número total desses arranjos é representado por A_9^4.

Para resolver o problema, usamos o princípio da multiplicação.

Para o primeiro lugar da fila, há nove possibilidades.

Para o segundo, há oito.

Para o terceiro, há sete.

Para o quarto, há seis.

O número total de possibilidades para a fila é $A_9^4 = 9 \cdot 8 \cdot 7 \cdot 6 = 3024$.

O problema está resolvido, mas podemos aprender algo mais. Observe como obter uma fórmula prática para esse problema:

$$A_9^4 = 9 \cdot 8 \cdot 7 \cdot 6 = \frac{9 \cdot 8 \cdot 7 \cdot 6 \cdot 5!}{5!} = \frac{9!}{5!} = \frac{9!}{(9-4)!}$$

De forma geral, o número de arranjos de n elementos tomados p a p é dado por:

$$A_n^p = \frac{n!}{(n-p)!}$$

Combinações

Combinações simples

De quantos modos podemos escolher p objetos distintos entre n objetos distintos dados? Em outras palavras, dado o conjunto $\{a_1, a_2, ..., a_n\}$, quantos são os subconjuntos com p elementos?

Cada subconjunto com p elementos é chamado de uma *combinação simples* de classe p dos n elementos, ou ainda, uma combinação simples de n elementos tomados p a p. Por exemplo, as combinações simples dos elementos A, B, C, D, E tomados 2 a 2 são:

{A, B}, {A, C}, {A, D}, {A, E}, {B, C}, {B, D}, {B, E}, {C, D}, {C, E}, {D, E}.

O número de combinações simples de n elementos tomados p a p é representado por C_n^p. Assim, $C_5^2 = 10$.

Para calcular o número de combinações simples de n elementos tomados p a p, observe que já sabemos calcular o número de filas com p objetos escolhidos entre n objetos dados. Como cada subconjunto de p elementos forma $p!$ filas diferentes, o número de combinações é igual ao número de arranjos dividido por $p!$, ou seja,

$$C_n^p = \frac{n!}{p!(n-p)!}$$

Uma combinação é um subconjunto de um conjunto dado. Não há, portanto, nenhuma ordem entre seus elementos. Encontrar uma combinação simples de n elementos tomados p a p significa *escolher p objetos entre n objetos dados*.

Exemplo 6

Sobre uma circunferência são marcados oito pontos ao acaso. Quantos triângulos existem com vértices nesses pontos?

Solução:
Para formar um triângulo devemos escolher três pontos entre os oito pontos dados. A resposta é:

$$C_8^3 = \frac{8!}{3!(8-3)!} = \frac{8!}{3! \cdot 5!} = \frac{8 \cdot 7 \cdot 6 \cdot 5!}{3 \cdot 2 \cdot 1 \cdot 5!} = 56$$

Observe que se o problema pedisse o número de pentágonos convexos que podem ser formados com os oito pontos dados, a resposta seria exatamente a mesma. De fato, para cada escolha de três pontos (que formarão um triângulo), os cinco pontos que não foram escolhidos formarão um pentágono convexo. Portanto, mesmo sem efetuar cálculo algum, concluímos que $C_8^3 = C_8^5$.

Essa é uma propriedade simples mas importante, chamada de propriedade das *combinações complementares*:

$$C_n^p = C_n^{n-p}$$

Observação:
É claro que $C_n^1 = n$, porque há n maneiras de escolher um objeto entre n objetos dados. Porém devemos admitir que $C_n^0 = C_n^n = 1$, o que significa que só há uma maneira de, dados n objetos, escolher todos ou não escolher nenhum.

Exemplo 7

Em uma sala há cinco homens e seis mulheres. De quantas maneiras podem ser escolhidas três pessoas de forma que não sejam todas do mesmo sexo?

Solução:

Devemos aqui dividir o problema em dois casos: ou teremos dois homens e uma mulher ou, ao contrário, duas mulheres e um homem.

a) Dois homens e uma mulher

Nesse caso devemos escolher dois entre cinco homens, e isso pode ser feito de $C_5^2 = 10$ maneiras. Em seguida, devemos escolher uma mulher entre seis, e isso pode ser feito de $C_6^1 = 6$ maneiras. Pelo princípio da multiplicação, o número de maneiras de fazer as duas escolhas é $10 \cdot 6 = 60$.

b) Duas mulheres e um homem

Repetindo o procedimento anterior, há $C_6^2 = 15$ maneiras de escolher duas mulheres entre as seis e há $C_5^1 = 5$ maneiras de escolher um homem entre os cinco. Então, o número de possibilidades de escolher duas mulheres e um homem é $15 \cdot 5 = 75$.

O número total de escolhas é $60 + 75 = 135$.

Exemplo 8

Para uma partida de vôlei de praia, oito rapazes devem ser divididos em dois times de quatro pessoas cada. De quantas maneiras isso pode ser feito?

Solução:

Esse problema não é tão fácil quanto parece. Para escolher um time de quatro pessoas há, certamente, C_8^4 possibilidades, e naturalmente as outras quatro formarão o outro time. Fazendo as contas,

$$C_8^4 = \frac{8!}{4! \cdot 4!} = \frac{8 \cdot 7 \cdot 6 \cdot 5 \cdot 4!}{4 \cdot 3 \cdot 2 \cdot 1 \cdot 4!} = 70$$

Porém, a resposta não é essa.

Numerando-se os rapazes de 1 a 8, uma das divisões possíveis é 1234 / 5678. Nesse caso, escolhemos os rapazes 1, 2, 3 e 4 para formar um time e deixamos os outros para formar o outro time. Ocorre que, considerando todas as escolhas possíveis para um time, em algum momento escolheremos os rapazes 5, 6, 7 e 8 para formar um time, deixando os outros para o outro time. A divisão 5678 / 1234 é a mesma que já tínhamos obtido antes.

Pelo raciocínio que fizemos, cada divisão foi contada duas vezes e, assim, o número correto de divisões é $\dfrac{70}{2} = 35$.

Combinações completas

Na prateleira de certo supermercado podemos encontrar quatro tipos de refrigerantes em lata: Coca-Cola, Guaraná, Fanta e Sprite. De quantas maneiras podemos escolher três latas para comprar?

Para analisar e resolver esse problema, vamos chamar cada refrigerante por uma letra:

A = Coca-Cola; B = Guaraná; C = Fanta; D = Sprite

Há muitas formas de comprar três latas desses refrigerantes. Veja todas as possibilidades:

AAA	AAB	BBA	CCA	DDA	ABC
BBB	AAC	BBC	CCB	DDB	ABD
CCC	AAD	BBD	CCD	DDC	ACD
DDD					BCD

O número de maneiras de escolher p objetos *distintos ou não* entre n objetos dados é representado por CR_n^p, ou ainda, o número de *combinações completas* de classe p de n objetos. Assim, no exemplo anterior, contando todas as possibilidades, concluímos que $CR_4^3 = 20$.

Representemos agora cada lata de refrigerante que vamos comprar, independentemente de seu tipo, por uma bolinha:

Em seguida, acrescentemos três traços verticais, que vão separar as diversas escolhas:

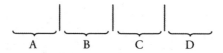

Observe o que ocorre quando jogamos as bolas, ao acaso, nesses espaços. Uma possibilidade é a seguinte situação:

Essa configuração significa que compraremos duas latas do refrigerante B e uma lata do refrigerante C. É o caso BBC, da lista anterior.

O número de possibilidades de escolha das latas de refrigerante é igual ao número de permutações dos objetos abaixo:

Esse número é $CR_4^3 = P_6^{3,3} = C_6^3 = \dfrac{6!}{3! \cdot 3!} = \dfrac{6 \cdot 5 \cdot 4 \cdot 3!}{3 \cdot 2 \cdot 1 \cdot 3!} = 20$.

De forma geral, o número de combinações completas de classe p de n objetos é dado por:

$$CR_n^p = C_{n+p-1}^p$$

Exemplo 9

Quantas são as soluções inteiras e não negativas da equação $x + y + z = 5$?

Solução:

As soluções (x, y, z) dessa equação são, por exemplo, $(2, 2, 1)$, $(1, 3, 1)$, $(4, 0, 1)$ ou $(0, 5, 0)$.

Repare que esse problema é o mesmo que comprar cinco refrigerantes de uma loja que oferece três tipos. Para visualizar as soluções, podemos desenhar cinco bolinhas e acrescentar duas divisórias para separar as bolinhas em três regiões: antes da primeira bolinha temos o valor de x, entre as duas divisórias temos o valor de y e depois da segunda divisória vemos o valor de z.

Por exemplo, a figura anterior mostra a solução (0, 2, 3).

O número total de soluções é, pois, $CR_3^5 = P_7^{2,5} = C_7^5 = \dfrac{7!}{5! \cdot 2!} = \dfrac{7 \cdot 6}{2} = 21.$

Outros métodos de contagem

O princípio da inclusão-exclusão

Se dois conjuntos são disjuntos, então o número de elementos da união é a soma dos números de elementos de cada conjunto.

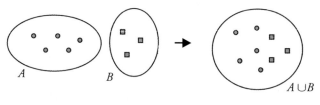

$$n(A \cup B) = n(A) + n(B)$$

O *princípio da inclusão-exclusão* é uma fórmula para contar o número de elementos que pertencem à união de dois ou mais conjuntos, não necessariamente disjuntos.

Consideremos dois conjuntos A e B. Suponhamos que haja x elementos que pertençam apenas a A, y elementos que pertençam apenas a B e z elementos comuns a A e a B.

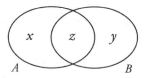

Observe que:
$n(A \cup B) = x + z + y = x + z + y + z - z = (x + z) + (y + z) - z =$
$\qquad\qquad = n(A) + n(B) - n(A \cap B)$

Portanto,
$$n(A \cup B) = n(A) + n(B) - n(A \cap B)$$

Exemplo 10

Quantos são os números de três algarismos que são divisíveis por 5 ou por 7?

Solução:

Seja A o conjunto dos números de três algarismos que são divisíveis por 5. $A = \{100, 105, \ldots, 995\}$, que possui 180 elementos (confira).

Seja B o conjunto dos números de três algarismos que são divisíveis por 7. $B = \{105, 112, \ldots, 994\}$, que possui 128 elementos.

O conjunto $A \cup B$ é o conjunto dos números de três algarismos que são divisíveis por 5 ou por 7. Entretanto, não podemos apenas domar os números de elementos dos dois conjuntos acima, porque eles não são disjuntos.

O conjunto dos elementos que são divisíveis por 5 e por 7 é o conjunto dos múltiplos de 35. Então,

$A \cap B = \{105, 140, \ldots, 980\}$, que possui 26 elementos.

Pelo princípio da inclusão-exclusão, temos:

$n(A \cup B) = n(A) + n(B) - n(A \cap B) = 180 + 128 - 26 = 282$

Para três conjuntos A, B e C, a fórmula do princípio da inclusão-exclusão é:

$$n(A \cup B \cup C) = n(A) + n(B) + n(C)$$
$$- n(A \cap B) - n(A \cap C) - n(B \cap C)$$
$$+ n(A \cap B \cap C)$$

O princípio da casa dos pombos

O *princípio da casa dos pombos* — também chamado *princípio de Dirichlet* — é uma ferramenta que permite, muitas vezes, determinar a existência ou não de conjuntos satisfazendo certas propriedades. Seu enunciado é de grande simplicidade:

Se n pombos entram em n – 1 casas, então existe uma casa que possui, pelo menos, dois pombos.

A justificativa é clara. Se cada casa tiver, no máximo, um pombo, então o número total de pombos será, no máximo, $n - 1$, uma contradição.

Exemplo 11

Determine o número mínimo de pessoas que devemos reunir para ter a certeza de que, entre elas, existem duas que fazem aniversário no mesmo mês.

Solução:

Imagine 12 pessoas. Esse é o caso mais desfavorável, pois é possível que cada uma faça aniversário em um mês. Entretanto, com mais uma pessoa, teremos a certeza de que há duas, pelo menos, que aniversariam no mesmo mês.

Números binomiais

O quadro triangular a seguir é chamado de *triângulo de Pascal*.

$$
\begin{array}{lllll}
C_0^0 & & & & & \qquad 1 \\
C_1^0 & C_1^1 & & & & \qquad 1 \quad 1 \\
C_2^0 & C_2^1 & C_2^2 & & & \qquad 1 \quad 2 \quad 1 \\
C_3^0 & C_3^1 & C_3^2 & C_3^3 & & \qquad 1 \quad 3 \quad 3 \quad 1 \\
C_4^0 & C_4^1 & C_4^2 & C_4^3 & C_4^4 & \qquad 1 \quad 4 \quad 6 \quad 4 \quad 1 \\
..... & & & & \qquad .....
\end{array}
$$

Todos os elementos são números C_n^p chamados *números binomiais* ou *coeficientes binomiais*. Se contarmos as linhas de cima para baixo começando com a linha *zero*, o elemento C_n^p está na linha n e coluna p.

Cada linha começa e termina pelo número 1, e uma propriedade que permite construir rapidamente o triângulo de Pascal é a seguinte:

Relação de Stifel

A soma de dois elementos consecutivos de uma linha é o elemento que está abaixo da segunda parcela.

Observe as linhas 4, 5 e 6 do triângulo:

$$1 \quad \boxed{3} + \boxed{3} \quad 1$$

$$1 \quad 4 \quad \boxed{6} + \boxed{4} \quad 1$$

$$1 \quad 5 \quad 10 \quad \boxed{10} \quad 5 \quad 1$$

Isso significa que $C_n^p + C_n^{p+1} = C_{n+1}^{p+1}$.

Uma forma de justificar é fazer as contas. Confira:

$$C_n^p + C_n^{p+1} = \frac{n!}{p!(n-p)!} + \frac{n!}{(p+1)!(n-p-1)!} =$$

$$= \frac{(p+1)n!}{(p+1)!(n-p)!} + \frac{n!(n-p)}{(p+1)!(n-p)!} =$$

$$= \frac{(p+1+n-p)n!}{(p+1)!(n-p)!} =$$

$$= \frac{(n+1)n!}{(p+1)!(n-p)!} =$$

$$= \frac{(n+1)!}{(p+1)!(n-p)!} = C_{n+1}^{p+1}$$

Teorema das colunas

A soma dos elementos de uma coluna (começando no primeiro elemento da coluna) é o elemento que está na linha seguinte e coluna seguinte.

$$C_p^p + C_{p+1}^p + C_{p+2}^p + \cdots + C_{p+n}^p = C_{p+n+1}^{p+1}$$

$$
\begin{array}{ccccccc}
1 \\
1 & 1 \\
1 & 2 & \boxed{1} \\
1 & 3 & \boxed{3} & 1 \\
1 & 4 & \boxed{6} & 4 & 1 \\
1 & 5 & \boxed{10} & 10 & 5 & 1 \\
& & & \boxed{20}
\end{array}
$$

No quadro acima, o teorema das colunas diz: $C_2^2 + C_3^2 + C_4^2 + C_5^2 = C_6^3$. Vamos mostrar os cálculos de forma que os mesmos passos conduzam à demonstração geral. A primeira linha abaixo é óbvia, pois os dois lados são iguais a 1. As outras mostram a relação de Stifel.

$$
\begin{aligned}
C_2^2 &= C_3^3 \\
C_3^2 + C_3^3 &= C_4^3 \\
C_4^2 + C_4^3 &= C_5^3 \\
C_5^2 + C_5^3 &= C_6^3
\end{aligned}
$$

Somando e cancelando os três termos que aparecem em ambos os lados, tem-se:
$$
C_2^2 + C_3^2 + C_4^2 + C_5^2 = C_6^3
$$

Exemplo 12

Calcule a soma $S = 1 \cdot 2 \cdot 3 + 2 \cdot 3 \cdot 4 + 3 \cdot 4 \cdot 5 + \cdots + 18 \cdot 19 \cdot 20$.

Solução:

Para evitar calcular cada uma das 18 parcelas, observe que:

$$
(n-2)(n-1)n = \frac{n!}{(n-3)!} = 3! \frac{n!}{3!(n-3)!} = 3! C_n^3
$$

Assim,

$$1 \cdot 2 \cdot 3 = 3! C_3^3,$$

$$2 \cdot 3 \cdot 4 = 3! C_4^3,$$

e assim por diante, até que:

$18 \cdot 19 \cdot 20 = 3!C_{20}^3$

Então,

$$S = 3!\left[C_3^3 + C_4^3 + \cdots + C_{20}^3 \right] = 3!C_{21}^4 = 3!\frac{21!}{4! \cdot 17!} = 35910$$

O binômio de Newton

O *binômio de Newton* é a representação do desenvolvimento de $(x + a)^n$ com os termos ordenados segundo as potências decrescentes de x. Vamos ter em mente que $(x + a)^n$ é o produto de n fatores iguais a $x + a$, ou seja,

$$(x + a)^n = (x + a)(x + a)(x + a) \cdots (x + a)$$

Cada termo do produto é obtido escolhendo-se, em cada par de parênteses, um x ou um a e multiplicando-se os escolhidos.

O primeiro termo é o que não possui a, ou seja, é igual a $xxx \cdots x = x^n$.

O segundo termo é o que possui apenas um a. Existem C_n^1 maneiras de escolher esse a; uma vez escolhido a, devemos escolher todos os x dos outros $n - 1$ parênteses. Esse segundo termo é igual, portanto, a $C_n^1 a^1 x^{n-1}$.

O terceiro termo é o que possui a^2. Existem C_n^2 maneiras de escolher os dois parênteses que fornecerão os dois a; uma vez escolhidos os dois a, devemos escolher todos os x dos outros $n - 2$ parênteses. Esse terceiro termo é igual, portanto, a $C_n^2 a^2 x^{n-2}$.

O desenvolvimento continua da mesma forma, e o último termo é o que não possui x, ou seja, é igual a n fatores iguais a a: $aaa \cdots a = a^n$.

O resultado é o desenvolvimento a seguir:

$$(x + a)^n = C_n^0 a^0 x^n + C_n^1 a^1 x^{n-1} + C_n^2 a^2 x^{n-2} + \cdots + C_n^{n-2} a^{n-2} x^2 +$$
$$+ C_n^{n-1} a^{n-1} x^1 + C_n^n a^n x^0$$

Observe que, para manter a uniformidade, acrescentamos os coeficientes C_n^0 e C_n^n, que são iguais a 1, e também as potências a^0 no primeiro termo e x^0 no último. Dessa forma, os coeficientes do desenvolvimento de $(x + a)^n$ são os elementos da linha n do triângulo de Pascal.

Veja ainda que o termo de ordem $k+1$ é:

$$T_{k+1} = C_n^k a^k x^{n-k}$$

Exemplo 13

$$
\begin{array}{ccccccccc}
 & & & & 1 & & & & \\
 & & & 1 & & 1 & & & \\
 & & 1 & & 2 & & 1 & & \\
 & 1 & & 3 & & 3 & & 1 & \\
1 & & 4 & & 6 & & 4 & & 1 \\
\end{array}
$$

$$(x+a)^0 = 1$$
$$(x+a)^1 = 1a^0 x^1 + 1a^1 x^0$$
$$(x+a)^2 = 1a^0 x^2 + 2\,a^1 x^1 + 1a^2 x^0$$
$$(x+a)^3 = 1a^0 x^3 + 3\,a^1 x^2 + 3\,a^2 x^1 + 1\,a^3 x^0$$
$$(x+a)^4 = 1a^0 x^4 + 4\,a^1 x^3 + 6\,a^2 x^2 + 4\,a^3 x^1 + 1a^4 x^0$$

Exemplo 14
Desenvolva $(2x-3)^4$.

Solução:
$$(2x-3)^4 = (2x)^4 + 4(-3)^1(2x)^3 + 6(-3)^2(2x)^2 + 4(-3)^3(2x) + (-3)^4 =$$
$$= 16x^4 - 24x^3 + 108x^2 - 216x + 81$$

Exemplo 15
Determine o coeficiente de x^7 no desenvolvimento de $\left(x^3 - \dfrac{2}{x^2}\right)^9$.

Solução:
O termo genérico do desenvolvimento é:

$$T_{k+1} = C_9^k \left(-\frac{2}{x^2}\right)^k \left(x^3\right)^{9-k} =$$

$$= C_9^k \frac{(-2)^k}{\left(x^2\right)^k} x^{27-3k} =$$

$$= (-2)^k C_9^k x^{27-5k}$$

No termo em x^7 temos $27 - 5k = 7$, ou seja, $k = 4$. O termo que procuramos é, portanto, o quinto.

$$T_5 = (-2)^4 C_9^4 x^7 = 16 \cdot 126 x^7 = 2016 x^7$$

O coeficiente do termo em x^7 é 2016.

Exercícios resolvidos

1) Simplifique:

a) $\dfrac{20! - 18!}{17!}$

b) $\dfrac{1}{n!} - \dfrac{n}{(n+1)!}$

Solução:

a) $\dfrac{20! - 18!}{17!} = \dfrac{20 \cdot 19 \cdot 18 \cdot 17! - 18 \cdot 17!}{17!} = 20 \cdot 19 \cdot 18 - 18 = 6822$

b) $\dfrac{1}{n!} - \dfrac{n}{(n+1)!} = \dfrac{(n+1)! - n \cdot n!}{n!(n+1)!} = \dfrac{(n+1)n! - n!}{n!(n+1)!} = \dfrac{(n+1-n)n!}{n!(n+1)!} = \dfrac{1}{(n+1)!}$

Respostas:

a) 6822

b) $\dfrac{1}{(n+1)!}$

2) Usando apenas os algarismos 0, 1, 2, 3, 4 e 5, determine quantos são os números pares de três algarismos distintos que podem ser formados.

Solução:

Como o zero é par e também não pode ocupar a casa das centenas, devemos dividir o problema em dois casos:

a) O zero está na casa das unidades: ___ ___ 0
Há cinco possibilidades para a casa das centenas e quatro para a das dezenas. Pelo princípio multiplicativo, há $5 \cdot 4 = 20$ possibilidades para esse caso.

b) O zero não está na casa das unidades: ___ ___ _2/4_

Há duas possibilidades para a casa das unidades, quatro para a das centenas (não se pode utilizar o zero nem o número que está nas unidades) e quatro para a das dezenas. O número de possibilidades para esse caso é $2 \cdot 4 \cdot 4 = 32$.

Resposta:
O número total de possibilidades é $20 + 32 = 52$.

3) O conjunto A possui quatro elementos e o conjunto B possui 10 elementos.
a) Quantas funções de A em B existem?
b) Quantas funções injetoras de A em B existem?

Solução:
a) A imagem de cada elemento de A pode ser escolhida de 10 maneiras. Portanto, o número total de funções é $10 \cdot 10 \cdot 10 \cdot 10 = 10000$.
b) Lembre que, na função injetora, elementos diferentes do domínio têm sempre imagens diferentes.
A imagem do primeiro elemento de A pode ser escolhida de 10 maneiras. Porém, a imagem do segundo só pode ser escolhida de nove maneiras, porque a função é injetora. Pelo mesmo raciocínio, a imagem do terceiro elemento de A pode ser escolhida de oito maneiras e a do quarto de sete maneiras. Pelo princípio da multiplicação, o número total de funções injetoras que podem ser formadas é: $10 \cdot 9 \cdot 8 \cdot 7 = 5040$.

Respostas:
a) 10000
b) 5040

4) Se temos tintas de seis cores diferentes, de quantas maneiras podemos pintar as faces de um cubo, sendo uma face de cada cor?

Solução:
Como todas as cores serão usadas, uma vez cada, pintamos uma face do cubo de uma cor qualquer. Para visualizar espacialmente o problema,

imagine a face pintada embaixo. O próximo passo é decidir a cor da face oposta, ou seja, a de cima. Há cinco possibilidades para pintá-la. Ficamos agora com o problema de pintar as quatro faces laterais usando as quatro cores restantes. Devemos então calcular o número de permutações circulares de quatro elementos. Assim, o número de maneiras de pintar o cubo é $5 \cdot PC_4 = 5 \cdot 3! = 30$.

Resposta:
30 maneiras.

5) Em certo setor de uma empresa trabalham seis homens e quatro mulheres. Quantas comissões de três pessoas podem ser formadas com, pelo menos, uma mulher?

Solução 1:
O raciocínio (que chamamos *construtivo*) consiste em dividir o problema nos casos em que há uma mulher, duas mulheres ou três mulheres na comissão.
a) Uma mulher e dois homens
Temos $C_4^1 = 4$ maneiras de escolher a mulher e $C_6^2 = 15$. O número de comissões, nesse caso, é $4 \cdot 15 = 60$.
b) Duas mulheres e um homem
Temos $C_4^2 = 6$ maneiras de escolher as mulheres e $C_6^1 = 6$. O número de comissões, nesse caso, é $6 \cdot 6 = 36$.
c) Três mulheres
Temos $C_4^3 = 4$ maneiras de escolher uma comissão de três mulheres.
O número total de comissões é $60 + 36 + 4 = 100$.

Solução 2:
O raciocínio (que chamamos *destrutivo*) consiste em calcular todos os casos e subtrair o que não convém.
O número total de comissões sem nenhuma restrição é:
$$C_{10}^3 = \frac{10!}{3!7!} = \frac{10 \cdot 9 \cdot 8}{3 \cdot 2} = 120.$$
O número de comissões formadas apenas por homens é:
$$C_6^3 = \frac{6!}{3!3!} = \frac{6 \cdot 5 \cdot 4}{3 \cdot 2} = 20.$$

Assim, o número de comissões em que há pelo menos uma mulher é: $120 - 20 = 100$.

Resposta:
100 comissões.

6) É dado o quadriculado da figura abaixo.

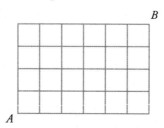

Sobre as linhas do quadriculado, quantos são os caminhos de A até B movendo-se apenas para a direita ou para cima?

Solução:
Qualquer que seja o caminho, devemos percorrer seis espaços para a direita e quatro para cima. Chamando D = direita e C = cima, um caminho possível é representado pela sequência DDCDCDDDCC. O número de possibilidades de escrever uma sequência desse tipo é o número de permutações de 10 elementos com repetição de quatro objetos e de seis objetos:
$$P_{10}^{6,4} = \frac{10!}{4!6!} = \frac{10 \cdot 9 \cdot 8 \cdot 7 \cdot 6!}{4 \cdot 3 \cdot 2 \cdot 6!} = 210.$$

Obs.: outra forma que conduz aos mesmos cálculos é pensar em uma fila com 10 lugares, em quatro dos quais devemos colocar a letra C (nos outros lugares colocaremos D). O número de maneiras de fazer isso é
$$C_{10}^4 = \frac{10!}{4!6!} = 210.$$

Resposta:
210 caminhos.

7) Veja agora o problema do início do capítulo.

Os funcionários de uma empresa precisam cadastrar uma senha formada por quatro dígitos, mas não são permitidas senhas com três (ou quatro) dígitos iguais.

Quantas são as senhas possíveis?

Solução:

O número total de senhas é $10 \cdot 10 \cdot 10 \cdot 10 = 10000$.

Existem 10 senhas com os quatro dígitos iguais: 0000, 1111 etc. Estas estão proibidas.

Vamos calcular quantas senhas possuem três dígitos iguais e um diferente.

Há 10 possibilidades para escolher o dígito que se repete.

O dígito diferente pode ser escolhido de nove maneiras.

O dígito diferente pode ocupar quatro posições.

Assim, temos $10 \cdot 9 \cdot 4 = 360$ senhas com três dígitos iguais e um diferente.

Então, o número de senhas que servem é $10000 - 10 - 360 = 9630$.

Resposta:

9630 senhas.

8) De quantas maneiras podemos organizar uma fila com cinco pessoas se a mais alta não po de ser a primeira e a mais baixa não pode ser a última?

Solução:

Temos duas restrições relativas à palavra *não*.

Vamos pensar nas configurações que não servem.

As filas em que a mais alta aparece em primeiro lugar: $\underline{\text{A}}$ $\underline{\quad}$ $\underline{\quad}$ $\underline{\quad}$ $\underline{\quad}$

Temos $4! = 24$ possibilidades.

As filas em que a mais baixa aparece em último lugar: $\underline{\quad}$ $\underline{\quad}$ $\underline{\quad}$ $\underline{\quad}$ $\underline{\text{B}}$

Temos $4! = 24$ possibilidades.

Estão contadas duas vezes as filas em que A está em primeiro e B está em último. Esses casos são: $\underline{\text{A}}$ $\underline{\quad}$ $\underline{\quad}$ $\underline{\quad}$ $\underline{\text{B}}$

Temos $3! = 6$ possibilidades.

Então, as filas em que A está em primeiro *ou* B está em último são, pelo princípio da inclusão-exclusão, $24 + 24 - 6 = 42$.

Como o total de filas é $5! = 120$, o número de filas que satisfazem as condições do enunciado são $120 - 42 = 78$.

Resposta:
78 filas.

9) Certo dia, a carrocinha de sorvete só tinha picolés de abacaxi, uva e limão. De quantas formas podemos fazer uma compra de seis picolés?

Solução:
Vamos representar cada picolé por uma bolinha e introduzir dois separadores.

$$\circ \quad \circ \quad | \quad \circ \quad | \quad \circ \quad \circ \quad \circ$$

As bolinhas à esquerda do primeiro separador representam os picolés de abacaxi; entre os dois separadores, os de uva; à direita do segundo separador, os de limão. O número de configurações do tipo acima com seis bolinhas e dois separadores é $P_8^{2,6} = \dfrac{8!}{2!6!} = \dfrac{8 \cdot 7}{2} = 28$.

Obs.: esse resultado é o número de combinações completas de classe seis de três elementos. Como vimos na teoria, $CR_3^6 = C_{6+3-1}^6 = C_8^6 = \dfrac{8!}{6!2!} = 28$.

Resposta:
28 maneiras.

10) Sendo x, y, z e w números naturais, quantas são as soluções da equação $x + y + z + w = 8$?

Obs.: cada incógnita pode assumir um valor do conjunto $\{0, 1, 2, 3, 4, 5, 6, 7, 8\}$.

Solução:

Esse problema pode ser resolvido pelo mesmo método do problema anterior. Imaginemos oito bolinhas e três separadores. As bolinhas contidas em cada um dos quatro espaços delimitados pelos três separadores fornecem os valores de x, y, z e w, respectivamente. Por exemplo, o desenho

$$\circ \quad \circ \quad \circ \quad | \quad \circ \quad | \quad | \quad \circ \quad \circ \quad \circ \quad \circ$$

corresponde à solução $(x, y, z, w) = (3, 1, 0, 4)$. O número de soluções é, pois, $P_{11}^{3,8} = \dfrac{11!}{3!8!} = \dfrac{11 \cdot 10 \cdot 9}{3 \cdot 2} = 165$.

De forma também equivalente ao problema anterior, esse resultado é o número de combinações completas de classe oito de quatro elementos:

$$CR_4^8 = C_{4+8-1}^8 = C_{11}^8 = \frac{11!}{8!3!} = 165$$

Resposta:

165 soluções.

11) De quantas maneiras podemos dividir 12 pessoas em três grupos de quatro?

Solução:

Para resolver esse problema, vamos introduzir uma *ordem* que não existe no enunciado.

Para escolher o *primeiro* grupo, há $C_{12}^4 = 495$ possibilidades.

Para escolher o *segundo* grupo, há $C_8^4 = 70$ possibilidades.

O *terceiro* grupo é formado pelas quatro pessoas que sobraram.

Como introduzimos uma ordem artificial na formação dos grupos, devemos dividir o resultado pela permutação dos três grupos. Assim, o número de maneiras de dividir as 12 pessoas em três grupos de quatro pessoas é:

$$\frac{495 \cdot 70}{3!} = 5775.$$

336

MATEMÁTICA I

Resposta:
5775 maneiras.

12) Considere todas as placas de carros que possuem as mesmas três letras. Em quantas delas há exatamente dois dígitos iguais?
Exemplo: XXX 3626

Solução:
Em primeiro lugar, devemos escolher o dígito que se repete; isso pode ser feito de 10 maneiras. Em segundo lugar, devemos escolher as posições dos dígitos repetidos; isso pode ser feito de $C_4^2 = 6$ maneiras.

$$\underline{\quad} \quad \underline{\;6\;} \quad \underline{\quad} \quad \underline{\;6\;}$$

Agora, precisamos escolher os dígitos das duas casas que sobraram. Há nove possibilidades para um deles e oito para o segundo.
O número total de placas com exatamente dois dígitos iguais é $10 \cdot 6 \cdot 9 \cdot 8 = 4320$.

Resposta:
4320 maneiras.

13) Determine o coeficiente de x^3 no desenvolvimento de $\left(x^4 - \dfrac{1}{x} \right)^7$.

Solução:
O termo genérico do desenvolvimento é:

$$T_{p+1} = C_7^p \left(\frac{-1}{x} \right)^p \left(x^4 \right)^{7-p} = C_7^p (-1)^p x^{28-5p}$$

O coeficiente do termo em x^3 é obtido se $28 - 5p = 3$, ou seja, $p = 5$.

O termo procurado é $T_6 = C_7^5 \left(\dfrac{-1}{x} \right)^5 x^3 = -21x^3$.

Resposta:
O coeficiente de x^3 é -21.

14) Determine o valor da soma $C_9^0 + 3C_9^1 + 3^2 C_9^2 + \cdots + 3^9 C_9^9$.

Solução:
$$C_9^0 + 3C_9^1 + 3^2 C_9^2 + \cdots + 3^9 C_9^9 = (1+3)^9 = 4^9 = 262144$$

Resposta:
A soma é igual a 262144.

15) Calcule a soma de todos os coeficientes do desenvolvimento de $(x+2y)^8$.

Solução:
A soma dos coeficientes é obtida quando fazemos $x = y = 1$.
Assim, a soma dos coeficientes é $(1+2)^8 = 3^8 = 6561$.

Resposta:
A soma dos coeficientes é 6561.

Esta obra foi produzida nas
oficinas da Imos Gráfica e Editora na
cidade do Rio de Janeiro